□ 崔艳红／著

国外气候灾害治理对中国生态文明建设的启示

THE ENLIGHTENMENT OF FOREIGN CLIMATE DISASTER MANAGEMENT TO CHINA'S ECOLOGICAL CIVILIZATION CONSTRUCTION

中国社会科学出版社

图书在版编目（CIP）数据

国外气候灾害治理对中国生态文明建设的启示 /崔艳红著. —北京：中国社会科学出版社，2021. 2

ISBN 978-7-5203-7409-5

Ⅰ. ①国… Ⅱ. ①崔… Ⅲ. ①气象灾害-灾害防治-经验-国外 Ⅳ. ①P429

中国版本图书馆CIP数据核字（2020）第197621号

出 版 人 赵剑英
责任编辑 陈 彪
责任校对 杨 林
责任印制 张雪娇

出 版 中国社会科学出版社
社 址 北京鼓楼西大街甲158号
邮 编 100720
网 址 http://www.csspw.cn
发 行 部 010-84083685
门 市 部 010-84029450
经 销 新华书店及其他书店

印刷装订 环球东方（北京）印务有限公司
版 次 2021年2月第1版
印 次 2021年2月第1次印刷

开 本 710×1000 1/16
印 张 15
插 页 2
字 数 231千字
定 价 89.00元

凡购买中国社会科学出版社图书，如有质量问题请与本社营销中心联系调换
电话：010-84083683

目　录

下篇 气候变化应对

前 言

一 选题缘起、研究目的与研究意义

（一）选题缘起

自近代以来，工业革命推动了经济快速发展，改变了人类的生活方式，在带来极大的物质满足的同时也改变了地球的气候。石油、钢铁、煤炭、造纸、纺织、化学工业产生了越来越多的温室气体排放，引起全球气温不断升高，从而引发了越来越明显的气候变化和越来越频繁且严重的气候灾害，冰川融化、雾霾、沙尘、干旱、高温酷热、暴雨洪灾、台风、严寒、雪灾等气候灾害频发，以前几百年不遇的气候灾害如今每隔几年就出现一次，而其根源就是气候变化，也就是全球气温的逐渐升高。联合国政府间气候变化专门委员会的第五次评估报告（IPCC AR5）指出："人类对气候系统的影响是明显的，自20世纪50年代以来，许多观测到的变化在以前的几十年至几千年期间是前所未有的。而近年来人为温室气体排放达到了历史最高值。"[①] 根据评估报告统计，1750年至2011年间，人为排放到大气中的二氧化碳累积为2040±310吉吨[②]。而其中一半排放是在最后40年间产生的。这些二氧化碳的约40%留存在大气中，剩余的约35%被

---

① IPCC, *Climate Change 2014: Synthesis Report. Contribution of Working Groups Ⅰ, Ⅱ and Ⅲ to the Fifth Assessment Report of the Intergovernmental Panel on Climate Change*, R.K. Pachauri and L.A. Meyer (eds.), Geneva, Switzerland, p.2.

② 吉吨（Gt），即10亿吨。

海洋吸收，导致了海洋的酸化。[①]而留存在大气中的二氧化碳等气体累积，导致温室效应，气温上升。数据显示，从1880年到2012年的132年间，全球平均气温上升0.85℃，如果按照这一趋势继续发展下去，到21世纪末全球气温将上升5℃。[②]科学家预测，按照现在的发展速度，到21世纪末22世纪初，全球平均气温会上升1.1℃—6.4℃，海平面将升高6米，无数的小岛屿，如多米尼加等加勒比小岛屿，和低洼地带将会被淹没，沿海地区也会受到严重威胁，而气温升高引发的各种气候灾害不但将肆虐沿海地区，还会影响到更为遥远的内陆地区。

根据统计，近50年高温热浪的发生频率比以往高出2—4倍，平均每年都有近15万人直接或间接死于气候灾害。例如，2011年是世界各地气候灾害频发的一年：1月，朝鲜半岛出现60年来最长的寒潮天气；美国遭遇强暴风雪袭击，造成1亿人受灾；4月，德国北部发生了严重的沙尘暴灾害；7—10月，严重的洪灾侵袭泰国，而东非和古巴却饱受干旱之苦；5—9月，我国多个地区遭受高温天气，创下历史新纪录，而平均年降水量则为60年来最低值，旱灾十分严重。[③]根据世界气象组织（WMO）发布的《2017年全球气候状况声明》，2017年全球平均气温较工业化前高出约1.1℃。2013—2017年是全球平均气温最高的5年。由于北大西洋异常活跃的飓风、印度次大陆的季风洪水以及非洲东部持续的严重干旱，使2017年成为有记录以来灾害性天气气候事件损失最大的一年。据慕尼黑再保险公司（Munich Re Group）评估结果显示，2017年与天气和气候相关的事件造成的总灾害损失达3200亿美元，是有记录以来最高的一年。世界气象组织秘书长佩蒂瑞·塔拉斯称："2018年伊始又延续了2017年的

---

① IPCC, *Climate Change 2014: Synthesis Report. Contribution of Working Groups Ⅰ, Ⅱ and Ⅲ to the Fifth Assessment Report of the Intergovernmental Panel on Climate Change*, R.K. Pachauri and L.A. Meyer (eds.), pp.4-5.

② Shigeyoshi Sato, Ministry of the Environment, Japan(MOEJ), *Japan's Climate Change Policies*, 2016-07-27, http://www.stanleyfoundation.org/climatechange/Kameyama-RecentDevClimateChangePolicy-Japan.pdf, p.9.

③ 袁惊柱、谭秋成：《城市应对气候变化管理体系与减排机制》，科学技术文献出版社2015年版，"序言"。

情形——极端天气正在夺走人们的生命并影响其生计。北极出现了异常高温，而在北半球人口稠密地区，严寒和破坏性冬季风暴肆虐。澳大利亚和阿根廷遭到极端热浪侵袭，肯尼亚和索马里的干旱在持续，而南非开普敦市正面临严重缺水的困境。”[①] 最近几年，夏季的温度不断增高，据美国国家海洋和大气管理局（NOAA）的研究数据表明，2019 年上半年的温度是有史以来最热的。6 月南极海冰面积再创历史新低，陆地和海洋的平均气温比全球平均气温（15.5℃）高 0.95℃，这使 2019 年 6 月成为 140 年来（从 1880 年 NOAA 开始记录温度算起）最热的 6 月。而且，10 个最热的 6 月有 9 个出现在 2010 年以后。[②] 多名专家表示，地球大气所积累的碳排放正在破坏气候系统的稳定，席卷全球的热浪今后会更加频繁，如果我们不采取积极措施减少碳排放，极端天气不仅会持续下去，而且还会恶化。

世界各国都面临应对气候灾害这一难题，一些国家的治理经验可以为另外一些国家提供有益的借鉴与启示。许多发达国家在工业化时期都经历过严重的气候灾害：美国 20 世纪 30 年代经历过 10 年沙尘暴噩梦；1952 年的英国伦敦烟雾导致 8000 多人死亡；1952 年 12 月美国洛杉矶的光化学烟雾导致 400 余人死亡。但发达国家对严重气候灾害采取了良好的治理措施，并取得了显著的效果。我国正处于经济高速发展期，气候灾害频繁发生，雾霾、沙尘、城市内涝、高温酷热等气候灾害在大中城市愈演愈烈，城市水污染、酸雨污染等问题也日益严重，对气候灾害治理的研究迫在眉睫。一方面，美国治理沙尘暴、英国治理伦敦雾霾、美国治理洛杉矶雾霾、国外治理城市水灾、发达国家台风巨灾保险等的经验可以为我国治理气候灾害提供借鉴与启示。另一方面，气候灾害源于气候变化，世界各国应对气候变化的政策措施也可以为我国应对气候变化提供借鉴与启示，人类是一个命运共同体，气候变化是全球性的，任何一个国家都不能独善

---

① 《WMO：2017 年是有记录以来灾害性天气气候事件造成损失最大的一年》，中国气象局网站，http://www.cma.gov.cn/2011xwzx/2011xqxkj/qxkjgjqy/201803/t20180327_465300.html, 2018 年 3 月 27 日。

② 《热热热！140 年来最热的 6 月 专家：与气候变化有关》，新华网，http://www.xinhuanet.com/ yingjijiuyuan/2019-07/29/c_1210218848.htm, 2019 年 7 月 30 日。

其身。如何更好地发挥联合国世界气候变化大会的作用，借鉴莱茵河跨国治理水污染的成功模式，或许对人类携手共同应对气候变化问题能够提供有益的启示。

基于以上考虑，笔者以“国外治理气候灾害的经验与启示研究”为题申报了国家社科基金2014年度一般项目，并获得立项资助，由此展开历时五年的对国外治理气候灾害课题的研究。

（二）研究目的与研究意义

本课题的研究目的有二：一是借鉴国外治理沙尘暴、雾霾、城市水灾、台风等气候灾害的经验，为我国气候灾害治理提供可供参考的启示与政策建议；二是通过联合国等国际组织和美国、德国等国应对气候变化的措施和经验，为我国应对气候变化和加强国际气候变化合作治理提供可供参考的经验与启示。总之，对国外治理气候灾害的经验与启示研究具有重要的学术意义和实践意义。

1. 学术意义

党的十八大提出“全面落实经济建设、政治建设、文化建设、社会建设、生态文明建设五位一体总体布局”，党的十九大提出了建设“富强民主文明和谐美丽”的社会主义现代化强国的奋斗目标，党的十九届四中全会更是提出要实现国家治理体系和治理能力现代化，因此，在党和国家总体战略目标的指导下，探索国外气候与环境灾害治理的经验对我国生态文明建设的启示具有重要的学术理论价值。

（1）有助于深化我国新时代社会主义生态文明建设的研究。借鉴国外治理气候灾害的政策措施和经验教训为我国治理气候灾害提供有益的帮助和启示，有助于深化我国新时代社会主义生态文明建设和习近平生态文明思想的系统研究。

（2）有助于推进我国气候灾害治理研究。无论是国外治理气候灾害的个案研究还是发达国家应对气候变化政策的研究，都可以进一步推进我国对气候灾害治理和应对气候变化国际合作领域的学术研究。

（3）有助于拓展我国学术界对国外自然灾害史的研究。本课题属于跨学科研究，将国外自然灾害史、气候灾害管理学和社会主义生态文明建设有机结合，因此本课题研究成果也可以拓展我国史学界对国外自然灾害史的研究。

2. 实践意义

（1）有助于推动我国绿色发展道路的实践应用。党的十八届五中全会提出创新、协调、绿色、开放、共享的新发展理念，其中绿色是永续发展的必要条件和人民对美好生活追求的重要体现，借鉴国外治理气候灾害的经验来推动我国绿色发展道路，才能实现人与自然和谐发展，推进美丽中国建设，为全球生态安全做出新贡献。

（2）有助于在实践层面推进我国应对气候变化和气候灾害治理。国外治理气候灾害、应对气候变化的具体措施给我国制定相关政策提供了借鉴和启示，从实践层面为我国的防灾减灾、应对气候变化和对气候灾害的长期治理提供有益的政策措施和经验支撑。

（3）有助于划清社会主义生态文明和绿色资本主义的界限，牢固树立社会主义生态文明观。21 世纪在资本主义国家颇为流行的试图解决全球环境问题的“绿色资本主义”思潮认为，利用市场手段和技术的进步可以有效地解决环境问题，没有必要对当前的资本主义进行彻底的体系变革。但由于资本主义同生态环境之间的根本性矛盾，导致在现实中以市场为中心的解决方案在资本主义的现有框架下效率低下，同时解决环境问题的技术创新也难以奏效，这些都使得“绿色资本主义”实际上处于一个自相矛盾的境地。相比之下，社会主义生态文明是继工业文明之后的一个崭新的文明形态，它是人类文明发展到一定阶段的必然产物，它以尊重和维护生态环境为主旨、以可持续发展为依据、以人类的可持续发展为着眼点，在开发利用自然的过程中，人类从维护社会、经济、自然系统的整体利益出发，尊重自然、保护自然，注重生态环境建设，致力于提高生态环境质量，使现代经济社会发展建立在生态系统良性循环的基础之上，以有效地解决人类经济社会活动的需求同自然生态环境系统供给之间的矛盾，实现人与自然的协同进化，促进经济社会、自然生态环境的可持续发展。划清二者界限有助于我国公民牢固树立社会主义生态文明观。

（4）有助于美丽中国建设的实践。近年来，我国气候灾害频发，环境问题成为民众关注的焦点。党的十八大后，新一届政府提出建设“美丽中国”的构想，治理气候灾害成为我国亟待研究的课题。对西方发达国家治理气候灾害经验的研究可以为我国提供重要的借鉴意义，有助于大力实施污染防治行动计划，推动我国生态文明建设迈上新台阶，到2035年实现美丽中国的战略目标。

二 国内外研究现状述评

关于国外治理气候灾害的经验与启示这一课题的国内研究现状，笔者从国内学者关于国外气候灾害治理的个案研究、关于国外城市气候灾害治理与生态文明建设的研究、关于欧美城市环境史的研究、关于各国气候变化政策的研究、关于国际气候合作的研究几方面加以评述。国外研究现状则从国外学者对于人类活动与生态环境关系的研究、具体气候灾害问题的研究、国外城市环境史研究等方面加以评述。

（一）国内研究现状

1. 关于国外气候灾害治理的个案研究。（1）关于国外沙尘治理的研究。如高国荣等对20世纪30年代美国荒漠化与沙尘暴的起因与治理研究，从技术层面、政策层面、观念层面介绍了美国的系统综合防治政策，强调国家干预、人民参与、治理与脱贫相结合、发展农田水利和推行环境教育的重要性。[①]周钢对美国西部牧区的掠夺性开发进行深入研究，他认为正是这种开发破坏了大平原的自然风貌，打破了自然界的生态平衡，导致草原沙化和沙尘暴的频发以及印第安人的种族灭绝。[②]杨俊平通过对美国西部大平原黑风暴的实地考察，提出中国北方预防沙尘暴的对策。[③]秦文华反思了美国沙尘暴的发生、治理及其全国性环保热潮，强调在治理过程中“人”的重要性，环境保护与可持续性发展也需要政府、专家、企

---

① 高国荣、周钢:《20世纪30年代美国对荒漠化与沙尘暴的治理》,《求是》2008年第10期；高国荣:《20世纪30年代美国南部大平原沙尘暴起因初探》,《世界历史》2004年第1期。

② 周钢:《美国西部牧区的掠夺开发及后果》,《世界历史》2007年第2期。

③ 杨俊平:《从美国西部大平原黑风暴的控制途径论中国北方沙尘暴的预防对策》,《内蒙古林业科技》2003年第3期。

业、媒体以及普通民众在思维与行动上的大力支持，认为全民环保意识提升与自觉自为更需刚性制度的支持和保障。[①]王石英等详细评述了20世纪30年代美国沙尘暴发生的过程、机制、终结及美国主要的防治措施，分析了美国和我国在沙尘暴治理上的异同，并就美国的防治思路和措施在我国的应用提出了相应的建议。[②]高祥峪论述了富兰克林·罗斯福政府对美国沙尘暴治理的措施，强调土地保护的重要性。[③]此外，巫忠泽、屠志方、王雪琴等也都对美国治理沙尘暴的经验进行了阐述。

（2）关于城市大气污染治理的研究。如陶品竹的《城市空气污染治理的美国立法经验：1943—2014》一文，从洛杉矶烟雾事件后美国联邦政府颁布的《空气污染控制法》《清洁空气法》等多部法律文件建构起美国治理空气污染的基本法律框架，从而得出美国立法经验对中国的四点启示：在中央与地方关系的动态平衡中进行空气污染防治立法规划；综合协调，建构多元并存的空气污染防治法律规范体系；提升环境空气质量标准和产业技术标准，做到多种污染物协同控制；注重经济诱导，利用市场机制治理空气污染。[④]陈开琦、杨红梅研究了发展经济与雾霾治理的关系，认为治理雾霾不仅涉及体制改革，也影响到能源结构、产业结构、社会生活等宏观政策的调整，短期内对经济持续快速发展会有一定的阻碍作用。[⑤]钱振华、刘家华对比英、美、日、德等国曾经的雾霾问题状况及解决之道，目的在于倡导并培养一种基于责任伦理的意识，从而唤醒各行为主体的生态环境责任感，增强行为主体对自身环境行为的责任认知和责任实践能力，使环境责任意识内化为责任主体的道德品格，进而解决中国环境治理的困境。[⑥]崔艳红对美国洛杉矶和英国伦敦等欧美国家治理大气污染的经验与启示进行了深入

---

① 秦文华：《从美国沙尘暴治理看环保可持续性要素》，《现代经济探讨》2011年第11期。

② 王石英、蔡强国、吴淑安：《美国历史时期沙尘暴的治理及其对中国的借鉴意义》，《资源科学》2004年第1期。

③ 高祥峪：《富兰克林·罗斯福政府沙尘暴治理研究》，《历史教学》2009年第6期。

④ 陶品竹：《城市空气污染治理的美国立法经验：1943—2014》，《城市发展研究》2015年第4期。

⑤ 陈开琦、杨红梅：《发展经济与雾霾治理的平衡机制》，《社会科学研究》2015年第6期。

⑥ 钱振华、刘家华：《关于环境治理的责任伦理反思——基于中外雾霾问题治理的比较分析》，《北京科技大学学报》2015年第3期。

的研究，得出了对中国有益的经验借鉴与启示。[①] 卢文刚、张雨荷以中国京津冀地区和美国洛杉矶地区为例，分别从孕灾环境、致灾因子以及承灾体三个方面对两个地区的雾霾治理措施进行对比分析，总结美国在行政立法、技术标准、社会参与等方面可资借鉴的经验。[②] 陆伟芳等五位环境史研究学者从世界历史的角度介绍英国、法国、德国、日本与美国治理空气污染以及相关环境问题的成功案例，总结经验教训以供我国借鉴。[③] 此外，陆伟芳还考察了19世纪英国人对煤烟有害的认知过程，从煤烟对动植物生长造成的损害，到污损财物造成的经济损失，最后才认识到对人类身体健康乃至生命造成的危害。[④] 梅雪芹考察了工业革命以来西方主要国家环境污染与治理的历史[⑤]，并就国外治理大气污染的历史过程与经验进行了论述。

（3）关于城市水灾与雨洪管理的研究。石磊等人通过借鉴日本雨洪管理的保障体系、演进与发展历程、措施体系等方面，提出了我国未来海绵城市建设的发展方向，认为未来应构建生态和经济协调发展的理念体系，灾害与资源环境协同治理的结构体系，以结构工程为主、非结构工程为辅的措施体系以及政府主导、社会参与的合作体系。[⑥] 顾大治等人研究了美国城市雨洪管理体系的发展演变历程，并从发展模式、发展方向、管理体系及策略等各个方面展开对中美两国雨洪管理体系的比较研究。[⑦] 崔艳红通过总结纽约、巴黎、伦敦、东京、柏林等国外大城市治理城市水灾的经

---

① 崔艳红：《美国洛杉矶治理雾霾的经验与启示》，《广东外语外贸大学学报》2016年第1期；崔艳红：《英国治理伦敦大气污染的政策措施与经验启示》，《区域与全球发展》2017年第2期；崔艳红：《欧美国家治理大气污染的经验以及对我国生态文明建设的启示》，《国际论坛》2015年第5期。

② 卢文刚、张雨荷：《中美雾霾应急治理比较研究——基于灾害系统结构体系理论的视角》，《广州大学学报》2015年第10期。

③ 陆伟芳等：《西方国家如何治理空气污染》，《史学理论研究》2018年第4期。

④ 陆伟芳：《19世纪英国人对伦敦烟雾的认知与态度探析》，《世界历史》2016年第5期。

⑤ 梅雪芹：《工业革命以来西方主要国家环境污染与治理的历史考察》，《世界历史》2000年第6期；梅雪芹：《工业革命以来英国城市大气污染及防治措施研究》，《北京师范大学学报》2001年第2期。

⑥ 石磊等：《国外雨洪管理对我国海绵城市建设的启示——以日本为例》，《环境保护》2019年第16期。

⑦ 顾大治、罗玉婷、黄慧芬：《中美城市雨洪管理体系与策略对比研究》，《规划师》2019年第10期。

验，如修建完善的城市下水道排水系统、建立洪水风险管理系统、制定健全的相关法律等措施，为我国治理城市水灾提供了经验借鉴。[①]朱思诚等借鉴国外治理城市内涝的经验，提出了我国治理城市内涝的具体措施。[②]钱新介绍了美国暴雨管理的先进理念和技术方法，其中美国的城市发展策略、土地利用模式和排水工程设计方法使得暴雨管理综合效率大大提高。[③]刘波比较了纽约、伦敦和东京三大城市防洪排涝的经验，为我国城市排涝提供了借鉴。[④]关于建设海绵城市，赖文波等以日本城市“雨庭”为例，在运作机理、特征等的基础上详细解读与剖析城市“细部”的雨水浸透绿化措施，凸显海绵城市的显微力量，在此基础上为我国海绵城市建设提供借鉴和启示，提出“建设体系、调整思路、高效利用、细化设计、多方参与”五项海绵城市建设建议。[⑤]刘晔论述了新加坡雨水收集排水系统建设经验，全民共享ABC水计划与海绵城市建设经验，为中国的城市雨洪管理提供经验借鉴。[⑥]中国气象局的张庆阳对国外暴雨灾害防御的经验进行了介绍，并得出可供中国借鉴的建议。[⑦]

2. 关于国外城市气候灾害治理与生态文明建设的研究。中国气象局干部培训学院张庆阳研究员在国外气候灾害治理研究方面著作丰富，他编著的《灾害来临怎么办——冰雪灾避险自救》一书中对美国、日本、德国、法国、加拿大、俄罗斯、英国、芬兰、挪威、瑞士等国应对雪灾的防御经验加以总结，为我国雪灾防御提供了避险自救的方法。[⑧]张庆阳的团队还在《中国减灾》发表了系列文章，讨论美国、日本、英国、德国、巴西、澳大利亚等国气象灾害综合防治的内容，其中包括气象灾害的防治、防灾减灾方式、灾害应急管理法律体系，以及风灾、洪灾、旱灾、雪灾等的防

---

① 崔艳红:《国外治理城市水灾的经验及其启示》,《城市与减灾》2016年第1期。
② 朱思诚、任希岩:《关于城市内涝问题的思考》,《行政管理改革》2011年第11期。
③ 钱新:《美国暴雨管理之鉴》,《城市与减灾》2012年第5期。
④ 刘波:《纽约、伦敦和东京等世界城市防洪排涝经验与启示》,《城市观察》2013年第2期。
⑤ 赖文波、蒋璐、彭坤焘:《培育城市的海绵细胞——以日本城市“雨庭”为例》,《中国园林》2017年第1期。
⑥ 刘晔:《ABC全民共享水计划 海绵城市在新加坡》,《城乡建设》2017年第5期。
⑦ 张庆阳:《国外暴雨灾害防御及中国取向建议》,《世界环境》2014年第4期。
⑧ 张庆阳编著:《灾害来临怎么办——冰雪灾避险自救》，中国标准出版社2013年版。

治措施等。[①]张庆阳发表的系列文章，还对20世纪60年代以来英国、德国、日本等国家积累的生态文明建设的成功经验进行论述，对于当前我国的生态文明建设具有重要的借鉴意义。[②]秦莲霞、张庆阳、郭家康在《中国人口·资源与环境》发表的《国外气象灾害防灾减灾及其借鉴》一文，在国内率先系统地分析研究了国外气象灾害的防灾减灾措施，借鉴国外经验，结合国情，提出我国应如何搞好气象灾害防御工作。[③]此外，郑慧对韩国气候灾害治理的政策措施和经验也进行了评述。[④]这些成果为本课题进一步的研究提供了重要的研究基础。

3. 关于欧美城市环境史的研究。如肖晓丹对于萌芽于20世纪80年代的法国城市环境史的缘起、发展及现状进行了详细论述，认为法国环境史主要研究领域集中在城市水环境、工业污染与社会反应、垃圾处理与排污系统三大方面，法国环境史研究侧重从资源利用、物质循环、技术—决策、环境冲突、技术创新等角度综合考察城市与内外环境的关系，具有多学科、综合性的研究视角和长时段的研究特色。[⑤]侯深提出在美国城市史向城市环境史转化的过程中，环境史对于城市与自然之间的关系进行了重新定义，城市成为一个人类文化与自然共同进化的生态系统。虽然威廉·克罗农《自然的大都市》一书为城市环境史的研究冲破城市固有的行政边界奠定了良好的基础，

---

① 张庆阳:《国外应对雪灾经验及其借鉴》,《中国减灾》2013年第1期；张庆阳、秦莲霞、郭家康:《英国气象灾害防治》,《中国减灾》2013年第3期；郭家康、张庆阳、秦莲霞:《德国气象灾害防治》,《中国减灾》2013年第5期；张庆阳、秦莲霞、郭家康:《巴西气象灾害防治》,《中国减灾》2013年第13期；张庆阳、秦莲霞、郭家康:《印度气象灾害防治》,《中国减灾》2013年第11期；张庆阳、秦莲霞、郭家康:《法国气象灾害防治》,《中国减灾》2013年第15期；张庆阳、秦莲霞、郭家康:《澳大利亚气象灾害防治》,《中国减灾》2012年第19期；秦莲霞、张庆阳、郭家康:《美国气象灾害防治理念》,《中国减灾》2012年第21期；张庆阳、秦莲霞、郭家康:《日本气象灾害防治》,《中国减灾》2012年第23期。

② 张庆阳:《生态文明建设的国际经验及其借鉴（一）：英国》,《中国减灾》2019年第11期；张庆阳:《生态文明建设的国际经验及其借鉴（二）：德国》,《中国减灾》2019年第17期；张庆阳等:《国外生态文明样板城市经验及其启示（上）》,《城乡建设》2017年第19期；张庆阳等:《国外生态文明样板城市经验及其启示（下）》,《城乡建设》2017年第20期。

③ 秦莲霞、张庆阳、郭家康:《国外气象灾害防灾减灾及其借鉴》,《中国人口·资源与环境》2014年第1期。

④ 郑慧:《韩国气候灾害管理机制评鉴》,《行政管理改革》2010年第9期。

⑤ 肖晓丹:《法国的城市环境史研究：缘起、发展及现状》,《史学理论研究》2016年第2期。

但今天的环境史学者却未能在此方面做出进一步的拓展。在对城市的影响力的评估日益功利化偏向的今天，城市环境史学者需要挖掘城市文化与生态的关系。[①]毛达分析了城市环境史研究发展过程中的三个重要学术现象：关于城市是不是环境史研究对象的学术争论推进了环境史的理论思考；在城市环境史研究范式的转变上，新一代学者提出了用“政治文化路径”分析补充“技术路径”分析的主张，并最终改变了城市环境史研究的面貌；因为空间尺度和研究对象的差异，城市环境史研究出现了“内在论”和“外在论”两种方向。[②]高国荣对美国城市环境史的发展动向与轨迹加以研究，指出20世纪90年代以后城市环境史成为美国环境史研究的重要领域。城市环境史研究的成果大致可以分为三类：考察城市与乡村的关系、研究城市污染治理及城市公共基础设施建设、探讨不同社会阶层不平等的环境权益。[③]侯文蕙从三个方面探讨了环境史和环境史研究的生态学意识以及环境史研究的发展趋势，她指出，环境史是在“二战”后环境保护运动的推动下产生的，是意识变革的产物；现代生态学为环境史研究提供了新的视角和方法论；生态学研究的发展对环境史研究产生了影响。[④]高国荣也研究了环境史在欧洲的发展，指出欧洲环境史研究开始于20世纪80年代，历史地理学、法国年鉴学派、汤因比的有关著作为环境史在欧洲的兴起提供了理论基础。与美国相比，欧洲的环境史研究具有更多的跨学科研究的特色和全球史的视野，而且从一开始就重视城市环境问题。[⑤]研究国外环境史的专著还有：梅雪芹的《环境史学与环境问题》和钱乘旦、刘金源的《寰球透视：现代化的迷途》等。[⑥]

4. 关于各国气候变化政策的研究。关于各国气候变化政策的研究，郑石明、任柳青梳理了国外气候政策创新的发展进程——从减缓政策到适

---

① 侯深:《没有边界的城市：从美国城市史到城市环境史》,《中国人民大学学报》2013年第3期。

② 毛达:《城市环境史研究发展过程中的重要学术现象探析》,《世界历史》2011年第3期。

③ 高国荣:《城市环境史在美国的缘起及其发展动向》,《史学理论研究》2010年第3期。

④ 侯文蕙:《环境史和环境史研究的生态学意识》,《世界历史》2004年第3期。

⑤ 高国荣:《环境史在欧洲的缘起、发展及其特点》,《史学理论研究》2011年第3期。

⑥ 梅雪芹:《环境史学与环境问题》，人民出版社2004年版；钱乘旦、刘金源:《寰球透视：现代化的迷途》，浙江人民出版社1999年版。

应政策，从政策发明、政策扩散和政策评估三种视角考察了国外气候政策创新的来源、动力和影响，对国外气候政策创新的研究现状和不足进行了总结，并提出了国外经验对我国气候政策创新的理论与实践的启示。[①]赵伟通过对欧盟、美国及澳大利亚在农业领域对气候变化适应政策的研究分析，提出对中国农业适应气候变化的启示。[②]关于美国的气候政策，刘慧指出，美国表面上看似没有气候政策，新自由主义被视为塑造美国气候政策的支配力量，实质上，美国“隐性”发展型国家模式下的气候政策集中于市场机制和技术创新，着力点在于获得创新和竞争优势，确保经济主导权。[③]宋亦明、于宏源就全球气候治理的中美合作领导结构进行研究，指出作为全球气候治理体系中重要的行为主体，中国、美国和欧盟具有相对突出的合作能力与合作意愿。虽然三者在全球气候治理中都存有分歧，但是中美两国在约束机制设计等技术性问题上更具共识，所以中美在全球气候治理进程中初步实现了合作领导。然而特朗普总统执政后，美国应对气候变化的立场全面倒退，其气候政策也全面回调，全球气候治理的中美合作领导结构受到严重冲击，受此影响，全球气候治理的领导力赤字再次扩大。对此，中国气候外交需要进行相应的调整，在短期内尽可能维护现有合作成果，而在更长时段中继续寻求中美合作，进而尝试重塑全球气候治理的中美合作领导结构。[④]孙承、李建福从国内、国际两方面因素探讨了美国气候正义立场的变迁，国内因素主要是美国的联邦制政治结构和普通民众对气候正义的不同态度，国际因素主要是新型经济体的气候谈判立场，尤其是中国政府的谈判立场对美国的气候正义立场的影响较为明显。[⑤]冯帅指出，特朗普时期美国气候政策的转变严重阻碍了中美气候外交预期目标的实现，我国应谨慎寻求中美气候外交的新出路，坚持“共同但有区

① 郑石明、任柳青:《国外气候政策创新的理论演进与启示》,《中国行政管理》2016 年第 9 期。
② 赵伟:《国外农业气候变化适应政策及对中国的启示》,《世界农业》2013 年第 11 期。
③ 刘慧:《“隐性”发展型网络国家视角下的美国气候政策》,《美国研究》2018 年第 2 期。
④ 宋亦明、于宏源:《全球气候治理的中美合作领导结构：源起、搁浅与重铸》,《国际关系研究》2018 年第 2 期。
⑤ 孙承、李建福:《美国气候正义：立场变迁与实质辨析》,《山西大学学报》2019 年第 2 期。

别责任和各自能力”的基本原则，在方法上采取“协作共进”式的气候外交策略，提升我国的气候治理话语权，进而提出全球气候治理的“中国方案”[①]。关于欧洲各国的气候政策，闫瑾、姜姝探讨了债务危机下的欧盟能源气候政策，认为欧盟的能源气候新政在其颇具特色的多层治理框架下展开，在债务危机下呈现出保护主义和战略调整共存的摇摆型面貌，既彰显了欧盟区域化能源气候治理的一定的成就，又逃不开短视自利保护主义“达摩克利斯之剑”的阴影。中国对其能源气候政策的经济政治含义予以深刻的重视，开展务实措施积极应对贸易挑战，既不消极应战，也不受制于人。[②]王文军研究了英国应对气候变化的政策，指出英国的气候变化政策具有全面性、系统性和整体性特点，从宏观立法到企业行动，各种措施相互呼应。但其对外气候政策偏离了“共同但有区别责任”的原则，对发展中国家不利。[③]廖建凯研究了德国减缓气候变化的能源政策与法律措施，他指出，在气候保护与能源政策的指导下，德国已建立起比较完善的能源法律体系，其中规定了一系列发展可再生能源和提高能效以减缓气候变化的法律措施。国家发展战略的指引、联邦政府积极的推动、公众环保意识的支持、成本收益的综合考量以及确保能源安全的需要，是德国能源气候政策和法律体系发展完善的关键动因。[④]

5. 关于国际气候合作的研究。关于国际气候合作，李强对于“后巴黎时代”中国的全球气候治理话语权构建提出了独到的见解，他认为在“后巴黎时代”开启的全球气候治理新阶段，各国围绕《巴黎协定》中减缓、适应、资金、技术和能力建设等核心目标展开的激烈博弈将引发全球气候治理话语权重新分配。为推动构建人类命运共同体和体现负责任大国的担当，中国需要根据全球气候治理话语权的内涵，认识和把握面临的机遇与挑战，从制度性、科学性和道义性三个维度构建与自身实力相匹配的

---

① 冯帅：《特朗普时期美国气候政策转变与中美气候外交出路》，《东北亚论坛》2018 年第 5 期。

② 闫瑾、姜姝：《债务危机下的欧盟能源气候政策——多层治理的视角》，《当代世界与社会主义》2013 年第 3 期。

③ 王文军：《英国应对气候变化的政策及其借鉴意义》，《现代国际关系》2009 年第 9 期。

④ 廖建凯：《德国减缓气候变化的能源政策与法律措施探析》，《德国研究》2010 年第 2 期。

话语权，实现从参与者向引领者的重大转变，推动构建公平、公正、合理的国际气候机制和全球气候治理秩序。[①] 王琦对日本应对气候变化国际环境合作机制进行评析，指出日本以加入《联合国气候变化框架公约》为契机，通过制定施行《环境基本法》确立了国际环境合作的基本理念，将那些理念作为应对全球气候变化的方式纳入日本环境法律体系。日本国际环境合作机制是以东亚为重心的三层级模式，参与主体涵盖政府及政府间组织、地方公共团体、跨国公司、非政府组织、学术研究机构，呈现多元化特征。[②] 董亮对巴黎气候大会的会议外交与谈判管理进行了相关研究，他指出，在巴黎气候大会谈判周期内，关键行为体法国和《公约》秘书处的作用和影响体现在会前筹备、会上谈判和会后落实三个阶段：在大会筹备阶段，形成有效的谈判案文和谈判规则，运用外交手段对重要国家展开说服工作；在会议谈判中，通过密切配合将会议的正式机制与非正式机制结合起来，掌控谈判形势，避免谈判的不确定性，力促各方达成共识，实现协议的最大包容性；在巴黎大会后，法国与秘书处继续合作，为《巴黎协定》的生效和落实提供政治动力。巴黎气候谈判的成功，实际上是传统国家外交能力与政府间多边主义共同作用的结果，而关注国际气候谈判中的微观因素，如会议外交机制与谈判管理技巧，也为理解国际气候治理的未来发展提供了一条重要路径。[③] 刘助仁则探讨了应对气候变化的全球攻略，指出气候安全是一个事关各国发展和人类生存的重大全球热点问题，引起国际社会的高度关注与重视。为了遏制日益加剧的温室效应势头，中国和其他各国积极采取防范措施和应对行动，但在国际合作层面，由于发达国家态度较为消极，进展不大。[④] 这些学者的研究具有重要的参考与借鉴意义。

---

① 李强：《"后巴黎时代"中国的全球气候治理话语权构建：内涵、挑战与路径选择》，《国际论坛》2019 年第 6 期。

② 王琦：《日本应对气候变化国际环境合作机制评析：非国家行为体的功能》，《国际论坛》2018 年第 2 期。

③ 董亮：《会议外交、谈判管理与巴黎气候大会》，《外交评论》2017 年第 2 期。

④ 刘助仁：《应对气候变化的全球攻略》，《国际问题研究》2010 年第 3 期。

（二）国外研究现状

1. 人类活动与生态环境关系的研究。法国著名科学历史学家帕斯卡尔·阿科特（Pascal Acot）的《气候的历史：从宇宙大爆炸到气候灾难》是一部探讨人类活动与生态环境关系的力作，他重建了从太初到现今的漫长气候史，厘清了气候的演变过程，深入探讨了人类活动与地球升温的关系。[①]以12卷巨著《历史研究》而闻名于世的英国著名历史学家阿诺德·约瑟夫·汤因比（Arnold Joseph Toynbee）的遗著《人类与大地母亲》也是一部探讨人类生态环境史的力作，这本书以广阔的视野，叙述了自人类形成直到20世纪70年代人类与其生存的环境，以及人类自身之间相互影响、相互作用的历史。[②]英国剑桥大学考古学和人类学博士布莱恩·费根（Brian M. Fagan）的《小冰河时代：气候如何改变历史（1300—1850）》一书是欧洲环境史的又一力作，费根回顾了欧洲近现代史上的寒冬景象，分析了这段冰河期对历史走向造成的影响，以及它对当前的全球暖化奠定了怎样的气候基础。他重新阐释了小冰河期对人们耳熟能详的历史掌故的巨大影响，如维京人的海上传奇、波澜壮阔的工业革命、拿破仑战争的惨败、西班牙无敌舰队的意外覆没、爱尔兰的土豆大饥荒等。他引领大家以气候为鉴，重新审视风云变幻的历史迷局。[③]英国著名学者克莱夫·庞廷的《绿色世界史：环境与伟大文明的衰落》是一本披露人类是如何毁掉绿色、破坏环境，从而导致生态恶劣、战争不断、资源枯竭、疾病丛生等一系列社会问题滋生蔓延的学术著作，在书中，作者阐发了对人类破坏绿色世界引起的连锁反应的批判与反思。[④]

2. 具体气候灾害问题的研究。如美国学者唐纳德·沃斯特的《尘暴——1930年代美国南部大平原》一书，既是一部关于1929—1939年间美国大平原的通史，也是对两个特殊的尘暴地区——俄克拉何马州的锡马

---

① ［法］帕斯卡尔·阿科特：《气候的历史：从宇宙大爆炸到气候灾难》，李孝琴等译，学林出版社2011年版。

② ［英］汤因比：《人类与大地母亲》，徐波等译，上海人民出版社2001年版。

③ ［英］布莱恩·费根：《小冰河时代：气候如何改变历史（1300—1850）》，苏静涛译，浙江大学出版社2013年版。

④ ［英］克莱夫·庞廷：《绿色世界史：环境与伟大文明的衰落》，王毅译，中国政法大学出版社2015年版。

龙县和堪萨斯州的哈斯克尔县的集中研究。沃斯特说明了造成大萧条的同一个社会如何酿就了尘暴，而罗斯福总统的新政又如何未能捕捉住这场灾难的根本原因。他还特别注意探讨沙尘暴是否有可能再次带来甚至更为严重危机的问题。[①] 美国洛杉矶市两位记者奇普·雅各布斯和威廉·凯莉通过深入调查，撰写了《洛杉矶雾霾启示录》一书，书中描述了“烟雾之都”的美国洛杉矶市 60 多年来光化学烟雾污染的形成、发展和防治等历史细节。洛杉矶的居民通过数十年的努力与抗争，将洛杉矶市从烟雾蔽日恢复到蓝天白云，这本著作对美国污染治理进程的促进与当前全球各国绿色环保发展产生了深远影响。[②]

3. 国外城市环境史研究。克罗农《自然的大都市——芝加哥与大西部》开创了全新的研究模式，将目光聚焦于城市与乡村的共同历史，作者以 19 世纪芝加哥的发展为原点，谈论的问题涉及多个领域，包括铁路与水路、粮食、木材、肉类、资本等，指出“每座城市都是自然的大都市，而每片乡村都是其农村腹地。如果我们认为能在其中选择其一，那就是自欺欺人，因为碧绿的湖水与橘色的烟云都是同一地区的产物。而且，我们对它们都负有不可推卸的责任。我们唯有将它们放置在一起，通过在它们之间来回旅行才能找到善待它们的生活方式”[③]。美国学者克罗斯比（Alfred W. Crosby）的《生态扩张主义——欧洲 900—1900 年的生态扩张》一书，从生物地理学角度阐述欧洲人是如何在过去的 1000 年里循着陆路和水路扩张到西伯利亚、非洲、美洲和大洋洲，促使这些地方走向欧洲化的过程。他们不仅进行了移民，也带去了旧世界的动物、植物和疾病，这些生物挤占了各地土生土长的动、植物的生存空间，许多物种甚至民族惨遭灭绝。作者认为，“欧洲人在温带地区取代原住民，与其说是军

① ［美］唐纳德·沃斯特：《尘暴——1930 年代美国南部大平原》，侯文蕙译，生活·读书·新知三联书店 2003 年版。

② ［美］奇普·雅各布斯、威廉·凯莉：《洛杉矶雾霾启示录》，曹军骥等译，上海科学技术出版社 2014 年版。

③ ［美］威廉·克罗农：《自然的大都市——芝加哥与大西部》，黄焰结、程香、王家银译，江苏人民出版社 2020 年版。

事征服问题，毋宁说是生物学问题”①。唐纳德·休斯的《世界环境史——人类在地球生命中的角色转变》讲述了从古代到现代人类社会与自然环境之间相互作用、相互影响的历史，其中，自然环境包括居住在这个星球上的所有其他生物。作者探讨了受到人类行为影响的环境变化如何改变了人类社会的历史趋势。②德国学者约阿希姆·拉德卡在他的《自然和权力——世界环境史》一书中叙述了纷繁交织的人与自然关系所带来的极其广泛的文明、文化和生物的后果，同时展现了这一相互关系以及在世界历史上留下了怎样的烙印。他得出结论：为什么尽管人们不断致力于一个人和自然相融合的环境政治，人与自然的关系仍然时时呈现出不稳定和大量令人惊奇的现象，人们要时刻注意和小心。③澳大利亚具有国际声誉的能源与环境专家、大气化学教授彼得·布林布尔科姆在他的《大雾霾——中世纪以来的伦敦空气污染史》一书中，探讨了自中世纪以来至20世纪50年代伦敦的空气污染历史、公众对污染认识的变化以及污染治理的艰难历程。书中不仅有对伦敦空气污染、煤烟对环境影响的专业分析，还考察了雾霾对建筑、家居、艺术创作和时尚生活等的影响。④

国外学者们对气候灾害问题的研究颇有建树，但我国学术界尚无专著对国外气候灾害治理经验作分类论述，尤其是发达国家治理气候灾害的成功经验对我国生态文明建设的启示鲜少涉及。因此，本课题研究具有创新意义。

三 研究内容

各种气候灾害中，有的是影响短促暴烈，有的则是绵长悠远。第一

① ［美］克罗斯比：《生态扩张主义——欧洲900—1900年的生态扩张》，许友民译，辽宁教育出版社2001年版。

② ［美］J. 唐纳德·休斯：《世界环境史——人类在地球生命中的角色转变》，赵长凤、王宁译，电子工业出版社2014年版。

③ ［德］约阿希姆·拉德卡：《自然和权力——世界环境史》，王国豫、付天海译，河北大学出版社2004年版。

④ ［澳］彼得·布林布尔科姆：《大雾霾——中世纪以来的伦敦空气污染史》，启蒙编译所译，上海社会科学院出版社2016年版。

种如洪水、台风等，台风是气候灾害中破坏力量非常强大的一种，在各种气候灾害造成的人员伤亡中，台风占50.2%。[①]台风（美国称为飓风）同样也是由气候变化引起，温室效应使大量海水蒸发形成热带气旋，进而发展为台风。根据统计，在过去30年里，虽然台风在总体数量上呈减少趋势，但超强台风、超级飓风的发生频率却有所提高，如2018年9月我国东南沿海就经历了超强台风“山竹”的袭击，这已经是2018年第22号超强台风。而随着中国经济的发展和东部沿海地区城市化进程的不断加快，台风造成的经济损失不断增长，如2004—2013年台风造成的中国经济损失达到年平均534.5亿元。第二种如干旱、低温、大气污染等，其中旱灾往往会长时间、大范围地影响农业生产，导致严重的财产损失，据统计，2004—2013年干旱造成的经济损失为年平均636.7亿元，超过台风。[②]而雾霾尤其是PM2.5可吸入颗粒物则对大中城市居民的健康造成了严重影响，而且持续时间长且难以完全解决。很多气候灾害都有多次致灾效应，例如与洪水、旱灾和高温天气同时而来的，还有蚊子、虱子、老鼠等携带病毒的宿主介质动物的大量繁殖，从而引发瘟疫。据世界卫生组织调查，新生与复发的病毒在传播过程中会出现生存环境变异现象，某些只在热带地区发生的疾病也会出现在寒冷的地方。而从更为久远的时间来看，全球变暖对物种生存的危害是毁灭性的。按照现在的增长速度，到21世纪中叶大约1/3的现有物种会因为全球变暖、森林滥砍滥伐、海洋升温、荒漠化等原因而灭绝。海水变暖也导致珊瑚礁白化和死亡现象，植物和动物改变栖息地的现象，也都和全球变暖有密切关系。

气候变化和气候灾害的影响范围是整个地球，因而需要全世界携起手来共同解决。在气候变化和灾害面前，每个国家都是平等的，不会因为富裕或贫穷、强大或弱小就能够避免气候变化，躲过气候灾难。美国是世界上经济最为发达的国家之一，同时也是气候灾害最为频繁的国家之一，飓风、龙卷风、洪水反复肆虐，给美国带来严重的生命和财产损失。中国作

① 秦大河主编:《中国极端天气气候事件和灾害风险管理与适应国家评估报告》，科学出版社2015年版，第157页。

② 秦大河主编:《中国极端天气气候事件和灾害风险管理与适应国家评估报告》，第160页。

为最大的发展中国家，改革开放后经济发展迅速，尤其是东部沿海地区，城市化、城镇化发展很快，但二氧化碳大量排放及对环境的污染使致灾因子更为活跃，增加了生态环境的脆弱性。在气候灾害面前，经济发达国家往往会遭受巨大的经济损失，而由于其灾害预警、救灾和灾后恢复的软硬件设施都比较健全，人员损失相对较小；而发展中国家遭受气候灾害时，往往会有大量的人员伤亡，在经济全球化的背景下，发展中国家的气候灾害也会影响到全世界的经济，对发达国家的工农业生产、消费品市场、股票期货、保险行业等都产生深远影响。波茨坦气候影响研究所学者莱奥妮·文兹的研究表明，区域性气候变化造成的灾害并不仅仅影响本地区经济，而且对全球气候变化乃至经济发展都产生影响。如在菲律宾肆虐的台风“海燕”导致椰油的世界总产量减少一半，[①] 再如 2011 年澳大利亚昆士兰州洪水泛滥，不仅给澳大利亚经济以重创，而且也给全球经济以沉重打击。由此可见，面对气候变化和气候灾害，需要世界各国的协调一致，共同应对国际气候变化和治理气候灾害。

在这一问题上，联合国发挥了重要的作用。自 1995 年以来，在联合国的组织下，每年都会召开世界气候变化大会，各国、各集团可以在会议期间就各个重大的气候问题进行谈判、磋商并达成多数国家都能够接受的协议，推动了国际气候变化治理的发展。1992 年 6 月在巴西里约热内卢举行的联合国环境与发展大会通过了世界上第一个应对全球气候变暖的国际公约《气候变化框架公约》，经过二十多年的努力，缔约方各国积极采取实际行动，为减少全球温室气体排放量不断协商解决环境与发展问题而努力。除此之外，联合国还于 1988 年成立了政府间气候变化专门委员会（IPCC），其秉承严格、确凿、全面和透明原则对气候变化进行评估，于 1990 年、1995 年、2001 年、2007 年和 2013—2014 年发布了五次评估报告，其中以第五次最为全面、系统、详细，这些权威的评估报告成为各国政府开展气候灾害应对工作的重要依据。联合国的其他机构，如联合国国际减灾战略（UNISDR）、世界气象组织（WMO）、全球气候服务框

---

① 赵媛编译:《区域性气候灾害影响全球》,《中国社会科学报》2016 年 6 月 17 日第 1 版。

架（GFCS）、联合国环境署（UNEP）、世界卫生组织（WHO）等都成为推动国际气候灾害应对与合作的重要组织。地球是人类的家园，气候是人类生存的必要条件，气候变化将会给全人类带来不可逆转的影响，对如何解决这一全球性问题，中国国家领导人习近平提出了具有东方智慧的中国方案——构建人类命运共同体，推动世界各国共同面对越来越严重的气候灾害，构建美好的地球家园。2017年12月1日，习近平发表题为《携手建设更加美好的世界》的讲话，提出了构建“人类命运共同体”的理念。[①]构建“人类命运共同体”包含构建安全共同体、构建经济共同体、构建文化共同体、构建环境共同体四个方面的内容。“人类命运共同体”思想对于世界各国携手共同保护地球家园、控制碳排放、防止气候进一步恶化，势必会产生重要的影响。

中国是世界上最大的发展中国家，也是经济发展最为迅速的国家，同时还是气候灾害最为频繁的国家之一。进入21世纪以来，政府对环境保护和气候灾害问题越发重视，取得了长足的进步，建立起了较为完备的管理体制，气候灾害应对和气候变化治理由政府统一领导，各职能部门分工负责，灾害分级管理，以灾难发生地为主要领导者；不断健全气候灾害相关的法律、法规和政策，如《突发事件应对法》（2007年11月）、《自然灾害救助条例》（2010年9月）等；不断完善气候灾害应急预案，等等。但还存在着若干不足，如灾害教育还不够全面深入，灾害防范意识尚有待加强，一些有益的防灾减灾措施如灾害保险还不够完善，等等。这就需要在现有基础上，进一步学习借鉴发达国家在气候灾害应对和气候变化治理方面的经验，他山之石，可以攻玉，在借鉴的基础上，根据中国的具体情况加以综合应用，不断推动我国的气候灾害防范、应对和善后工作。在此基础上，积极参与国际气候变化治理，提高中国的国际影响力，同时以此为契机推动国内产业升级和转型，推动碳市场发展和碳汇出口，真正让“绿水青山”带来“金山银山”效应。

---

① 《习近平全球政党大会讲话擎起“人类命运共同体”大旗》，人民日报（海外版）海外网，http://mil.news.sina.com.cn/2017-12-02/doc-ifyphkhk9641620.shtml, 2017年12月2日。

因此，根据这两方面内容，本书的写作分为“上篇　气候灾害治理”和“下篇　气候变化应对”两个部分，上篇主要以时间线贯穿来介绍发达国家应对气候灾害的经验措施，包括美国应对沙尘暴（20世纪30年代）、伦敦（20世纪50年代）和洛杉矶（20世纪70—80年代）解决城市雾霾、日本和新加坡应对城市内涝以及美国等国应对台风（当今时代）等气候灾害，这样一方面可以纵览20世纪东西方发达国家应对气候灾害理论和实践的发展历程，以期借鉴其有益经验和历史教训；另一方面可以了解国外应对气候灾害的最新理念和措施，如城市雨洪管理、巨灾债券等，以推动我国气候灾害应对的发展与完善。下篇则从国际和国家两个层面介绍了国外气候变化治理的新动态和新举措，国际层面主要包括国际气候治理中联合国主持的历次气候大会情况、《京都议定书》和《巴黎协定》的影响以及各个国家、各个利益集团之间的博弈，国家层面主要介绍德国、美国等发达国家在气候变化治理和节能减排方面的有益经验，德国方面主要是能源立法的发展演变及其节能减排的新举措，美国方面主要是介绍其碳排放市场的发展情况。通过介绍和分析发达国家在气候灾害应对和气候变化治理方面的有益经验，了解其最新法律、政策和发展动态，来不断推动中国的气候变化治理、能源结构改造升级和生态文明建设的发展。

四　研究思路与研究方法

（一）研究思路

本书以马克思主义理论为指导，借鉴行政管理学、历史学、环境学、气候学的研究方法和评价方法，遵循马克思主义中国化研究的基本规范，在广泛搜集、发掘、整理国外治理气候灾害、应对气候变化资料的基础上，将文献整理与理论研究结合起来，将理论研究与实践研究结合起来，将历史研究与现实关照结合起来。从国外治理城市气候灾害的研究入手，挖掘、甄别、还原历史真实情况，评述各国治理城市气候灾害、实施环境保护的具体措施，从它们的得失中总结经验、教训，为我国应对气候变化、治理气候灾害、建设生态城市提供参考、借鉴和启示。

（二）研究方法

本书拟在广泛查阅、搜集、占有文献资料的基础上，以辩证唯物主义和历史唯物主义为指导，以历史学的实证研究为基本方法，理论与实证紧密结合，综合运用对比、归纳、考证、演绎等研究方法。将世界灾害史、环境史的学术成果引入马克思主义中国化理论研究中，分析和评价国外治理气候灾害的经验与启示。本书的研究方法包括以下四种：

（1）文献研究法。广泛搜集、查阅文献资料，在整理、研读文献基础上，对国外治理气候灾害的经验与教训开展研究。

（2）跨学科研究法。本书将综合运用马克思主义理论、气象学、历史学、环境学、政治学等学科的理论与方法，对国外气候灾害治理进行多维度、多视角的研究，力求全方位展示国外的治理气候灾害的经验，为我国生态文明建设提供借鉴与启示。

（3）历史研究法。本书通过对不同国家、不同类型气候灾害的治理历史的个案研究，还原历史本来的面目，为世界灾害史研究做贡献。

（4）归纳演绎法。运用马克思主义历史唯物主义和辩证唯物主义的研究方法，将前人的研究成果进行归纳总结，在新的理论框架基础上形成系统化的研究，实现从量变到质变的飞跃。

上篇　气候灾害治理

第一章　美国治理沙尘暴的经验与启示 *

沙尘暴（sand-dust storm）是沙暴（sand storm）和尘暴（dust storm）的总称，是指强风从地面卷起大量沙尘，使水平能见度小于1千米，具有突发性和持续时间较短、概率小却危害大的灾害性天气现象。[①]其中沙暴是指大风把大量沙粒吹入近地层所形成的挟沙风暴；尘暴则是大风把大量尘埃及其他细颗粒物卷入高空所形成的风暴。沙尘暴是气候灾害的一种，其形成受气候因素和人类活动因素的共同影响。气候因素包括大风、降水减少及其沙源。人类活动因素是指人类在发展经济过程中植被被破坏以后，导致沙尘暴爆发频数增加。[②]沙尘暴天气主要发生在冬春季节，这是由于冬春季半干旱和干旱区降水甚少，地表极其干燥松散，抗风蚀能力很弱，当有大风刮过时，就会有大量沙尘被卷入空中，形成沙尘暴天气。全世界有四大沙尘暴多发区，分别位于中亚、中非、北美和澳大利亚。亚洲沙尘暴活动中心主要在约旦沙漠、巴格达与海湾北部沿岸之间的美索不达米亚、阿巴斯附近的伊朗南部海滨，稗路支到阿富汗北部的平原地带。非洲的撒哈拉沙漠、美国南部墨西哥北部荒漠干旱区、澳大利亚中部和西部海岸都是沙尘多发区。

---

* 本章部分内容系笔者国家社科基金一般项目“国外治理气候灾害的经验与启示研究”（立项编号：14BKS051）的阶段性研究成果之一，2017年5月已经发表在陈潭主编《广州公共管理评论》第5辑。见崔艳红《20世纪30年代美国治理沙尘暴的经验与启示》,《广州公共管理评论》第5辑，社会科学文献出版社2017年版。

① 熊佳蕙、闫峰:《沙尘暴成因及人文思考》,《灾害学》2004年第1期。

② 王炜、方宗义:《沙尘暴天气及其研究进展综述》,《应用气象学报》2004年第3期。

美国南部大平原气候干旱少雨，加之人为破坏，导致沙尘暴肆虐，以20世纪30年代最为严重。沙尘暴不但影响美国人的健康，破坏农业生产，而且还加剧了当时的经济危机。面对这一气候灾害，美国政府采取了一系列行之有效的措施，在较短时间内就基本上解决了沙尘暴的问题。但由于其政治、经济体制和人们逐利的天性，导致环境再次遭到破坏，沙尘暴再度肆虐，这一教训同样值得我们借鉴。

第一节　美国20世纪30年代沙尘暴的爆发及其原因

美国20世纪30年代的沙尘暴主要集中在其南部大平原，较为严重的地区被称为“The Dust Bowl”（尘碗），大致包括堪萨斯西部的1/3区域、科罗拉多的东南部、新墨西哥的东北部以及俄克拉何马和得克萨斯的部分地区，面积约5000万英亩，南北长达500英里，东西宽约300英里，约占整个大平原的1/3，因为其形状酷似锅的把手，所以又被称为“锅把儿区”[①]。

图1-1　美国尘碗地区

“锅把儿区”历史上就爆发过多次沙尘暴，学者通过对这一地区红刺柏和黄松树年轮的研究发现，在1210—1958年的748年间“锅把儿区”

① ［美］唐纳德·沃斯特：《尘暴——1930年代美国南部大平原》，生活·读书·新知三联书店2003年版，第29页。

共出现过21次旱灾和沙尘暴，[①] 其中多数集中在19世纪以后。例如1830年10—11月，据浸理会传教士伊萨克·迈科伊记载，堪萨斯东部沙尘持续几个小时，他看不清路，跟不上队伍。尘暴掺杂着平原大火留下的灰烬，他看不清自己马匹前方几米的物体，尘土、沙子和灰同时密集出现，让人面临窒息而死的威胁。1855年1—4月，《堪萨斯自由州报》记者劳伦斯记载，强劲的大风和黑尘深入到每一户家庭。大风从房子的缝隙刮进来，带来木炭灰等颗粒物，在家具、纸、打字机上留下厚厚的灰尘，看到食物上的沙子，顿时没有了胃口。1883年4月19日，据金斯利·格莱菲克记载，在科罗拉多州的拉斯·阿尼马斯、新墨西哥国家联合纪念碑和堪萨斯一天之内经历了4次沙尘，让人窒息。沙尘充满了每栋建筑的缝隙和空气中，在室外的人不得不呼吸沙尘，他们的胃、耳朵、眼睛和衣服都浸在沙尘中。飞虫低飞，狗在地下室里蜷缩身体，鸟儿都挤在一处庇护所筑巢。1895年4月2—15日，在堪萨斯南部、科罗拉多东部、东北部、怀俄明东南部和俄克拉何马、得克萨斯部分地区，沙尘导致铁轨上累积了6英寸厚的沙土，堪萨斯拉尼德和科罗拉多拉马尔5000头牛和马致死，许多牛被刮到100公里以外，堪萨斯西部落下6英尺的沙子，匹兹堡的沙尘遮天蔽日，咆哮了一个下午，沙尘暴还导致该地区股票下跌20%。1912年春，据《堪萨斯城市之星报》报道，在堪萨斯州托马斯县科尔比东北部一条长15公里、宽5公里的土壤被沙尘暴吹走了，已经长到几英寸高的冬小麦苗被连根拔起，田地里没有留下一点绿色，裸露的土地像城市水泥街道一样硬。刮起的尘土覆盖道路或房屋达5—20英尺厚。只有昏暗的电线杆能使人留在公路上。[②]

而与20世纪30年代的沙尘暴相比，上面的这些灾难却是小巫见大巫了。从1932年开始，强沙尘暴开始侵袭南部大平原，在1935年达到了高峰期。1935年4月14日是美国历史上的“黑色星期日”，一场遮天蔽

---

① William Van Royen, “Prehistoric Droughts in the Central Great Plains”, *Geographical Review*, 27(October 1937), pp.637，650.

② R. Douglas Hurt, *The Dust Bowl: Agriculture and Social History,* Nelson-Hall Inc. Chicago, 1981, pp.5-14.

日的沙尘暴以每小时60公里的速度袭击了堪萨斯的道奇城，下午2点40分，全城漆黑一片，长达40分钟，之后又是3个小时的半黑夜状态，直到午夜时分，沙尘暴才过去。这场沙尘暴在1小时15分钟的时间里横扫俄克拉何马的博伊西城和得克萨斯的阿马里洛大约105公里的土地，使高速公路完全陷于瘫痪。一位亲历者说："好像世界末日来临一样，噩梦变成了现实！"[①]这场沙尘暴的影响范围达9700万英亩土地，范围包括科罗拉多东南部、新墨西哥东北部、堪萨斯西部、得克萨斯和俄克拉何马的锅把儿地区，南北长400公里，东西宽300公里，厚度达1000英尺，尘云向下翻滚沸腾，像石油着火发出的巨大烟雾，尘云底部像上升的圆柱体，漆黑一片，上空颜色变成黑褐色、褐色，目击者形容为是用泥浆堆成的泥墙，成千上万的鹅、鸭、飞鸟惊恐乱飞。图1-2是笔者根据美国学者唐纳德·沃斯特和保罗·伯尼菲尔德对20世纪30年代美国南部大平原沙尘暴的统计数字做出的[②]，虽然二人的数据有所出入，但我们仍可以从中看到美国20世纪30年代沙尘暴的严重性。

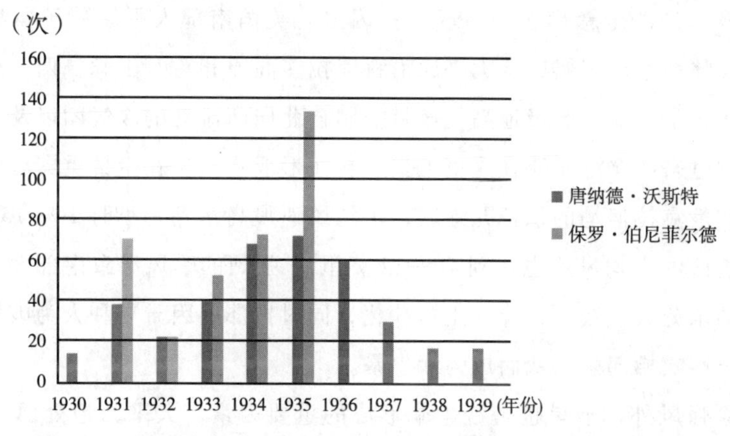

图1-2　美国南部大平原20世纪30年代沙尘天气发生频率

为什么这一时期美国的沙尘暴明显增多、增强呢？其原因主要包括气

---

① R. Douglas Hurt, *The Dust Bowl: Agriculture and Social History*, p.2.

② 数据来源：[美]唐纳德·沃斯特：《尘暴——1930年代美国南部大平原》，第10页；Paul Bonnifield,*The Dust Bowl: Men, Dirtand Depression,*Albuquerque: University of New Mexico Press, 1979,p.71.

候因素和人为因素。沙尘暴的要素有两个：风和沙。风的产生主要是气候因素，而沙的产生则源于气候和人为的综合因素，即特殊的土壤、干旱的气候和人为的破坏。

一 气候因素

20世纪30年代美国沙尘暴肆虐的气候因素主要包括强风和干旱，该地区特殊的土壤也在气候的影响下发挥了一定的作用。美国南部大平原的东部主要是黑钙土，西部以深褐色土为主，这两种土壤都是“絮凝结构”，又称为絮状结构，“它使得十分微小的土壤颗粒像鱼卵一样成群地黏合到一起。土壤颗粒之间存在着小的间隙，方便水分渗透进去”[①]。这种土壤结构的优点是保湿、透气，缺点是结构不稳定，土壤的絮凝结构容易受到来自外部环境的压力如干旱气候、植被遭到破坏等因素而发生破坏，絮凝结构一旦失去效力会造成土壤的颗粒变小而成为粉尘，从而成为沙尘暴两大要素中的一个——沙。

强风是沙尘暴形成的主要气候因素。美国南部大平原属于典型的亚热带大陆性季风气候，从大平原沿科罗拉多高原和落基山脉自西向东吹拂过来的暖干气流、受极地高气压带控制自北向南流动的冷气团以及从墨西哥湾吹过来的暖湿气流在这里汇聚，从而形成强风。在尘暴重灾区的得克萨斯和俄克拉何马的锅把儿地区，平均风速最高达到每小时14—15英里，其他地区的平均风速也达到10—12英里。[②]强烈的季风导致南部大平原土壤中的水分大量蒸发，导致土壤沙化，同时把那些因干旱和人为破坏而沙化的土壤吹拂起来，从而成为沙尘暴。

除强风外，干旱也是沙尘暴形成的重要因素。大平原地处西经96°以西，气候干旱少雨，年降水量不到500毫米，而大平原的沙尘暴严重地区平均年降水量还不到50毫米。20世纪30年代，大平原地区连续10年遭遇旱情，其中最为严峻的是1934年和1936年，1934年俄克拉何马州

---

① R. Douglas Hurt, *The Dust Bowl: An Agricultural and Social History*, p.18.

② 高国荣：《20世纪30年代美国南部大平原沙尘暴起因初探》，《世界历史》2004年第1期。

博伊西城平均降水量为219毫米，堪萨斯州里奇菲尔德平均降水量为194毫米，新墨西哥州克莱顿平均降水量为183毫米；而1936年这三个地方的平均降水量为255毫米、126毫米和141毫米。[①]严重的干旱使土壤沙化，导致强沙尘暴反复肆虐。

二　人为因素

人为因素是沙尘暴形成的另一个重要因素，大平原的农场主、农牧民和外来投资者为了追逐利益，不断扩大放牧和农业生产规模，破坏了草场和地表植被，导致土壤沙化，而20世纪30年代农业机械化更加剧了这一进程。

（一）畜牧业的暴利导致过度放牧，使大平原的草场遭到破坏

美国南部大平原原本因为自然条件恶劣而人烟稀少，为此美国政府先后颁布各项法律和政策鼓励移民，使大平原地区的人口有了明显的增加，从1880年的3549264人增长到1890年的6053545人。[②]南部大平原的气候适合牧草生长，因此外来移民一般都从事畜牧业来养家糊口、发家致富，使大平原的畜牧业初步发展起来。例如，19世纪60年代末70年代初，堪萨斯的大部分地区都被开辟为牧场，牲畜头数也由1860年的90455头增加到1880年的1533133头。[③]由于美国工业化不断发展，城市人口迅速增长，对肉类需求量大为增加，使畜牧业成为一个暴利的行业，例如，当时一头得克萨斯牛在本州仅售3—5美元，在中西部市场的价格为30—50美元，而在纽约则可以卖到85美元。[④]高利润使畜牧业飞速发展，为了牟取暴利，牧场主不断增加牧场内单位草地上放牧牲畜的数量，大大超过了草地实际的承载能力，例如，1867年得克萨斯的牧场上每平方英里草场上放牧300头牛，这一比例超过了牧场实际承载力的6倍以上。[⑤]超负荷放

① Paul Bonnifield, *The Dust Bowl: Men, Dirtand Depression*, p.80.

② ［美］J.T. 施莱贝克尔：《美国农业史（1607—1972）》，高田、松平、朱人合译，叶林校，农业出版社1981年版，第156页。

③ 何顺果：《美国边疆史：西部开发模式探究》，北京大学出版社2005年版，第131页。

④ ［美］布卢姆：《美国的历程》（下卷）第一分册，杨国标、张儒林译，商务印书馆1995年版，第15页。

⑤ 周钢：《畜牧王国的兴衰》，人民出版社2006年版，第355页。

牧对草场造成严重破坏，很多草场成了荒地，到了19世纪90年代，过度放牧导致大平原上优良牧草的植被覆盖率由85%下降到15%，[①]土地失去了草场和植被的保护，在高温干旱的气候中更容易遭受侵蚀而导致沙化。

（二）盲目地大规模耕种经济作物，导致大平原地区的土壤遭到进一步破坏

19世纪90年代，过度放牧使草场遭到破坏，导致畜牧业衰落，“旱作农业”取而代之而兴起。大平原气候干旱，降水稀少，为了解决这一问题，当地政府积极推广“旱地耕作法”。这种方法要求深耕土地到12—14英寸，使土壤疏松，这样就可以让水分到达农作物的根部，阻止其蒸发且保存在土壤中。南部大平原地区的“旱地耕作法”主要以种植小麦为主，尤其是抗干旱能力强而又耐严寒的硬粒“土耳其红小麦”和非洲高粱。这两种作物很快就适应了大平原的土壤条件和气候特点，成为大平原主要的农业作物。以西南堪萨斯为例，1915年该地区只有9.9%的土地种植小麦，1925年上升到了17.8%，1931年则达到了38%。[②]“旱地耕作法”虽然能够提高粮食的产量，但它对土壤产生的负面影响也显而易见。为了让土壤保持水分，必须深犁土地、反复利用，这就破坏了土壤原有的物理结构，土壤中的有机质容易在外力的作用下流失，导致土壤沙化。此外，第一次世界大战爆发后，欧洲各国都急需小麦进口，价格猛增，1914年欧洲每蒲式耳的小麦价格为0.91美元，1917年飙升到2.06美元。[③]美国政府后来又提出“小麦赢得战争”的口号，高利润和政府的号召都刺激着南部大平原的农民扩大小麦种植面积，导致草场的大面积消失，失去了草场保护的土地更容易沙化，从而加剧了沙尘暴。

（三）机械化提高了农业生产效率，但对土壤生态系统造成毁灭性破坏

20世纪20年代大平原农业生产进入大规模机械化时代，拖拉机、联

---

① 张准、周密、宗建亮：《美国西进运动对环境的破坏及其对我国西部开发的启示》，《生产力研究》2008年第22期。

② R. Douglas Hurt, *The Dust Bowl: Agriculture and Social History*, pp.24-25.

③ R. Douglas Hurt, *The Dust Bowl: Agriculture and Social History*,p.23.

合收割机和卡车成为农业生产中的主要角色。拖拉机是农业生产中最主要的工具，其数量不断增长，根据统计，堪萨斯州西南部的25个县在1915年共有拖拉机286台，1925年增加到3501台，1934年达到11655台；[①]联合收割机是农业生产中的另一个主角，1923年在堪萨斯州的西南地区只有联合收割机719台，1925年上涨到了1085台，1932年上升至7724台；[②]卡车也成为这一时期大平原农场里的重要交通工具，1915年堪萨斯州的卡车保有量为3900辆，1930年为33700辆，1940年为42600辆。[③]农业机械化使南部大平原粮食产量激增，但也破坏了可以防止土壤变质的本土草根层，将表层土壤粉末化，表层土壤失去了固着物之后，非常容易导致水土流失或土壤沙化，引发沙尘暴。但是，沉浸在机械化带来的高效率和高收获之中的人们并没有看到这一点，正如堪萨斯州的一位农场主所说："收获庄稼对我来说是极为兴奋的，拖拉机和联合收割机发出的响亮的声音在我的耳朵是一种音乐。一天接着一天，从早上到晚上，劳动是不断的，因为时间就意味着金钱。"[④]

总而言之，美国南部大平原沙尘暴的形成可以分为自然和人为两个因素，其中，自然因素是前提，主要包括强风和干旱的气候以及特殊的土壤结构；人为因素是主导性因素，主要表现为过度放牧、大规模耕作和农业机械化破坏了草场和植被，导致土壤沙化，成为沙尘暴的根源。正如美国学者丹·弗洛尔斯所指出的："没有大风，土壤就会一直待在那儿不动，无论它是如何地裸露着，没有干旱，农场主们就会有能够抵御风沙的苗壮健康的作物。但是自然的因素并没有制造尘暴——它们只是使它成为可能。尘暴碗的形成，在历史上，完全是人们在过去50年内使大平原自出现以来发生大规模变化的生态上的结果。"[⑤]贪婪的本性使人们聚焦于眼前

---

① R. Douglas Hurt, *The Dust Bowl: Agriculture and Social History*, p.24.

② R. Douglas Hurt, *The Dust Bowl: Agriculture and Social History*, p.24.

③ Paul Bonnifield, *The Dust Bowl: Men, Dirtand Depression*,p, 51.

④ Lawrence Svobida, *Faming the Dust Bowl: A First-Hand Account from Kansas*, Lawrence: University Press of Kansas, 1986,p.50.

⑤ Dan Flores, *The Natural West: Environmental History in the Great Plains and Rocky Mountains*, Norrnan:University of Oklahoma Press, 2001,p.175.

的短期利益，忽视了环境的可持续发展，导致20世纪30年代美国南部大草原强沙尘暴肆虐，农业生产的增长、高额的利润、机械化的繁荣景象，最终在大自然的惩罚面前均成为镜花水月。

第二节　美国治理沙尘暴的措施与成效

20世纪30年代肆虐美国南部大平原的沙尘暴不但严重影响民众的健康，还给美国经济造成沉重打击，加剧了这一时期的经济危机。从健康角度来说，沙尘暴对呼吸系统有强烈影响，沙尘天气时，大气中可吸入颗粒物大量增加，其中直径在0.5—5微米的颗粒可进入支气管、细支气管，引起支气管炎、肺炎、肺气肿等急、慢性呼吸道疾病，甚至导致肺癌，老人和孩子更易患病。除此之外，沙尘暴还会影响人体淋巴结、巨噬细胞的吞噬功能，导致免疫功能下降，增加对细菌感染的敏感性；沙尘暴落在人外露的皮肤上，使皮肤腺和汗腺阻塞，可引起皮炎；落入眼中，会导致结膜炎；沙尘天气增加了心血管疾病患者发生急性呼吸道感染的机会，有可能导致心脏衰竭；沙尘天气会影响人的情绪，导致抑郁和心情烦躁不安；等等。从经济角度来说，沙尘暴给美国带来了严重的损失，是导致美国30年代经济危机的原因之一，仅在大平原南部，沙尘暴就导致2000多万英亩的良田荒芜，牲畜大批渴死或呛死，农场大量破产，多数家庭只能靠举债度日。在整个20世纪30年代，大平原各州接受的联邦救济远高于美国其他地区，1933年在大平原地区约440万人口中依靠救济生活的比例就远超11.3%这一全国平均数。大平原地区农业和畜牧业破产，使当时美国的经济危机更加严重。

严酷的现实迫使美国政府不得不采取行动，进行综合治理。1936年，富兰克林·D. 罗斯福总统成立大平原干旱地区委员会，并要求提交该地区长期环境发展规划。该委员会的8名成员是来自国家资源委员会、人口再安置署、水土保持局、公共事业振兴署等联邦政府部门的主要负责人，由罗斯福总统亲自任命。在反复调查研究的基础上，该委员会最终提交了《大平原的未来》这一纲领性文件，由曾任美国农业经济署土地经济处处长和人口再安置署雷克斯福德·特格韦尔的助理刘易斯·威斯利·格雷起草。这份报告的主要内容如下[①]：

表 1-1 《大平原的未来》的主要内容

存在的问题	产生原因	建议政府采取的行动	建议农场采取的行动
水土流失土地受侵蚀	土地拥有者非自己经营而是将农场出租，导致过度种植谷物；农场过度垦殖，缺少休养生息的措施与长期计划；农场不断向周边扩展规模；小土地所有者的过度耕作；未能识别跨地区土壤的差异。	开展对土地、土壤和水资源的广泛调查，划定水土流失控制区，根据土壤条件确定土地适合耕种的作物和用途，开展农业服务与农业研究。	采用等高线犁耕，规划土地并按正确的角度犁田以战胜风灾，按垄耕作，斜坡耕种梯田，收获后留下很高的残株，在沙尘暴重灾区夏季避免休耕地裸露在外，代之以轮种三叶草类植物，种植建立防风林带。
畜牧草场遭到破坏	过度放牧，农场规模不断扩展。	联邦政府对山区、牧区进行集中管理，州政府组织放牧协会联盟，避免牧场转卖而导致的拖欠税款行为。	减小放牧规模，或让牧群远离已经遭到破坏而十分脆弱的土地。
水资源利用率低	农场耕作技术低，未能保持水土，不适当的灌溉方式。	大量投资建设小规模表层水的储存设备，保留可能的灌溉地区，制定系统灌溉政策，制定保护地表水的法律。	挖掘地表深处的水源以供牲畜饮用，把有限的资金用于更实际的灌溉补充。
农场收入不稳定，负债率高	过度依赖小麦带来的经济收益，土地租用率高，家庭农场规模小，农场对机械化投入较高，农场对气候因素如降雨和经济因素如谷物的价格的依赖。	公共财政制订计划增大农场规模，采取行动安置边远地区的小型家庭农场；促进该地区非农业产业的发展（如褐煤采矿）；大力投入研究害虫防治方法。	保持更高的牧草和经济作物的种植率；减少玉米、小麦的种植比例；设计多样化的土地经营计划；保持饲料种子的大量储备。

在这份报告的基础上，美国政府先后制定出台了一系列法律法规和政策措施，对沙尘暴进行了富有成效的治理，虽然不能彻底根绝，但大大降低了沙尘暴的危害。

---

① Robert A. McLeman, What we learned from the Dust Bowl: lessons in science, policy and adaptation, *Population and Environment*, June 2014,Vol. 35,Issue 4，pp.417-440.

一 健全法律，为治理沙尘暴提供立法保障

法律是政府制定政策和开展行动的基础，治理沙尘暴也是如此。人为因素尤其是农场的过度发展是沙尘暴肆虐的重要原因，因此必须通过立法对其加以规范和约束。罗斯福政府于1933年出台了《农业调整法》，规定每个农场主允许耕种的最大面积是其拥有土地面积的85%，如果一个农场主近几年耕种的面积为300亩，那么按照《农业调整法》的规定他只能耕种255亩，余下的15%耕地用于退耕还草。政府对于积极执行该法律的农民给予高额补贴，例如，在哈斯克尔县，1936年每个农场主得到的平均补贴为812美元，这已经超过该地区一名中学教师的年收入。有时候政府的补贴甚至超过农民的劳动所得，例如在1939年哈斯克尔县的农场主共领取补贴670983美元，而他们出售农产品获得的收入为641064美元。[①] 当农场主们看到与政府合作退耕还草如此有利可图时，他们就会积极主动地去实施。1934年出台的《泰勒放牧法》则主要对畜牧业中过度放牧的现象进行了规范和约束。该法律规定共计8000万英亩的公共土地上禁止农业耕种垦殖，只能用来放牧；任何在公共草地上放牧的人都需要办理执照，期限为10年，到期后重新办理；获得执照的农牧民可以在公共土地放牧，需要向政府缴费，同时还必须遵守政府的一系列规定，如单位面积草场放牧的数量、对草场进行修复和维护等，违反该法律的农牧民要缴纳罚金。《泰勒放牧法》结束了此前人们无限制、无序使用公共土地的局面，切实保护了大平原地区已经遭到严重破坏的草场和植被。

1936年，美国国会通过了《土壤保护与国内耕种面积分配法》，将农作物分为“消耗地力”和“保护地力”两种，前者包括小麦、玉米、棉花等，后者有豆类、牧草等。该法律规定对与政府签订合约、种植能够保护地力、增强肥力作物的农民给予补贴，平均每亩补贴10美元。其实在这一时期，大平原地区小麦、玉米的种植已经严重过剩，既破坏土壤，又影响农民的收入，

---

① [美]唐纳德·沃斯特：《尘暴——1930年代美国南部大平原》，侯文蕙译，生活·读书·新知三联书店2003年版，第210—211页。

《土壤保护与国内耕种面积分配法》可以鼓励农场主和农民去种植既可以保护土壤、又没有达到产量过剩的豆类等，还可以得到政府数量可观的补贴，可谓一举两得。1938 年，国会通过了第二个《农业调整法》，规定棉花、玉米、烟叶、大米等 5 种主要作物的生产定额，对耕种定额土地并按照土壤保持方法进行耕种的农户给予补贴。这两个法案的实施，不仅解决了农产品尤其是小麦产量过剩的危机，而且对土壤起到了保护作用。

二　美国政府各部门积极采取措施，综合治理沙尘暴

为了有效治理沙尘暴，美国在 1933 年 10 月成立了专门负责沙尘暴治理的临时性政府机构——土壤侵蚀局（Soil Erosion Service），隶属于内务部，负责对遭到破坏的土壤进行调查和修复，以期从根源上治理沙尘暴。1935 年这一机构升级为常设机构——水土保持局（The Soil Conservation Service），转为隶属于农业部，负责遏制沙尘暴对土壤的破坏，做好水土保持工作。水土保持局对沙尘暴严重的地区进行航拍，绘制详细的土壤地图，划定需要重点治理的地区，通过条播、休耕、轮作、等高线耕作法、梯田耕作法等方式，对土壤进行保护。截至 1936 年，该局已经建立了 14 个水土保护示范区，1939 年增至 37 个，对治理沙尘暴起到了重要作用。除此之外，美国政府的一些其他部门也参与到沙尘暴治理之中：美国林务局（The US Forest Service）开展的国家草原林业项目，创建防护林带抵御风沙，减少水土流失，到 1940 年在从北达科他州到得克萨斯 3 万个农场种植了 2 亿棵树；联邦紧急救济局（The Federal Emergency Relief Administration）为受灾农民提供救助，按登记的土地给予补贴，以减少农民因沙尘暴带来的经济损失；公共事业振兴局（The Works Progress Administration）设立基础设施建设项目，包括开垦梯田、修建水利灌溉设施、乡村道路建设等，完善重灾区的防灾设施建设，同时可以提供就业机会；农业部（The US Department of Agriculture）投资数百万美元购买那些遭到沙尘暴破坏而荒废的土地，在经过修复后作为公共土地使用；气象局启动了长期天气预报项目，以提前更多时间预报沙尘天气；移民管理局（The Resettlement Administration）鼓励大平原干旱地区的小农场主迁

移到其他地区，以此减少沙尘暴造成的破坏；等等。[1]不难看出，在这一时期的美国，治理沙尘暴已经不是一个政府机构的事情，而是多个政府部门联动，相互配合，共同治理防范沙尘暴，产生了 1+1>2 的协同效应。

三　开展水土保持计划，建立水土保持示范区

水土流失、土壤沙化是这一时期沙尘暴肆虐的主要原因，因此美国政府将水土保持作为治理沙尘暴的重点。1934 年 8 月，霍华德 · H. 芬尼尔被委任负责南部大平原的水土保持工程负责人，建立了沙尘暴地区指挥部，又称为新六区办公室，总部设在阿马里洛。指挥部委派阿瑟 · 乔尔对 20 个县进行实地考察，经过统计发现，其中 80% 的耕地遭到沙尘暴的严重侵蚀，90% 的弃耕地受到侵蚀。指挥部向水土保持局提出建议，将整个尘暴地区的 100 个县中 1/5 的土地，即 600 万—700 万英亩土地退耕还草。根据指挥部的建议，美国政府积极建立水土保持示范区，以点带面，推动水土保持计划的实施。在水土流失与保持项目负责人休 · 哈蒙德的积极活动下，内政部部长和市政工程局局长哈罗德 · 埃克斯在 1933 年 8 月 25 日为该项目提供了 500 万美元经费，水土保持局用这笔经费建立水土保持示范区，政府与同意建立示范区、退耕还草的农民签订了 5 年的合同，向农民提供适当的经济补贴。第一批示范区是位于得州戴尔哈特东部的 15195 亩土地。最初政府批准拨款 35000 美元，1934 年 10 月土地数量翻了一番，扩展到 3 万亩，范围也扩大到科罗拉多、堪萨斯、俄克拉何马和新墨西哥以及得克萨斯锅把儿地区的其他部分。美国民间资源保护队（Civilian Conservation Corps）在尘暴区也建立了 14 个水土保持示范区。到 1939 年 6 月 30 日，沙尘暴较为严重的地区共建立了 37 个水土保持区，覆盖了 19036000 亩的土地。[2]

除此之外，美国政府还积极开垦荒地，消灭沙尘暴的策源地。1935 年美国联邦紧急救济局提供经费开展了一个荒地修复的计划，对那些因为

---

① Robert A. McLeman, What We Cearned from the Dust Bowl: Cessons in Science, Policy and Adaptation, *Population and Environment*, June 2014,Vol. 35,Issue 4,pp.417-440.

② R. Douglas Hurt, *The Dust Bowl: Agriculture and Social History*, p.74.

过度开垦和放牧而荒废的土地进行开垦和修复。这些土地因为水土流失和土地沙化，因而成为沙尘暴的重要策源地。该计划成功吸引农民用15000台拖拉机对南部大平原的450万亩荒地进行开垦，其中沙尘暴重灾区堪萨斯就有200万亩，堪萨斯州也因此获得了其中25万美元的经费。参与这项计划的农民没有工作报酬，但能够获得经济补贴，最初是每亩10美分的补贴额度，1936年增加到每亩20美分，如果雇人耕作则为每亩40美分。在汉密尔顿县，农民用拖拉机作业每亩获得1加仑柴油和1/16加仑汽油的补贴，用马耕作的农民获得每亩10磅饲料的补贴。这一计划得到了农民的积极支持，堪萨斯西部就有39个县参与。[①]

四 建立防护林带，防风护土

大规模植树造林、建立防护林带、防风固土是这一时期美国政府治理沙尘暴的另一重要举措。1934年7月，罗斯福任命保罗·罗伯茨为项目负责人，拨款7500万美元，启动防护林项目，实施美国历史上规模空前的大草原防护工程（罗斯福工程）。1935年3月，第一批树苗被种植在从得克萨斯的柴尔德里斯到加拿大边境的100英里宽的狭长地带，这条地带基本沿着99度经线延伸，是长茎草原和短茎草原的过渡区。由于国会抱怨花费太大而拒绝拨款，而一些生态学家也认为在半干旱的气候条件下种树是不合适的，所以在此后的时间中该项目一直处于勉强维持的状态，直至1942年被最终取消。在1935—1942年的7年中，防护林项目动员了约200万青年在纵贯美国中部6个州建立起了南北长1850公里、东西宽160公里的广阔地带，种植了2.17亿株三角叶杨树、柳树、朴树、雪松、橄榄树和桑橙树，典型的防护林带为长条形，有10—20排树，例如柴尔德里斯南部的典型林带有15排树，中心是两排白杨，侧面种的是皂荚树、白蜡树、胡桃树、沙柳、中国榆、棉白杨、梓树、杏树、雪松等。防护林带此后被证明是卓有成效的，时速20英里的沙尘暴在经过4—8倍树高的距离时，其风速会减低一半以上，防护林带保护了3万多个农场免遭风暴

---

① R. Douglas Hurt, *The Dust Bowl: Agriculture and Social History*, pp.60-70.

袭击。[①]

除此之外，美国政府还积极鼓励民间的植树造林行动。1933 年 3 月 31 日，美国国会通过《国民造林保护队救济法》，由联邦政府拨款，招募 18—25 岁的失业青年组成民间资源保护队，从事植树造林、森林防火、水土保持、道路建设等方面的工作。1933—1941 年间，共有近 275 万名青年参加，造林 1700 万英亩，植树 3 亿多株，修建了大批森林防火设施，有效防止了多次森林火灾。1941 年美国参加“二战”，需要青壮年参军，以年轻人为主体的民间资源保护队因此被撤销。美国的民间资源保护队是罗斯福新政的组成部分，既动员了民间的力量从事植树造林、土壤保护等环保工程，又部分解决了 30 年代因为经济危机而导致的失业问题，可谓一举两得。

五 重视科学技术，采用新的农耕技术治理沙尘暴

美国在治理沙尘暴过程中，非常重视通过采用新的农耕技术保护土壤、治沙防风，常用的技术手段有等高线耕作法、条播法、节水灌溉、梯田耕作等。等高线耕作法是在相同高度的区域内种植以小麦为主的庄稼作物，在遇到降雨时，因为是同一水平高度，雨水便会遇到庄稼作物的拦阻而不会流走，从而渗入到土壤之中，这对于干旱地区的农业具有重要意义，而沙尘暴的主要原因之一就是干旱。试验表明，采用等高线耕作法的地区，土壤侵蚀率降至 40.5kg/hm²，而没有采用这一技术的地区土壤侵蚀率高达 5700kg/hm²。在地形起伏不平的地区，可以人工制造梯田，从而制造出相对平坦的等高线耕作地区，而梯田的垄沟还可以引来其他地域的降水，增加土壤中的水分，防止土壤遭到侵蚀和沙化。截至 1936 年年底，在水土保持局的 14 个示范区中，有 110980 英亩的土地采用等高线耕作法，有 33021 英亩的土地采用了梯田耕作法。条播法也是当时常用的一种耕作技术。条播就是将小麦和非洲高粱穿插耕种，每一条作物带宽约 40—100 英尺，作物播种的方向同沙尘暴吹来的方向呈直角。条播法可以

---

① ［美］唐纳德·沃斯特：《尘暴——1930 年代美国南部大平原》，第 303—304 页。

起到一举两得的作用，非洲高粱是固沙作物，可以防止土地遭到沙尘暴侵蚀，同时，牢固扎根土地中的高粱还可以在沙尘暴来袭时保护小麦免遭沙尘暴的破坏。除此之外，政府鼓励农户轮耕休耕、退耕还草。轮耕休耕主要针对那些已经遭到侵蚀破坏的农田，使其恢复土壤的肥力和水分。政府要求休耕的农田必须将原有作物的根茎和秸秆留下，这样不但可以增加土壤肥力，还可以抵御沙尘暴对土壤的侵蚀。科研人员还发明了一种简便易行的方法，就是把植物纤维、旧报纸纸浆与黏性物质搅拌在一起，与绿色染料混合喷洒在沙尘表面，既固定了沙尘，又美化了环境。喷洒一次可锁沙尘一到两年，且成本比植树种草要低得多。[①] 美国还将天气预报和地面治理结合起来，每次强风到来之前，气象部门提前 48 小时准确预测强风的行走路径，然后在其经过的地区对裸露的耕地进行喷洒，切断风沙源。

上述一系列的治理措施，使 20 世纪 30 年代强沙尘暴气候得以有效缓解，1941 年农业生产开始恢复，1942 年小麦产量超过了大丰收的 1931 年，1943 年、1944 年粮食接连取得更大的丰收，1945 年南部大平原 69 个县的小麦种植面积增加了 250 万英亩。科罗拉多州东南的一个公司 1946 年种了 28000 英亩小麦，获利 100 万美元。[②] 然而，沙尘暴得到遏制、农业生产再现繁荣后，目光短浅的农场主们开始抱怨梯田的花销太大，防护林带占地太多，水土保持区的规则限制太多。他们故态复萌，重新走上 20 世纪 20 年代扩大生产、破坏环境的道路，导致沙尘暴卷土重来。1952 年沙尘暴再次爆发，虽然持续时间短一些，但灾情比 20 世纪 30 年代更严重。此后，每隔 20 年大平原就遭受一次严重沙尘暴灾害，1974 年再次爆发强沙尘暴，20 世纪 90 年代沙尘暴又一次肆虐。1996 年春季，沙尘暴横扫新墨西哥、俄克拉何马和堪萨斯等州。1999 年 4 月，美国中南部沙尘暴再度频繁爆发。面对不断肆虐的沙尘暴，美国政府只能继续沿用 20 世纪 30 年代被证明是行之有效的措施进行治理。这样，治理、破坏、再治

---

① 编辑根据水信息网整理：《美国依靠科技和法制治理沙尘暴》，《浙江水利科技》2004 年第 2 期。

② [美]唐纳德·沃斯特：《尘暴——1930 年代美国南部大平原》，侯文蕙译，生活·读书·新知三联书店 2003 年版，第 308 页。

理，成为一个恶性循环。

总体来说，从短时段来看，美国南部大平原的沙尘暴治理无疑是卓有成效的，但从长时段来看，由于农场主的急功近利和政府缺乏长效治理机制，导致灾害反复出现，难以真正根治。尽管如此，对于同样受到沙尘暴侵袭的中国来说，美国治理沙尘暴的经验和教训都有学习和借鉴的价值。

第三节 美国治理沙尘暴的经验对中国的启示

美国政府经过多年努力，采取一系列有效措施，终于有效防控了20世纪30年代的强沙尘暴，开垦被沙尘暴破坏的土地，鼓励农民退耕还草，使20世纪40年代南部大平原的农业有了显著发展。中国是沙尘暴比较严重的国家，主要有两大沙尘暴多发区：第一个多发区在西北地区，主要集中在三个区域，即塔里木盆地周边地区，吐鲁番—哈密盆地经河西走廊、宁夏平原至陕北一线和内蒙古阿拉善高原、河套平原及鄂尔多斯高原；第二个多发区在华北，主要在赤峰、张家口一带，直接影响首都北京的空气质量。近年来，我国沙尘暴日益严重，主要是因为土地不合理开发和过度耕作所致。随着人口的增加以及有关方面管理的不到位，西北、华北地区土地大量开垦，草原过度放牧，人为破坏自然植被，形成了大量裸露、疏松土地，为沙尘暴的发生提供了大量的沙尘源，一遇大风便形成严重沙尘暴，影响社会经济正常运行，危害人民健康。经统计，1961年以来，西北大部、内蒙古大部、东北中西部和西藏等地的沙尘暴日数普遍在10d以上，新疆南部、西藏西部、内蒙古中部等地达30d，最高可以达到60d。[①] 沙尘暴波及的范围越来越广，造成的损失也愈来愈严重。1993年5月的沙尘暴，祸及内蒙古、宁夏、甘肃等省区，风力最大达到12级，因灾死亡85人，失踪31人，1200多万人受灾，直接经济损失5.4亿元。近年来，我国在治理沙尘暴方面做了很多工作，取得了一些进展，但沙尘暴

---

① 秦大河主编：《中国极端天气气候事件和灾害风险管理与适应国家评估报告》，科学出版社2015年版，第98页。

治理和荒漠化治理任重而道远。因此，美国治理沙尘暴的经验和教训值得我们学习借鉴，主要表现在以下五个方面。

一　政府各部门协同配合，综合治理沙尘暴

美国20世纪30年代治理沙尘暴的一个显著特点就是政府各部门协调行动，综合治理。参与治理的有原来就存在的政府部门，如美国林务局、气象局、联邦紧急救济局、公共事业振兴局、移民管理局等，还有为了治理沙尘暴而专门成立的新部门，如土壤侵蚀局、水土保持局等。各个政府机构在做好自己所负责的领域工作的基础上，开展部门配合、协调行动，发挥协同效应，成为美国有效治理沙尘暴的重要因素。这不仅说明美国政府内部管理的高水平和行动的高效率，也说明治理沙尘暴从一开始就是一个综合行动，不仅仅是防控沙尘暴本身——这仅仅是治标，还有土地修复、移民管理、防护造林、农业发展、公共事业建设等，这才是治本。治标治本相结合才能确保防控沙尘暴的系统性、彻底性和有效性。中国的沙尘暴涉及多个地区，需要从中央到地方协调一致，也需要各个政府机构有效配合、共同行动。除此之外，还应建立专门的治理沙尘暴的政府机构，从目前国务院生态环境部的机构设置来看，自然生态保护司、土壤生态环境司、大气环境司、应对气候变化司都涉及沙尘暴问题，但目前尚且没有一个独立的专门机构来负责沙尘暴防控和治理。应该学习借鉴美国的经验，建立职能更为清晰明确的专业性常设防控沙尘暴的政府机构。

二　沙尘暴防治应以人为本，尤其是要尊重农民的利益

美国的沙尘暴治理从一开始就非常注重以人为本，在治理沙尘暴的同时不损害农民的权益，甚至让农民成为在沙尘暴的治理中受益的一方，通过经济利益来吸引农民积极参与到沙尘暴的治理之中。1934年，联邦政府派出大草原干旱区域委员会去调查西南部的环境状况，当年这个机构向政府提交报告，建议政府最大限度地稳定这个区域的经济状况，让每个家庭有更高和更可靠的收入，减低不可避免的灾害带来的社会震荡。此后，

美国政府治理沙尘暴基本遵循了这一原则，例如给予愿意退耕还草的农民以税务优惠，给予与政府合作建立水土保持示范区的农民以财政补助，对愿意参加政府开垦荒地行动的农民给予经济和燃料方面的补贴，确保农民不但财产不会受到损失，反而会因为与政府合作防控沙尘暴、保护土壤而获得经济收益。这样保护了农民的权益，使农民得到好处，激发了他们的积极性，确保政府治理沙尘暴的行动顺利进行。我国在治理沙尘暴的过程中，也应该把治理和保护农民利益结合起来，利用政府补贴、税务优惠、公共建设等方式使农民在治理灾害、保护环境的过程中获得收益，并脱贫致富。

三　充分运用科学技术来治理沙尘暴，建立水土保持示范区

美国在治理沙尘暴中运用的科学技术主要包括两个方面：治沙技术和农耕技术。治沙技术包括对沙尘暴的预报、对沙尘暴的治理以及对沙尘暴的防护，主要是针对沙尘暴本身，如前文提到的简便易行的沙尘固化剂，既有效防控沙尘暴，又实现了废物利用。农耕技术则是通过作物种植、轮耕轮种、等高线犁耕等技术，修复和维护遭到破坏的土壤，消减土壤沙化，以此根绝沙尘暴的源头。在治理沙尘暴的过程中，美国政府注重综合运用这两种科学技术，使其沙尘暴的治理不但治标，还能够治本。美国十分重视利用新技术耕作并建立水土保护示范区，在20世纪30年代就建立了37个示范区，对于治理沙尘暴起到了显著的作用。我国目前已经开始积极推广新型农业技术，如节水灌溉、保护性耕作、新型农机具推广等，但要让农民接受新的耕作方式并非易事，例如临汾市用了十几年的时间在40万亩耕地上采用并推广新式耕作法，这方面需要政府加大对新农业技术应用的重视和执行的力度。水土保持示范区目前在我国方兴未艾，2007年国家批准了首批25个示范区的建设工作，2009年批准了第二批24个示范区，但这还远远不够，目前我国适合保护性耕种的土地约有6亿—7亿亩，如果能够全部利用起来，不但能够有效根绝沙尘暴的源头，还能够带来可观的经济效益。

四　立法明确，法律健全，执法严格

美国沙尘暴治理的相关法律法规十分健全，而且法律的执行非常严格。1933年的《农业调整法》对退耕还草给予明确规定，1934年出台的《泰勒放牧法》则主要针对草原放牧地区的保护问题，1936年出台的《土壤保护与国内耕种面积分配法》侧重于鼓励农民耕种那些有利于恢复、保持土壤的农作物。此后，美国国会和政府还不断根据实际情况而制定出台新的法律法规，或对原有法律法规进行调整修订。美国的法律执行非常严格，规定沙漠土地拥有者在其周围人为制造沙尘或不采取措施控制沙尘，每天罚款500美元；如拒不执行，每天增罚2000美元。为沙漠中施工的承包单位负责人和员工在开工前至少上4个小时的环境课，要求他们一边施工一边用水消尘。如果达不到要求，将勒令其停工或给予罚款。2001年8月31日第九届全国人大第二十三次会议审议通过《中华人民共和国防沙治沙法》并于2002年1月1日起正式实施，2018年第十三届全国人大第六次会议对其进行修正。修正后的《防沙治沙法》共七章，47条，除总则和附件之外，主要对防沙治沙规划、土地沙化的预防、沙化土地的治理以及保障措施和法律责任作出了较为明确的规定，但还需要严格执行并不断健全，逐渐形成配套法律。

五　政府建立沙尘暴治理的长效机制，积极利用民间组织的力量，避免出现美国治理、破坏、再治理的恶性循环

美国是资本主义国家，长期奉行政府不干预经济的自由主义市场经济政策，加之私有财产不可侵犯的立国原则，导致政府在治理沙尘暴的过程中难以对那些资本家、农场主和农民追逐利益、破坏环境、消极对待政府政策的做法进行有效有力的干预，导致治理之后环境再度遭到破坏，引发沙尘暴肆虐。我国在治理沙尘暴过程中，政府应该通过法律法规和政策措施进行有力的干预，对不与政府合作，漠视相关法律、法规和政策的企业和个人予以适当的问责和处罚，引导沙尘暴治理走上良性轨道。同时，政府应该积极利用民间的力量。美国在1933年成立了民间资源保护队，利

用民间力量协助政府进行水土保护工作，虽然因为“二战”的爆发保护队解散，但在其存在的9年时间里取得了不容小觑的成效。我国应该借鉴美国的这一有效措施，招募民众组成资源保护组织，既可以扩大水土保护的规模，还可以使民众获得一定的经济收益，同时也可以使沙尘暴治理、水土保护成为一个长效机制。

总体来说，20世纪30年代，美国通过建立健全法律法规、采用新型耕作技术、积极利用民间力量、政府各部门综合行动、灾害治理与保护农民经济利益相结合等方式，对沙尘暴进行了卓有成效的治理，其有益的经验值得我们学习。但由于其政治、经济体制和人们逐利的天性，导致环境再度遭到破坏，沙尘暴再度肆虐，这一教训同样值得我们借鉴。

第二章　英国治理伦敦雾霾的经验与启示 *

雾霾是目前对于我国影响较大的一种气候灾害。顾名思义，雾霾是由雾和霾组成，这是两种不同的概念。雾是由大量悬浮在近地面空气中的微小水滴或冰晶组成的气溶胶系统。霾是由空气中的灰尘、硝酸、硫酸、有机碳氢化合物等粒子组成的。我们这里所说的雾霾灾害实际上主要指的是霾。雾可以是自然形成的，也可以是有害污染物形成的，自然形成的雾一般对人体健康无害，只是会阻隔视线和引发事故，而有害污染物形成的雾和霾则对人体有较为严重的危害，其主要组成为气溶胶状态污染物和气体状态污染物。气溶胶状态污染物主要有粉尘、烟液滴、雾、降尘、飘尘、悬浮物等，其直径约为 0.002—100 微米大小的液滴或固态粒子。大气气溶胶中各种粒子按其粒径大小又可以分为总悬浮颗粒物（TSP）、粒径小于 10 微米的能在大气中长期漂浮的飘尘、粒径一般大于 30 微米的降尘、粒径 10 微米以下的可吸入粒子（IP、PM10）、直径小于或等于 2.5 微米的颗粒物 PM2.5（particulate matter）；气体状态污染物主要有以二氧化硫为主的硫氧化合物，以二氧化氮为主的氮氧化合物，以一氧化碳为主的碳氧化合物以及碳、氢结合的碳氢化合物。大气中不仅含有无机污染物，而且含有有机污染物。如硫氧化合物（二氧化硫和三氧化硫）、氮的氧化物（NO、NO_2、N_2O、NO_3、N_2O_4、N_2O_5 等）、碳的氧化物（一氧化碳、二氧

---

* 本节部分内容系笔者国家社科基金一般项目"国外治理气候灾害的经验与启示研究"（立项编号：14BKS051）的阶段性研究成果，见崔艳红《欧美国家治理大气污染的经验以及对我国生态文明建设的启示》,《国际论坛》2015 年第 5 期。崔艳红:《英国治理伦敦大气污染的政策措施与经验启示》,《区域与全球发展》2017 年第 2 期。

化碳)、碳氢化合物(HC)、含卤素化合物(卤代烃、氟化物和其他含氯化合物)等。之所以将雾霾归入气候灾害之列，就是因为一方面气候因素如风力、温度、“逆温层”现象等都会增加雾霾的危害，另一方面就是产生雾霾的有害气体尤其是温室气体排放也是引起气候变化的主要原因。

雾霾会影响交通安全，导致能见度降低，引发交通事故；雾霾还会影响生态环境，大气污染物中的二氧化硫、氟化物等浓度很高时，会使植物叶表面产生伤斑、枯萎脱落；即使污染物浓度不高，也会使植物叶片褪绿，造成植物产量下降，品质变坏；雾霾还会影响气候，减少到达地面的太阳辐射量，增加大气降水量、酸雨、热岛效应等。而雾霾更为严重的是危害人体的健康，雾霾中包含的各种附带有害物质如重金属的微粒子，尤其是PM2.5能够进入呼吸道、肺部并留存下来，随着血液循环扩散到全身。雾霾的浅层影响是对眼鼻等黏膜组织、呼吸道和肺部产生危害，引发慢性鼻炎、慢性支气管炎、支气管哮喘、肺气肿等疾病，长期处于雾霾影响下的人群则更为容易罹患肺癌；深层影响则会引发各种其他疾病，首先就是心脑血管疾病，有毒的微粒子进入血液循环，会阻塞血管，引发高血压、冠心病、脑中风、脑溢血、心绞痛、心肌梗死等严重疾病；长期处于雾霾环境的人群还会出现生殖能力降低、老年痴呆、婴儿畸形率提高、抑郁症等心理疾病多发等严重问题。因此，绝不可对雾霾的危害掉以轻心、等闲视之，而是要高度重视雾霾的治理，尤其是要学习借鉴国外的经验和教训以提高雾霾的防控能力。

工业化时期的英国伦敦遭遇过严重的雾霾灾害，导致民众罹患各种疾病，也使“伦敦雾”成为一个城市标签，恶化了国家形象。此后，英国首都伦敦素有“雾都”之称，主要是由于煤炭的大量使用和人口的急剧增长而导致严重的雾霾。1952年12月5日，一场前所未有的大雾弥漫整个伦敦城，据统计，雾霾发生的时候，空气里的二氧化硫含量增加了7倍，烟尘增加3倍，每天有1000吨烟尘粒子、2000吨二氧化碳、140吨盐酸、14吨氟化物和370吨二氧化硫转化的800吨硫酸被排放到伦敦的空气里。①

---

① 史至诚:《1952年英国伦敦毒雾事件》，载美国西北大学《毒理学史研究文集》2006年第6集。

空气中污染物数量是正常年份的10倍，浓度达到每立方米4.46毫克。[①]随着空气中的有害物质不断增多，空气质量明显下降，室外能见度几乎为零。12月10日，一股来自北大西洋的冷空气到达伦敦，这次历时5天的伦敦烟雾事件才算结束。在这次严重的空气污染事件中，整个英国有12000人死亡，[②]伦敦则有4000余人丧生，有的是死于毒雾引起的气管炎、肺病和心脏病等，有的则是因为能见度低导致交通事故或掉入泰晤士河而死亡。

这次灾害之后，英国政府大力采取措施进行雾霾治理，取得了显著效果。经过半个多世纪的铁腕治理，如今伦敦每年雾天不足10天，蓝天白云重现。目前我国也面临雾霾的困扰，尤其是北京等一线大城市，而英国治理大气污染的有益经验值得我们借鉴。总体来看，英国政府主要从政策立法、清洁能源和城市建设三个方面进行雾霾治理。

第一节　英国治理伦敦雾霾的政策立法措施

政府是治理雾霾的主导性力量，而法律、法规和政策是政府开展治理的主要手段。面对严重的雾霾，英国政府迅速制定出台了一系列法律法规，其中具有代表性的是1956年的《清洁空气法》和1974年的《污染控制法》。

1952年伦敦毒雾事件发生后，英国卫生部迅速反应，马上成立了一个内部质询委员会，1953年又成立了休·比弗（Hugh Beaver）主持的公共质询委员会。这一委员会工作效率很高，在6个月里就做出了中期报告，并在一年后提交了最终的报告。公共质询委员会估算了这次空气污染造成的直接经济损失在1.5亿到2.5亿英镑，占英国国民收入的1%—

---

① B. W. Clap,*An Environmental History of Britain since the Industrial Revolution*, London: Longman Publishing, 1994，p.14.

② Jennifer Rosenberg, The great smog of 1952，http://history1900s.about.com/od/1950s/qt/greatsmog.htm, last access: June 3,2017. Christopher Klein, The Killer Fog That Blanketed London, Dec.6,2012，http://www.history.com/news/the-killer-fog-that-blanketed-london-60-years-ago, last access, Oct.9, 2017.

1.5%。这份报告肯定了一项原则："净化空气就像净化水源一样十分重要，认为恢复良好空气质量的成本比起继续污染要低得多。该委员会最终建议：所有人口稠密地区的烟尘应在未来15年内减少80%。"[①] 1955年11月，以比弗报告为基础的《清洁空气法》在下院二读通过，1956年正式生效。这不仅是一部控制空气污染的基本法，还是一部将伦敦烟雾事件的教训具体化了的法律，它不仅规定细致，而且执行方法十分简便。该法第一次以立法的形式对工厂和家庭住宅所产生的废气进行控制，包括了除《制碱法》控制对象以外的企事业单位、居住或非居住房屋、汽车等所排放的废气、灰尘和煤灰等。1952年伦敦毒雾事件的罪魁祸首之一就是企业和家庭的燃煤污染，因此《清洁空气法》的主要内容就是关于燃煤排放的，具体内容包括：

第一，设立无烟区。无烟区是指全面禁止排放任何烟尘的地区。在无烟区内，任何企业和家庭都不得向大气中排放烟尘。[②] 企业必须使用清洁能源，使其排放符合政府的标准；居民必须使用无烟煤，或者必须使用电和煤气等，为此，必须改造旧炉灶。炉灶改造费的30%由居民本人负担，剩余的则由国家和地方公益团体予以补贴。地方公益团体还负责对炉灶和燃料进行调研，向居民推荐效果好的新设备和燃料，鼓励居民使用和推广。该法还规定，对违法者视其情节严重程度要处以每天10—100英镑的罚款。

第二，确定烟尘控制区的标准。该法令对烟尘控制区居民使用炉灶的构造和燃料都做了详细的规定，除非是使用"批准的燃料"或"炉灶"引起的烟雾，否则从房主的烟囱排放烟雾是违法的。批准的燃料包括煤气、电、天然气或加工的固体无污染燃料；允许使用的炉灶通常为闭路型，能够烧煤而不产生烟雾。该法明确规定煤、油和木材在烟尘控制区内不可作燃料使用，除非使用法规允许的炉灶或不产生烟雾的排放，不能在烟尘控制区使用废物焚烧炉，甚至那种垃圾箱带有烟囱的简易焚烧炉也在禁止使

---

① ［英］布雷恩·威廉·克拉普：《工业革命以来的英国环境史》，王黎译，中国环境科学出版社2011年版，第43页。

② Peter Brimblecombe, *The Big Smoke*, London and New York:Methuen, 1987，p.171.

用之列。[①] 禁止排放黑烟，其色度以林格曼 2 级 [②] 为标准，超过这一浓度标准的黑烟排放，全面予以禁止。同时，政府通过补贴的办法帮助居民改造燃具。禁止市区和近郊区所有的工业企业使用煤和木柴等，产生的废气也必须用化学和物理方法加以净化，达标后方可排放。

第三，对烟囱的高度和其他相关事项作出规定。有关研究表明，烟囱高度的提高有利于烟雾的减少，烟囱高度增加一倍，可使地面烟雾的浓度减少到原来的 1/4；当二氧化硫的排放总量与燃料用量成正比时，高烟囱可以使地面空气中的二氧化硫含量减少 30%。为此，政府根据《清洁空气法》发布了有关提高烟囱高度的通告。该通告规定，工厂烟囱的高度最低必须为建筑物的 2.5 倍。[③] 该法允许地方公共团体制定建筑条例，并从防止雾霾出发实施对建筑物的排放控制。地方公共团体在审核某项目的建筑申请时，如果发现建筑物的烟囱存在有害物排放超标情况，或者烟囱因不具备足够的高度，不能去除煤烟和有毒物质，就有权拒绝批准该项目。该法还要求具备一定规模以上的设备应安装除尘装置。1968 年 10 月 25 日，英国政府对 1956 年的《清洁空气法》作进一步完善和修订，规定了烟尘污染控制区范围、烟囱的高度和工厂冶炼炉的规格，等等。

《清洁空气法》取得了良好的效果。该法案实施 10 年后，工厂烟尘排放量减少了 74%。此后，英国政府根据雾霾的具体变化，先后制定实施了 1968 年《清洁空气法修正案》、1974 年《污染控制法》和 1993 年《清洁空气法》等。1968 年《清洁空气法修正案》专门增加规定，在烟尘控制区内销售和使用不合乎标准的燃料将被处以 20 英镑的罚金，同时，政府提供相应的补助费用，鼓励烟尘控制区的居民使用电、天然气等清洁燃料。1974 年的《污染控制法》中的第四章第 75 条至第 84 条关于防治大气污染的条款，规定国务大臣有权制定发布控制机动车燃料成分和石油燃

---

① 侯雪松：《全球空气污染控制的立法与实践》，中国环境出版社 1992 年版，第 207 页。

② 林格曼图是用来衡量烟气黑度级别的，共有 6 级，从 0 至 5 级。在白色的底上用黑色的小方格表示，白色面积为 100% 时为 0 级，当黑色面积为 20% 时为 1 级，黑色面积为 40% 为 2 级，依次类推，60% 为 3 级，80% 为 4 级，100% 为 5 级。

③ Peter Brimblecombe, *The Big Smoke*, p.171.

料含硫量的规定；政府有权收集和发布辖区内大气污染的情报，排污者必须提供与其排放有关的资料，拒绝提供会被处以罚金。[①]1993年《清洁空气法》则在1956年和1968年《清洁空气法》的基础上，根据具体情况的变化增加了新的内容。2008年英国议会通过了《气候变化法案》，以法律形式规定了英国政府在降低能源消耗和减少二氧化碳排放等方面的具体目标和工作，政府承诺到2020年削减25%—32%的温室气体排放，到2050年实现温室气体排放降低60%的长期目标。此外，英国颁布的有关控制空气污染的法令还有《公共卫生法》《放射性物质法》《汽车使用条例》以及《各种能源法》等。健全的法律法规是政府治理伦敦的雾霾灾害、保护城市环境的重要基础。

第二节　伦敦治理雾霾的城市建设和清洁能源措施

为了防控雾霾，英国政府在城市建设方面采取了一系列措施，主要包括建设卫星城、工业搬迁、城市绿化等方面。

早在20世纪30年代，伦敦政府发现了城市密集的人口和过多的工业企业带来的污染问题，开始采取措施促进人口、工业分流，将一些污染严重的工业企业引向郊区，减轻中心城区的环境压力。1937年英国政府为解决人口过于密集的问题，成立了“巴罗委员会”。该委员会于1940年提出《巴罗报告》，认为伦敦地区工业与人口不断聚集，使有害气体排放更为集中，导致伦敦城区的雾霾现象不断加剧。为此，该委员会提出了疏散和转移伦敦中心区工业和人口的建议。[②]1943年伦敦市政府又公布了帕特里克·艾伯克龙比起草的《伦敦郡规划》，但是战争之中无法确保这些计划的有效实施。“第二次世界大战”之后，政府根据《伦敦郡规划》，开始在伦敦的发展规划中保持较低的人口密度，放缓伦敦市内住宅建设，争取将人口密度保持在每英亩136人左右，市中心小部分地区可提高到200人。其他人口

---

① 文伯屏：《西方国家环境法》，法律出版社1988年版，第52页。

② 白志刚：《外国城市环境与保护研究》，世界知识出版社2005年版，第90—91页。

迁至距市中心20—35英里的新建和扩建的卫星城镇中。

为了实现这一规划，政府在伦敦远郊新建了斯蒂夫尼奇、赫默尔亨普斯特德、克劳利、哈洛、哈特菲尔德、韦林、巴西尔登、布拉克内尔8个新卫星城镇。20世纪60年代末又在伦敦城市以北和西北地区兴建了彼得伯勒、米尔顿·凯恩斯、北安普顿3个卫星城镇。这些新城镇环境好，空气质量佳，生活费用也比较低，因而吸引了大量市民迁入。20世纪60—70年代，伦敦以每年大约10万人的速率向外迁出人口。[①]伦敦市区的人口数量开始逐渐下降，1961年统计数据为320万人，1983年降至235万；伦敦郊区1951年为500万人口，1983年降到了440万。[②]从1967年到1981年，伦敦中心区和内城区人口减少了25万，整个大伦敦地区人口下降了13%。[③]

工业企业是伦敦大气污染和雾霾的主要源头。为有效解决这一问题，1945年伦敦市政府通过了一项工业分布法案，该法案成为后来这一地区工业规划的基础。[④]1952年毒雾事件后，伦敦政府加速了工业搬迁的步伐。新建的卫星城企业税率比较低，政府还给予了一定的补贴，因而吸引大批企业进驻。新城企业由原来的823家，增加到2588家。[⑤]工业企业的迁出降低了大气污染，1952年到1953年间，工业污染占污染负荷的9%，到1961年，这一比例降低到3%，并在此后的20年中继续保持了不断降低的趋势。[⑥]同时，伦敦的城市职能从原来的工业制造业中心逐渐转型为金融、商业和服务业中心，70年代中期，伦敦70%的工作岗位为服务业，在市中心则高达80%。[⑦]到80年代，伦敦市区已不再是工业集中区，市区内主要是一批无污染的酒店、商店及文化娱乐场所，市中心的外围一般是

---

① 徐强：《英国城市研究》，上海交通大学出版社1995年版，第17页。

② 徐强：《英国城市研究》，第18页。

③ H. V. Savitch, *Post-Industrial Cities*, London, Princeton, 1991,p.184.

④ ［英］阿萨·伯里格斯：《英国社会史》，陈叔平译，中国人民大学出版社1991年版，第353页。

⑤ 顾向荣：《伦敦综合治理城市大气污染的举措》，《北京规划建设》2000年第2期。

⑥ 郭培章：《中外流域综合治理开发案例分析》，中国计划出版社2001年版，第103页。

⑦ Fmrys Jones, *Metropolis*, Oxford University Press, 1990,p.103.

住宅和职工宿舍，再外围是各种轻工业和服务行业。这些行业对环境污染较轻，又与市民生活关系密切。一些重工业企业和航空、汽车等制造行业则设置在距离市中心50公里的最外围。[①]

城市绿化对改善城市环境质量的作用很大，绿地在调节小气候，如湿度、温度和光照，杀菌和降低大气污染物二氧化硫、一氧化碳和二氧化氮等方面都有不可忽视的作用。早在1944年，政府就制定了《大伦敦规划》，提出了修建环城绿化带的计划，规定伦敦周围8个郡县必须设立绿化带。1952年毒雾事件后，政府正式批准了这个计划并积极推动其实施。1954—1958年间，一条宽8—10英里的绿化带在伦敦外围地区建成。[②]整个绿化带面积超过了9万英亩，占大伦敦面积的23%。绿化带内只准造林育草，不许修建房屋，不但能美化环境、净化空气，还有效阻止了城市的过分扩张，这是伦敦城市绿化的重要特征。此后，政府一直不断扩大绿化面积，到了80年代，伦敦绿化带的面积扩展至4434平方公里，而城市面积为1580平方公里，绿化面积大概是城市面积的2.82倍。1991年伦敦市的公共绿地面积达17245平方公里，人均公共绿地面积为140.18平方米，绿地覆盖率达到了伦敦总面积的42%。[③]伦敦绿地对城市空气质量的改善与提高起到了积极的作用，大面积的绿地促进了空气的流通，吸收和分解空气中的污染物，能有效抑制雾霾，还可以美化城市景观，提高人们的生活质量，可谓一举多得。

这一时期伦敦雾霾的重要污染源头是企业排放有害物质、汽车尾气和家庭取暖的煤烟，其本质都是能源问题，因此英国政府采取措施，改善能源结构，鼓励使用电力、天然气等清洁能源，以此改善空气质量，最终取得显著效果。

20世纪50年代，伦敦政府有关部门经过调查研究，确定工业及家庭用煤是主要污染源。这一时期伦敦市区出现以燃煤发电厂为代表的一批工

---

① 北京市哲学社会科学规划领导小组办公室:《城市环保问题》，1985年，第149—150页。

② B. W. Clap, *An Environmental History of Britain since the Industrial Revolution*, p.138.

③ 王祥荣:《生态建设论——中外城市生态建设比较分析》，东南大学出版社2004年版，第211页。

厂，它们的工业燃料和动力来源都是煤炭；除此之外，家庭取暖也主要使用煤，大量煤烟排放到大气中，成为伦敦雾霾的主要原因。除此之外，煤炭在燃烧时释放的二氧化碳、一氧化碳、二氧化硫、二氧化氮和碳氢化合物等物质排放到大气中后，会附着凝聚在雾气上，在城市上空形成“逆温层”，使空气中的烟尘无法消散，加剧了雾霾的严重程度。为此，政府采取了一系列措施改变能源结构，加大清洁能源的比例，用天然气和电力等代替煤。1965年英国北海发现了天然气，此后陆续发现了6个大气田，由此天然气逐步取代了煤。1965年，英国的天然气只相当于130万吨煤的能量，但到1980年就已达7110万吨，增长了约53.7倍。煤的使用量则大为减少，其中家庭用煤由1954年的363.9万吨下降到1962年的144.5万吨。1965年，煤在燃料构成中的比例为27%，电和清洁气体燃料占比为24.5%；1980年煤的构成比减少到5%，仅限于工厂使用，天然气和电力所占比重则提高到51%。[①] 到20世纪80年代前期，伦敦市区供暖已经全部使用燃气和电力，在乡村地区也用经过低温干馏的低硫煤取代了原煤。

含硫量比较高的燃料油及其衍生产品如液化石油气等也是造成空气污染的重要因素。由于这一时期英国开始采用含硫量高达3.5%的燃料油，加重了对空气的污染。鉴于此，伦敦市政府通过立法，规定其行政区和市中心商业区不得使用硫含量超过1%的燃料油。后来1974年的《污染控制法》将伦敦市的这一政策吸收进去，将范围扩展至整个英国，规定英国各地区燃料油中硫的含量也不得超过1%。[②] 自20世纪70年代的石油危机以来，伦敦主要能源已从石油和固体燃料平稳地过渡到以电力和天然气为主。1999年，在能源结构中，天然气占一半以上，电力占到近1/5。

近年来，英国政府根据国际气候治理，尤其是《京都议定书》的规定，减少温室气体排放，加快能源转化和升级，颁布了一系列推广清洁能源的方案措施，包括可再生能源战略、低碳工业战略和低碳交通战略等。

---

① 顾向荣：《伦敦综合治理城市大气污染的举措》，《北京规划建设》2000年第2期。

② D.P.H.Laxen and M.H. Thompson ,Sulphur dioxide in Greater London, 1931-1985,*Enviromental Pollution*, 1987,Vol.43,Issue 2, pp.103-114.

政府积极支持绿色制造业、研发绿色技术，从政策和资金方面向低碳产业倾斜。2009 年英国向低碳经济新增投入 14 亿英镑，包括海上风力发电 5.25 亿英镑，企业、公共建筑和家庭提高能源、资源的使用率费用 3.75 亿英镑，风力和海洋能源技术、可再生能源技术等低碳供应链产业 4.05 亿英镑，碳捕捉项目 6000 万英镑，小规模和社区低碳经济发展经费 7000 万英镑。英国财政部还出台了气候税减征制度：根据自愿原则，企业主与财政部签订协议，核定每年污染物减排目标，如期完成任务就可以减免 80% 的气候税。气候税及其相关配套措施的实施取得了令人满意的效果，许多大企业纷纷与财政部签订协议，其中很多企业超额完成任务，为整个国家的减排行动带来了很大的正面效应。这些措施都有效推动了清洁的可再生能源的使用，进一步降低了雾霾的出现概率。

由于采取了多方面的治理措施，伦敦的雾霾问题得到了有效的控制。据统计，1952 年伦敦大气中每立方米含有高达 2700—3800 毫克的酸气，1962 年大雾发生的时候更是达到了 5660 毫克 / 立方米。到 1975 年的时候，污染明显减轻了，降至 1200 毫克 / 立方米的最低点。[①] 特别是烟尘和二氧化硫含量明显降低，二氧化硫浓度 1972 年为 135 微克 / 立方米，1980 年降至 85 微克 / 立方米。烟雾浓度大为降低。1967 年，即使是烟雾浓度最高的北肯恩斯顿地区，冬天的烟雾浓度已经低于 50 年代初的 1/3，到 1973 年，市中心的烟雾浓度已降至 1953 年的 1/5。[②] 经过多年的治理，到 70 年代中期，伦敦基本摘掉了“雾都”的帽子，此后，烟雾含量进一步减少，到 20 世纪 80 年代后期，伦敦的烟雾总量已降至大烟雾时期的 20%。[③] 空气质量和能见度大幅度提高。据测定，1976 年冬，伦敦的能见度比 1958 年增加了 3 倍，市区冬季的日照时间比 1958 年以前增加了 70%。1950 年以前，冬天每天的平均日照时间不到 1 小时，1977 年冬增加到 1.6 小时，冬天的平均可视距离，从 1.6 公里增加到 6.4 公里。[④] 过

---

① Peter Brimblecombe, *The Big Smoke*, p.56

② B. W. Clap, *An Environmental History of Britain since the Industrial Revolution*, p.54.

③ Peter Brimblecombe, *The Big Smoke*, p.171.

④ 文伯屏：《西方国家环境法》，法律出版社 1988 年版，第 52—53 页。

去由于雾霾污染而消失的100多种小鸟，又重飞回到伦敦上空，给旧日的“雾都”带来勃勃生机。[①]至90年代初，伦敦空气中烟尘和铅的指标已基本达到国际组织和英国有关部门所规定的要求，特别是大气中二氧化硫含量基本上没有超过欧共体规定的标准250微克/立方米。1992年12月2日，联合国环境规划署和世界卫生组织在一份联合调查报告中宣布，英国首都伦敦已成为世界上空气最清洁的都市之一。[②]

第三节　英国治理伦敦雾霾对中国的启示

目前中国的雾霾污染较为严重，尤其是一线城市，其原因比较复杂，但总体上仍以燃烧煤所产生的污染为主要原因，这与英国伦敦雾霾污染的源头较为相近似。中国的能源结构中煤炭仍占70%左右，大气污染物仍然以总悬浮颗粒物（TSP）和二氧化硫为主，因此，发达国家尤其是英国治理以煤烟为主要污染源的雾霾灾害的成功经验具有较强的借鉴意义。总体来说，中国应该从伦敦治理雾霾灾害中汲取的有益经验主要在以下三个方面。

一　建立完备明确的法律法规体系，为实施大气污染防控奠定基础

英国治理雾霾的经验表明，完备而明确的法律是开展行动的基础。1956年英国制定颁布的《清洁空气法》是世界首部大气污染治理的专项法律，主要针对造成1952年伦敦毒雾事件的罪魁祸首——煤烟，对象是企业生产的排放和居民日常取暖，具体措施包括建立无烟区、确定无烟区之外的排放标准、规定烟囱高度、鼓励居民采用清洁能源取暖、重污染企业外迁等，取得较为显著的成效。此后英国政府与时俱进，根据大气污染的具体变化不断修改相关法律法规，先后制定实施了1968年《清洁空气

① 梅雪芹:《环境史学与环境问题》，人民出版社2004年版，第112—113页。

② 国家环保总局《空气和废气监测分析方法》编委会:《空气和废气监测分析方法》(第4版)，中国环境出版社2003年版，第33—38页。

法修正案》、1974年《污染控制法》、1993年《清洁空气法》，不断增加新的内容，如针对有的地方政府对雾霾治理态度消极的情况，1968年《清洁空气法修正案》提高了政府相关机构的权限，有权强制要求地方政府设立烟尘控制区，有权扩大烟尘控制区的范围；1974年《污染控制法》增加了针对机动车尾气排放的相关内容；等等。英国的大气污染防控法律法规还体现出方式手段多样化、奖惩措施并用的特点，如1956年《清洁空气法》既对违背法规者严厉处罚，处以10—100英镑的罚金，同时政府又对积极响应法律法规的企业和居民给予补贴；1968年《清洁空气法修正案》进一步将针对个体违法行为的处罚限定在20英镑以内；等等。目前，我国在不断完善关于大气污染和雾霾防控的法律体系。1987年9月5日，全国人民代表大会常务委员会通过的《中华人民共和国大气污染防治法》，于1988年6月1日起正式施行。该法共七章66个条款8500字，对大气污染的相关内容作了初步规定，但其内容还不够明确翔实，规定还不够细致，针对性也不是很强，缺乏可操作性，如该法第四条中规定："县级以上人民政府环境保护行政主管部门对大气污染防治实施统一监督管理；各级公安、交通、铁道、渔业管理部门根据各自的职责，对机动车船污染大气实施监督管理；县级以上人民政府其他有关主管部门在各自职责范围内对大气污染防治实施监督管理"，这个条款就相当模糊，究竟谁是管理者、谁是责任者都没有说清楚，给法律的实施带来了困难。因此，全国人大分别于1995年、2000年、2015年和2018年对该法作了4次修订，修订后的《大气污染法》共八章129条，内容增加了近一倍，新法明确了政府在大气污染防控方面的职责，加强重点区域的大气污染和雾霾的联合防控，强调从源头尤其是通过产业升级和调整能源结构来进行大气污染治理，加大了对违法行为的处罚力度，等等。除此之外，2012年2月29日环境保护部、国家质量监督检验检疫总局发布《环境空气质量标准》(GB 3095—2012)，对大气中的二氧化硫、二氧化氮、一氧化碳、臭氧、PM2.5、PM10等污染物的浓度限值加以规定。但是，与欧美国家相比，我国的空气质量标准中对有害物质的界定较为宽松，如我国PM2.5的24小时排放标准一级为35微克/立方米，二级为75微克/立方米，美国一级为12微克/立方米，世界卫生组织（WHO）一级为25微克/立方米；我国PM10的24小时监测标准一级为50微克/立方米，二级为150微克/立方米，世界卫生组织标准二级为50微克/立方米；我国空气中铅的季度平均排放量标准为1.5微克/立方米，美国标准为0.15微克/立方米。[①]总体来说，我们现行的空气质量标准中多数指标如PM10、PM2.5等均比欧美标准宽松，应该进一步严格空气质量标准，这样才能更为严格地进行空气环境监督。除此之外，还应制定更为细致的专项法律，如企业排放法、机动车排放法、能源法、可吸入颗粒物防控法等，以为各级政府开展防控雾霾行动提供坚实的基础和明确的规范。2014年3月1日，《北京市大气污染防治条例》正式实施，对企业废气、建筑工地扬尘、机动车尾气排放等方面的污染界定和惩罚都做了较为具体细致的规定。其他一些雾霾污染严重的城市也制定了或正酝酿雾霾防控法规。

二　从根源上解决雾霾问题，大力推广清洁能源，逐步取代高污染的传统能源

无论是传统的"煤烟型"雾霾，还是现代的"复合型"雾霾，其主要根源都是煤、石油等传统能源及其衍生产品，因此，用电力、天然气取代这些传统能源，是防控雾霾的主要途径。1952年伦敦毒雾事件后，英国政府迅速确定该事件的根源就是企业排放和居民取暖造成的煤烟，进而采取措施，在大力整治、严格防控的同时，不断加大力度推广使用清洁能源。这一时期英国根据城市和乡村的不同情况采取不同措施，在城市用天然气和电取代传统的煤和煤气、液化气等能源，在乡村则采用低硫煤取代原煤，从而达到降低空气污染的目的，使"煤烟型"雾霾得到有效控制。此后，英国政府还根据大气污染的变化，不断推出新举措，尤其是签署《京都议定书》之后，作为发达国家，英国也应履行其节能减排、气候变化治理的责任，因此加大了能源转型的步伐，如大力推广可再生能源、

---

① 叶林：《空气污染治理国际比较研究》，中央编译出版社2014年版，第262页；徐东耀、于妍、竹涛编著：《大气颗粒物控制》，化学工业出版社2013年版，第18—20页。

清洁能源，制定对工业企业能源转型、建筑物节能、机动车排放的严格标准，投资发展新型节能、无污染公交车辆，鼓励市民转变出行方式，更多地使用公共交通、步行、自行车，实施气候税减征制度、碳排放交易制度、可再生能源优惠制度，等等。目前，我国仍以煤炭为主要能源，其比重在总体能源结构中占 70%，因此，我国应借鉴英国的有益经验，大力实施以清洁能源取代传统能源的政策。以习近平同志为核心的党中央领导集体执政以来，对生态文明、环境保护、气候变化治理和雾霾防控尤为重视，采取各种措施积极推进高污染企业的升级改造，对一些高污染行业实行去产能化，大力推广能源转型，积极鼓励可再生能源的利用，这些都对于雾霾防控起到了良好的推动作用。但我国的国情与英国有所不同，我国在产业转型、机动车排放标准、发展新型可再生能源等问题的解决需要更长的时间和更有效的政策。

三 制定合理的城市发展战略，遏制超级大城市的发展，积极发展中小城镇，加强城市绿化

英国政府在伦敦毒雾事件之后，就积极调整城市结构，在伦敦周边建设中小城镇，吸引城市居民搬迁到周边城镇，推动伦敦城市职能转型，将污染严重的工业企业外迁，使之从原来的加工制造业中心转变为以贸易、金融、服务业和旅游业为主的综合型中心城市，同时大力发展城市绿化，从而有效控制了大气污染，值得我们借鉴。目前国内一线城市——北、上、广都已经成为超级大城市，都面临较为严重的城市雾霾污染问题，而北京由于气候、地理位置等因素，雾霾问题尤为严重。与北京相比较而言，伦敦周边的乡村面积广大，对城市废气的净化能力强，而北京城市化进程已经扩展到周边河北的农村地区，导致其周边农村的大气污染容积率越来越小，造成北京的雾霾难以扩散。由此可见，北京雾霾治理除了借鉴别国经验，严格各项法规外，最根本的就是限制其进一步扩展，保留政治文化行政中心功能，疏解非首都功能，目前正在积极实施的雄安新区建设计划就是为了实现这一目标。按照既定计划，到 2020 年建设国际一流的宜居之都实现阶段性目标，疏解非首都功能取得明显成效，优化提升首都

核心功能；到2030年，基本建成国际一流的和谐宜居之都，治理大城市病取得显著成效，首都核心功能更加优化；到2050年建成以首都为核心、生态环境良好、经济文化发展、社会和谐稳定的世界级城市群。打造绿色生态空间，形成一屏、三环、五河、九楔格局，到2020年全市森林覆盖率达到44%；开展京津冀水源涵养区生态补偿试点，增强北部和西部山区生态涵养功能；共同推动京东南大型生态林带、大外环城市森林圈和环首都国家公园建设；深入实施生态水源保护林、京津风沙源治理等区域生态保护项目，完善区域生态协同保护体系；等等。

综上所述，1952年伦敦毒雾事件后，英国政府采取了一系列措施，如建立健全大气污染防控法律法规、推广使用清洁能源和合理进行城市规划建设等，有效解决了“煤烟型”雾霾问题。此后，随着雾霾污染源和污染方式的变化，英国政府与时俱进，在原有法律法规、政策制度的基础上进一步调整，不断强化雾霾防控措施，有效解决了伦敦的大气污染问题。我们目前城市大气污染问题较为严重，英国的相关经验，可以为我们提供有益的借鉴，推动我国大城市雾霾问题的防控和治理。

第三章　美国治理洛杉矶雾霾的经验与启示*

洛杉矶是美国西海岸的重要城市，既是人口密集的经济中心，也是企业集中的工业区。20 世纪 40 年代，由于工业污染和机动车尾气排放，加之特殊的地理位置和气候条件，洛杉矶的雾霾问题越来越严重，威胁到市民的健康。洛杉矶市、郡两级政府和加利福尼亚州政府对雾霾问题十分重视，采取了查找雾霾根源、设立专门机构、完善防控雾霾立法协调一致联合治理等一系列措施，经过长期的努力，洛杉矶的空气质量大为改善，雾霾问题基本得到解决。目前，我国经济发展速度很快，城市规模不断扩大，机动车数量不断增加，越来越多的大城市及周边地区遭受雾霾袭击，给人民生产生活和身体健康造成较为严重的负面影响。目前中国雾霾比较严重的地区主要是京津冀、长三角、珠三角和西南地区，尤其是经济发达、人口密集、机动车数量不断增长的大城市和超大城市。进入 21 世纪，中国的大气污染尤其是雾霾日益严重，例如，2013 年 1 月在中东部地区爆发了大面积、长时间、高污染的雾霾灾害，1 月 22 日雾霾范围达到 222 万平方公里；1 月中东部地区 PM2.5 超标日数平均值超过 25 天，其中北京雾霾为 25 天，杭州 29 天，南京 30 天；1 月石家庄、哈尔滨、兰州、长沙等地监测 PM2.5 平均浓度高于 150 微克 / 立方米，其中石家庄的平均浓

---

* 本节部分内容系笔者国家社科基金一般项目“国外治理气候灾害的经验与启示研究”（立项编号：14BKS051）的阶段性研究成果，见崔艳红《美国洛杉矶治理雾霾的经验与启示》，《广东外语外贸大学学报》2016 年第 1 期。

度高达329微克/立方米，北京海淀区1月12日监测PM2.5浓度达到396微克/立方米。[①]严重的雾霾危害了人民的身体健康，呼吸道感染病例明显增加，同时雾霾降低了能见度，造成航班延误、列车晚点、交通事故等。近些年来，国家采取各种措施整治大气污染，2013年中国曾是世界上大气污染最严重的国家，[②]近年来的整治效果明显，到2017年年底全球大气污染最严重的国家是印度。但解决这一气候灾害仍然任重道远，需要进一步借鉴国外的先进经验。洛杉矶70余年治理雾霾的措施和经验，对于我国的城市雾霾防控治理具有借鉴与启示的价值。

第一节 洛杉矶雾霾现象及其根源

20世纪30年代末以来，洛杉矶的发展速度不断加快，从一个中等城市跻身全球最发达地区，飞机制造、汽车、纺织、轮胎、家具等行业发展尤为迅猛。伴随经济发展，空气污染也日益严重，到40年代，“浓密刺眼的烟雾如同一条布满灰尘的灰色毯子覆盖了整座城市，让阳光变得昏暗”[③]。位于市区东北郊的乡村小镇阿祖萨（Azusa）由于空气污染严重，以至于不得不对居民进行两次小规模疏散。当时，洛杉矶已经成为美国西海岸雾霾问题最严重的城市。由于洛杉矶大气污染情况的复杂性与特殊性，气象学家称之为“洛杉矶雾霾”（LA Smog），洛杉矶的雾霾是典型的光化学烟雾，是由大量碳氢化合物在阳光作用下，与空气中其他成分发生化学作用而产生的。这种烟雾中含有臭氧、氧化氮、乙醛和其他氧化剂，滞留市区久久不散，带来各个方面的恶劣影响。

雾霾严重损害了洛杉矶市民的健康。吸入的污染物让人产生急性过敏反应，主要表现为眼睛红肿刺痛，喉咙嘶哑疼痛，呼吸憋闷，头昏、头痛，“第二次世界大战”中人们甚至怀疑这是某种日本化学武器。1949年

---

① 秦大河主编：《中国极端天气气候事件和灾害风险管理与适应国家评估报告》，科学出版社2015年版，第98页。

② 《污染最严重国家排名：中国第一，印度第三》，http://www.santaihu.com/most-polluting-countries-in-the-world-india-ranks-3.html，2013年8月11日。

③ Smog Blanket Densest Here Since End of War, *Los Angeles Times*, Sept.14, 1946.

9 月 29 日，洛杉矶雾霾笼罩，患病人数激增。据辛辛那提大学临床医学教授克拉伦斯·米尔斯（Clarence Mills）统计，当天洛杉矶因心脏衰竭和其他呼吸系统疾病去世的患者多达 55 人，这一天也被称为"黑色星期五"[①]。在 1952 年 12 月的一次烟雾事件中，洛杉矶市 65 岁以上的老人死亡 400 多人。1955 年 9 月，由于大气污染和高温，短短两天之内，65 岁以上的老人又死亡 400 余人，许多人出现眼睛痛、头痛、呼吸困难等症状。1970 年的一次烟雾使全城 75% 的市民患上了红眼病。[②] 恶劣的空气质量使越来越多的居民选择离开，仅 1950 年就有 25 万美国人移居洛杉矶周围没有受空气污染影响的地区，7.1 万居民则干脆搬离洛杉矶。[③]

雾霾也给农业带来严重损失。1945 年前后，洛杉矶南部的农民发现农作物在雾霾的环境下长势明显滞后，在污染区的农田中，先是农作物上布满斑点，病怏怏的，青菜表皮褪色。而当雾霾更加严重时，农作物在 12 小时之内全部死亡。在洛杉矶郡东部也出现了大量水果蔬菜腐烂死亡的现象，导致成片的农田变成荒地。1953 年，奥兰治县农业委员会指出："雾霾对农作物的杀伤力不亚于霜冻。"[④] 专家统计，截至 1954 年，洛杉矶南部农作物损失已达 300 万美元。1944 年南部地区共有 47800 英亩土地种植蔬菜，到 1963 年 3/4 的土地上都没有农作物了，10 种蔬菜在洛杉矶绝迹。[⑤] 在距离洛杉矶 60 英里的圣贝纳迪诺（San Bernardino）国家森林公园内，300 万棵西黄松也遭到雾霾荼毒而死亡，损失无法估量。[⑥]

雾霾还导致交通事故频发。当雾霾袭击洛杉矶时，太阳变得模糊不清，能见度大为下降，人们失去了方向感，导致交通事故频发。如在 1947 年 1 月 24 日，就有两名青年在事故中丧生，其中一人驾驶的摩托车

---

① Smog Kills 104 Persons a Year in Los Angeles County, a Professor of Medicine Testified Today, *United Press International*, Nov. 28，1949.

② 《洛杉矶光化学烟雾事件 75% 以上市民患了红眼病》，人民网，http://www.people.com.cn/GB/huanbao/41909/42116/3082706.html , 2004 年 12 月 27 日。

③ Poulson Urges Tax Aid in Smog War, *Los Angeles Times*, April 15, 1954.

④ Smog Rivals Frost in Damaging Crops, *Los Angeles Times*, April.5, 1953.

⑤ Smog Damage in Southland Soars, *Los Angeles Times*, May 29，1963.

⑥ No More Blue Skies: A Non-Progress Report on Air Pollution, *West Magazine*（*Los Angeles Times*），May 31，1970.

因为视线受到雾霾影响与汽车相撞，另一人因为与有轨电车相撞而丧生。[①]航空业也受到严重影响，由于雾霾经常牢牢笼罩在城市上空，能见度低到只有当飞机接近地面上方时才能看清跑道，1949 年联邦政府批准洛杉矶地区运送邮件的直升机可开启自动驾驶模式。由于空气污染严重，被禁飞的飞机数量激增。[②]

洛杉矶雾霾带来的严重后果促使政府、民间团体和科学家们行动起来，查找雾霾根源，制定有效政策，积极采取措施。最早注意到这个问题并积极采取行动的是科学家，早在 1939 年，气象学家就意识到洛杉矶空气环境的恶化不仅仅是自然气候原因引起的，但此时他们也不能确定究竟是什么原因。1940—1942 年雾霾的频繁出现以及市民的强烈反响使市政部门不得不着手调查雾霾的根源。1943 年 10 月 13 日，洛杉矶郡监管委员会（Los Angeles County Board of Supervisors）成立了洛杉矶郡雾霾委员会（Los Angeles County Smoke and Fumes Commission，SFC），任命 3 位科学家和 2 名普通民众为委员，调查雾霾的主要根源。[③]科研人员收集的空气污染物样本显示，洛杉矶的雾霾主要由氨气、甲醛、硫酸、粉尘和氯气构成，[④]由此委员会认定当地的飞机制造厂、炼钢厂、发电站、炼油厂、人造橡胶厂、天然气公司等企业是产生雾霾污染的主要来源。于是，天然气公司被勒令停业并开始完善新的废气净化系统，而作为美国西部重要战略物资生产商的人造橡胶厂也关门停产，但空气污染的情况并没有明显改善，这说明洛杉矶雾霾的源头并非完全是大企业的废气排放，还另有其他的污染源头。1944 年 11 月，美国化学研究所主席古斯塔夫·埃格洛夫（Gustav Egloff）提出一个设想，认为雾霾是由于汽油的不充分燃烧所

---

① Fumes From Dumps Endanger Health of 300,000,Mothers’ Group Charges, *Los Angeles Times*, Feb.13，1947.

② Mayor Charges Smog Laxity; Supervisor Refutes Statement, *Los Angeles Times*, Sept.9，1949.

③ Scott Hamilton Dewey, *Don't Breath the Air—Air Pollution and U.S. Environmental Policies, 1945-1970*，Texas A & M University Press, 2000，p.41.

④ ［美］奇普·雅各布斯、威廉·凯莉：《洛杉矶雾霾启示录》，曹军骥译，上海科学技术出版社 2014 年版，第 5 页。

导致的。[①]他的猜想虽然已经接近真相，但没有得到重视，郡监管委员会仍然认为洛杉矶南部的炼油厂和冶炼厂是导致雾霾的罪魁祸首。

1946年，雾霾再度发生，由于没有找到正确的污染源，联邦政府和州政府对此束手无策。受《时代》周刊的委托，圣路易斯大学教授雷蒙德·塔克（Raymond Tucker）到洛杉矶进行实地的分析检测，试图找到雾霾肆虐的原因和解决方法。塔克的报告仍然认为工业污染是导致雾霾的主要原因，在过去的五年中，当地的工业生产活动增长了一倍，工业的增长速度与雾霾的严重程度基本相一致，整个工业区的烟囱、冷却池、锅炉中释放出的大量混合烟雾、粉尘和废气，是雾霾的主要组成成分。他也注意到了机动车尾气这一因素，洛杉矶地区的人口从"第二次世界大战"前的90万迅速增长到370万，机动车数量也随之猛增，这也与雾霾的严重恶化相一致，但塔克认为机动车废气只是次要元凶，[②]因为在当时的技术条件下不能对汽车尾气的成分进行详细正确的分析，结果得出的结论是污染物的成分与尾气成分不一样，所以工业污染才是雾霾的主要原因。[③]塔克虽然已经关注汽车尾气这一因素，但因为技术条件所限仍然无法找到雾霾的源头。

1947年成立的洛杉矶郡空气污染控制局（Air Pollution Control Department，APCD）局长路易斯·麦凯布（Louis McCabe）也尝试寻找雾霾的源头，他率领手下监测大型工厂的排放，尤其是产生硫化物的炼油厂和相关企业。麦凯布通过调查认为，二氧化硫是产生有毒雾霾的主要原因。他在特别报告中指出洛杉矶的石油工厂每天要排放822吨二氧化硫，这些富氧硫化物可以在阳光照射下产生酸雾，产生一种可以消光的颗粒，从而留下一层非自然原因而形成的雾霾。1949年6月，麦凯布将硫污染确定为雾霾的主要源头，据此，他采取相应措施，提高了排放标准，规定烟囱的硫排放量不得超过其体积的0.2%，任何单位或个人要求安装或者

---

① Expert Says Smog Can be Eliminated, *Los Angeles Times*, Nov. 28，1944.

② Times Expert Offers Smog Plan, *Los Angeles Times*,Jan. 19,1947.

③ James E. Krier and Edmund Ursin, *Pollution & Policy: A Case Essay on California and Federal Experience with Motor Vehicle Air Pollution, 1940-1975*,University of California Press, 1977.

使用价值超过 300 美元且产生烟雾的设备时，都要先提交一份申请。南海湾钢铁厂由于态度顽固、拒不执行政府的政策而成为不合格的排放企业，遭到停产整顿。[①] 尽管政府采取了有力的措施，但洛杉矶的空气质量并没有明显好转，1949 年 9 月 29 日的“黑色星期五”证明了此前所确定的雾霾源头是错误的，在此基础上所采取的治理大气污染的措施也收效甚微。

面对这样棘手的问题，首先还是要查找污染源。最终，麦凯布同加州理工学院的化学家阿里·哈根 – 斯米特（Arie Haagen–Smit）合作进行相关研究，取得了突破性的进展，找到了真正的污染源。斯米特得到政府的大力资助，其实验的技术和规模都比以前有了很大提高。他把 3 万立方英尺（约合 850 立方米）的空气抽进一个空气冷却装置里，经过蒸馏提取出巧克力色的液体酸，又将它转化为衍生物。在有的样本里滴入少许氢氧化钠，有的滴入乙醚，进行中和获得衍生物。最后，他成功地将衍生物沿着色谱柱壁分离出二氧化硅。经过数月的实验，他得出结论：造成洛杉矶雾霾的原因有三个，即汽车尾气、臭氧和逆温层。在加州理工学院的《工程与科学》上，他撰文指出：“在城市的另一边，分布着石油工厂，几个精炼厂每天处理成千上万吨石油。然而在洛杉矶，公路上行驶着的近 50 万辆汽车对大气污染产生了恶劣的影响，它们每天大约累计消耗 12000 吨汽油。即使燃烧率高达 99%（实际情况一定低于该数值），仍有 120 吨未充分燃烧的汽油化合物被排放到大气中。”[②] 汽车尾气中的二氧化氮和碳氢化合物是造成雾霾的主要源头。臭氧是造成雾霾的催化剂，臭氧和汽车尾气混合后在紫外线照射下会产生光化学烟雾，进而形成有毒的雾霾。洛杉矶的逆温层则加剧了雾霾的影响，洛杉矶地处盆地，三面环山，这种地理条件使距离地面 500—1500 英尺的空中形成了一层温暖、静止的暖空气，即逆温层，逆温层犹如一个大帐篷一样笼罩在洛杉矶上空，使外边的风难以吹入，空气流通差，最终造成雾霾久久不散。

与西部石油天然气集团有着密切利益关系的斯坦福研究所马上采取

---

① Smog Thinning in 18 Months Predicted by Dr. McCabe, *Los Angeles Times*, June.1,1949.

② Air Pollution Problem in Los Angeles, *Engineering & Science*, Dec.1950.

行动，通过实验证明斯米特是错误的。他们不断诋毁斯米特，批评他的实验结果是伪造的，甚至寸步不离地监视他。[①] 斯米特予以反击，在1950年年底再次通过实验证明因汽油不充分燃烧而产生的汽车尾气是导致洛杉矶雾霾的主要原因，同时也证实了斯坦福研究所在关键的实验步骤上弄虚作假。1952年5月，斯米特撰文指出，广受欢迎的新汽油比以前释放更多未完全燃烧的碳氢化合物，估计每个工作日大约会有2000吨碳氢化合物和250吨氮氧化物排放到大气中，其中大部分直接来源于发动机缸体及排气管，因而对大气的污染更为严重。[②] 根据斯米特的计算，洛杉矶每天有12万—25万加仑未烧尽的燃料被排入空气中。[③] 另外，还有两个污染源，一个是在汽车加油站由于工人草率的操作行为导致额外的250吨汽油挥发并排放到空气中，另一个则是南湾炼油厂对大气的污染。[④] 至此，洛杉矶雾霾的真正污染源终于找到了。[⑤]

第二节　洛杉矶治理雾霾的措施

洛杉矶雾霾源头虽然找到了，但治理的道路仍任重道远。洛杉矶1954年机动车的保有数量达到2361000辆，是世界上机动车密度最大的地区。南加州在50年代平均2.8人拥有一部汽车，而同一时期纽约是7.1人一部汽车，到60年代南加州达到2人一部汽车。与此相伴随的是汽油的消耗量激增，从1936年的每天1800万加仑增至1954年的4800万加仑，1960年则超过6000万加仑。这使汽车尾气的排放量也大为增加，1954年洛杉矶的机动车每天有1/4加仑汽油直接排放到空气中。[⑥] 面对如此庞大的机动车保有量和势力强大的石油集团、汽车企业，洛杉矶政府采

① Haagen-Smit on Smog, *Westways*, Aug.1972.

② Auto Fumes Control Vital, Says Professor, *Pasadena Star-News*, Feb.17,1954.

③ Arie J. Haagen-Smit, The Sin of Waste, *Engineering & Science*,Feb. 1973.

④ Arie J. Haagen-Smit, Smog Research Pays Off, *Engineering & Science*, May. 1952.

⑤ L.A. Site,Called “Worst Possible” for Smog,*Los Angeles Times*, March 3,1966.

⑥ Scott Hamilton Dewey, *Don't Breath the Air—Air Pollution and U.S. Environmental Policies, 1945-1970*, p.59.

取了一系列行之有效的措施，历经半个世纪之久，最终基本上消灭了城市雾霾。

一　成立专门机构

1945 年 2 月，已经认识到雾霾问题严重性的洛杉矶市政厅成立了专门的机构治理雾霾，即空气污染控制局（Air Pollution Control Department, APCD），负责人哈里·孔克尔（Harry Kunkel）上任之后就积极开展工作，调动大量人力资源投入到污染治理当中，其中甚至包括洛杉矶警察局新招募的警察和国民警卫队的 200 名化学专家。但由于没有找到雾霾的真正源头，治理工作收效甚微。同年 5 月，伊萨多·多伊奇（Isador A. Deutch）调任洛杉矶空气污染控制局局长，此前他在芝加哥从事 20 余年雾霾治理工作，希望能把洛杉矶建成“世界上最清洁的工业城市”。多伊奇对超标排放的大企业采取了铁腕政策，在 1946 年地方检察官提起的 13 起减排诉讼案中，就包括当时著名的大企业——沿海标准原油精炼厂和弗农伯利恒钢铁集团。[①]1947 年 6 月 10 日，加利福尼亚州州长厄尔·沃伦（Earl Warren）签署法案成立了美国第一个雾霾专门治理机构——洛杉矶郡空气污染控制区（Los Angeles County Air Pollution Control District, APCD）。洛杉矶郡监管委员会任命路易斯·麦凯布（Louis McCabe）为负责人。洛杉矶郡空气污染控制区拥有充足的预算和人力资源，政府每年为其拨款 17.8 万美元，机构包括 47 名职员，其中有 22 名是专职监督员。他们专注于监督大型工厂的排放，产生硫化物的燃油产业工厂成为首要目标。

1947 年洛杉矶郡空气污染控制区的成立，标志着政府开始重视洛杉矶雾霾的治理。首任局长麦凯布采取了一系列措施，推广使用水洗器、滤器室和其他净化装置以治理工业企业的二氧化硫排放，关闭周边地区垃圾焚烧厂，将 355 辆蒸汽火车换成了柴油机车。到 1949 年生铁铸造厂已经

---

① Thirteen Civil Suits for Abatement of Smog Filed by Dist Atty Howser, *Los Angeles Times*, Oct.16，1946.

从技术上解决了烟雾排放问题，到1951年平炉炼钢厂的有害气体排放也得到了有效控制，政府还明令要求储油罐必须加装浮动盖以防止汽油挥发产生碳氢化合物。50年代初期，由于煤炭燃烧产生的黑烟已经在洛杉矶消失了，一时间，洛杉矶成为美国空气污染控制的模范城市。[①]与媒体赞扬麦凯布形成鲜明对比的是，西部石油天然气协会和石油集团对他的强烈抵制。1949年春，麦凯布辞职，戈登·拉森（Gordon Larson）被任命为新的洛杉矶郡空气污染控制区主管，他更重视利用科学的力量查找污染源。1949年3月，拉森聘请斯米特担任空气污染控制区的高级顾问，此后，为数众多的科学家都参与到查找污染源这一课题之中。1953年有98个实验室为寻找雾霾根源而进行研究，美国化学协会、企业化学家协会、美国医疗协会和其他科学组织都参与其中。在斯米特教授确定汽车尾气是雾霾的主要根源之后，拉森领导下的洛杉矶郡空气污染控制区开始把工作重点放在汽车尾气和石油企业废气治理上。1953年年底，拉森在赴底特律参观后要求汽车制造商协会建立机动车燃烧产品委员会，并且在1954年投入100万美元的专项经费，聘请10位顶尖工程师到洛杉矶专门研究汽车尾气排放问题。然而，拉森的一系列计划还没付诸实施，就因遭到利益集团的强烈抵制而被迫辞职。

拉森已经找到了正确的方向，他的继任者史密斯·格里斯沃尔德（S. Smith Griswold）得以沿着这个方向继续前进，采取具体措施进行雾霾治理。格里斯沃尔德和他的副手路易斯·富勒（Louis Fuller）都属于治理污染的强硬派，一向以铁面无私著称的富勒直言不讳地说："任何污染企业，不论是有意还是无意，只要偷偷排放污染物，都将面临严重的后果。"[②]格里斯沃尔德一方面在治理二氧化硫排放问题上与西部石油和天然气协会的石油大亨们作斗争，另一方面他认为空气污染控制区有必要建立一个雾霾预警网络系统。经过他的不懈努力，1955年6月洛杉矶建立了一个三级预警系统。这一全美国首创的预警系统根据四种已知危害健康的化学成分

---

① Scott Hamilton Dewey, *Don't Breath the Air—Air Pollution and U.S. Environmental Policies, 1945-1970*, p.45.

② Smog Sheriff Readies Tough New Crackdown, *Los Angeles Examiner*, Jan.18，1956.

（臭氧、一氧化碳、氮氧化物及二氧化硫）在大气中的含量情况发布预报。在第一级预警状态，洛杉矶政府禁止司机开车和居民焚烧垃圾；在第二级预警状态，炼油厂、制造商以及其他重工业除基本运营外，不得进行其他活动；在第三级预警状态，州政府宣布全州进入紧急状态，包括采取军事戒严行动。从1955年到1971年，洛杉矶政府共发布81次雾霾警报并采取了相应的措施。空气污染控制区在50年代的另一个成绩就是建立了一个空气分析部，主要任务是通过IBM的第一台商业电脑储存检测数据和进行轨迹计算。这是污染治理数字化的第一步。

进入20世纪60年代，加州政府不断完善治理雾霾的专门机构。1967年在州长罗纳德·里根的支持下，加州空气资源局（California Air Resource Bureau）正式成立。这个新部门研究空气污染造成的损失，编制污染源列表，审查所在地的污染状况，并监控污染的排放。1976年州长小布朗（Jerry Brown）签署AB250法案生效，将洛杉矶、奥兰治、里弗赛德、圣贝纳迪诺的大气污染控制部合并，创建南海岸空气质量管理区（South Coast Air Quality Management District）。这个区域机构的职责就是为了保护民众健康，确保空气清洁，他们负责空气质量相关工作，如制订计划和法规、协助执行、执法、监测、提升技术进步和公共教育。[①]政府专门机构的建立和完善是有效治理雾霾的重要保证。

二　动员各方参与

治理雾霾仅仅依靠政府是不够的，还需要社会各方的参与。最早参与其中并为政府提供协助的是科学界，前文已经指出，作为洛杉矶雾霾治理负责机构的空气污染控制区聘请为数众多的科研人员寻找雾霾的源头，包括斯米特教授科研团队在内的98个实验室参与了寻找雾霾根源的行动，他们不仅来自高校和科研院所，还有美国化工协会、美国医疗协会的成员。除了寻找雾霾根源之外，科学家还积极为治理雾霾献计献策，如斯米特提出建议，在油罐上加盖子以避免汽油挥发，这个小小的举动收效十分显著。

---

① 见南海岸空气质量管理区官网：http://www.aqmd.gov/home/about#whatis.

企业也开始积极参与雾霾的治理。大型电力企业南加州爱迪生公司表现突出，从环境污染者变成了环保行动的领导者，1955年，南湾陪审团判定爱迪生公司违反区域清洁空气法案，爱迪生公司明确表示愿意接受处罚并采取改正措施。此后，爱迪生公司聘请斯米特作为顾问，拨款180万美元进行企业改造，更换了启动控制装置和其他设备，要求供应商提供更清洁、燃烧更充分的天然气以用作火力发电，努力打造美国最干净的发电厂。格里斯沃尔德称爱迪生公司的改变是他政治生涯中“最伟大的成就”。而福特、克莱斯勒和通用等汽车企业在政府的督促和民众舆论的影响下，也开始采取行动，主要从两个方面改进引擎：减少碳氢化合物的排放和提高汽车单位耗油量行驶里程。

治理雾霾是个复杂的问题，需要社会民众的参与。格里斯沃尔德和他的公共关系负责人吉姆·贝瑞克发动了一次邀请民众参与解决雾霾问题的活动。1955年，空气污染控制局安排5名专家组成理事会负责与民众沟通，听取他们的呼声并选出其中最具实用价值的建议。这5名科学家分别是汽车、化学、机械工程专家和气象学家。1960年，他们共花费了869个工时，进行了249次访谈，研究了237个建议。民众的建议可以分成三类：用鼓风机把洛杉矶盆地的雾霾吹走、用化学物质驱散雾霾、用人工方式彻底改变气候。[①]尽管民众提出的五花八门的建议可行性并不高，但格里斯沃尔德认为，发动民众参与雾霾治理有两个好处：一是动员民众积极参与，使其了解解决雾霾的长期性和艰巨性，从而消除对政府治理雾霾收效不大的怨气；二是集中民众智慧找到明智的解决办法。一些专业公司也参与这项行动，制造了多种烟雾净化装置，其中包括拉莫—伍尔德里奇公司的“烟雾消除器”、莫里斯公司发明的“油烟燃烧器”等。

三　不断健全完善相关法律法规

20世纪50年代末，民众针对治理空气污染、防控雾霾立法的呼声越来越高。为此，1958年空气污染控制区正式要求州议会通过立法协调治

---

① ［美］奇普·雅各布斯、威廉·凯莉：《洛杉矶雾霾启示录》，第104页。

理整个加州的空气污染问题，而不是单纯在洛杉矶郡立法。此后，加州和洛杉矶的立法机构制定发布一系列法规，对机动车排放和汽车企业的生产标准进行强制性规定。1958 年 12 月 31 日，洛杉矶市议会通过决议，要求州立法机关制定法律，规定 1961 年 1 月 1 日后禁止在加州销售未安装尾气排放控制装置的汽车。1959 年，立法机关要求加州公共健康署制定一个全州范围内的提高空气质量的标准，包括设定碳氢化合物和一氧化碳的浓度上限。1960 年州议会众议院通过了 17 号法案——《加州机动车污染控制法案》，该法案要求加州公共健康署成立加州机动车污染控制理事会（California Motor Vehicle Pollution Control Board），该委员会由 13 位成员组成，全权负责整个加州机动车的排放管理。1965 年立法机关通过法案，要求所有的 1966 年生产的车辆安装尾气净化设备，① 这是治理尾气污染的关键一步。由于安装新的设备要增加生产成本，因此在 1964 年 8 月，汽车企业宣称可以通过引擎改装，使得 1966 年款的汽车符合加州排放标准。这种敷衍政府的行为没有得逞，新的法案要求 1966 年生产的汽车必须强制性安装尾气净化设备。

迫使汽车企业让步之后，加州和洛杉矶立法的范围扩大到使用中和销售中的机动车。1966 年，加州州长帕特·布朗（Pat Brown）签署法案，要求正在使用中的汽车必须在排气管上安装尾气净化设备。1970 年，加州空气资源局制定政策，强制要求汽车制造商给所有在加州出售的汽车安装催化转换器。这种转换器不仅能消除汽车尾气中的碳氢化合物和一氧化碳，而且也能消除氮氧化物。通过这一系列措施，加州和洛杉矶政府有效地控制了汽车尾气排放，到 70 年代初洛杉矶汽车排放的有害气体已是 60 年代的 1% 了。

1975 年，杰里·布朗（小布朗）出任加州州长，他指派自己的竞选策划人汤姆·奎因担任加州空气资源局主席。奎因上任伊始，就命令克莱斯勒汽车公司召回 21000 辆当年生产未达到最新排放标准的汽车，要求福

---

① 即 1898 年法国人发明的催化转化器。这是一个安装在汽车底架上的装置，通过引入化学催化剂，可以将尾气混合物分解成水和二氧化碳等无害物质，减少污染。

特汽车公司安装催化转换器并重新设计汽车引擎，在源头降低污染物的排放。治理雾霾的立法不仅针对企业，还扩展到普通民众。1977年，美国国会修订了《联邦清洁空气法案》，规定在雾霾污染严重的地区，例如洛杉矶，如果汽车未能通过常规的排放测试，那么司机就必须对汽车进行维修。洛杉矶政府还扩大了警察的职权范围，负责对汽车进行常规尾气检查。1982年加州政府通过法案，规定汽车需要每两年检查一次。

虽然汽车尾气问题得到基本解决，但臭氧的问题依然存在，如1986年，洛杉矶有164天臭氧达到危险水平，其他时间虽然臭氧保持在健康标准范围内，但颗粒物、一氧化碳和二氧化氮却达不到健康标准。于是1986年年底，南海岸空气质量管理区董事会聘请著名的物理学家詹姆斯·伦茨（James Lents，后升任美国南加州空气管理局局长）担任理事，授予其实际权力来解决臭氧的问题。伦茨经验丰富，曾经成功地治理了诺克斯维尔（Knoxville）的烟雾和丹佛（Denver）的棕色云问题。伦茨首先制订了一个新的清洁空气计划，并获得了联邦环境保护署（The Federal Environmental Protection Agency，EPA）批准。为了推行新计划，他委托董事会进行一项研究，将雾霾对健康的影响进行测算，结果表明，消除污染将会为全民健康创造每年95亿美元的效益，每年将会在重度雾霾地区挽救大约1万人的生命，10年内增加55%的工作岗位。[①] 他采取的具体治理措施包括：为发电厂、炼油厂、玻璃制造厂、航空航天公司、钢铁厂等大型产业制定新的排放规则；对烧烤采取严厉的清洁空气标准；督促政府对汽车排放制定更严格的标准；要求炼油厂生产清洁燃料；对气溶胶喷雾罐和指甲油等家庭日用产品所产生的烟气制定严格的清洁标准；向空气污染控制区租借一个版面对尾气排放污染严重的车辆开出罚单并向全社会公布；设免费举报电话，鼓励民众举报尾气污染严重的汽车牌号，要求车主维修汽车以达到排量标准；要求规模超过100人的企业雇主给予拼车或搭乘公共交通的员工以薪酬奖励；等等。除此之外，南海岸空气质量管理区

① In Weighing the Coast of Clean Air, Don’t Omit the Value of Each Breath, *Los Angeles Times*, August.11,1989.

还建立了排污权交易机制，将有害气体排放配额作为交易物，用经济利益刺激企业积极进行节能减排，这个问题将在下文详细述及。洛杉矶政府采取的这些全面而细致的措施产生了显著效果，到1997年在洛杉矶每年超过联邦政府臭氧标准的天数已经从164天减少到68天，污染的峰值水平也下降40%。到2000年超标日已低至40天。到21世纪初，洛杉矶已经基本上不存在雾霾问题了。

第三节　洛杉矶雾霾治理对中国的借鉴和启示

洛杉矶经过70多年的不懈努力，成功解决了严重的雾霾问题。人们又看到了蓝天白云，又可以自由自在地呼吸清新的空气，可以享受大自然赋予人类最美好的环境资源。目前我国许多城市正遭遇着1949年以来最严重的雾霾问题，洛杉矶治理雾霾的成功经验，可以为我们防控雾霾提供有益的借鉴，主要是以下四个方面。

第一，要通过科学方法查找雾霾产生的主要根源，这是有效治理雾霾的前提。查找雾霾根源既是治理雾霾的前提，也是最关键的第一步。洛杉矶有关部门花费大约10年时间，经历多次失败，才找到雾霾产生的原因。科学的研究方法是查找污染源的重要保证，洛杉矶政府非常重视科学的力量，很早就成立专门的机构，聘请科学家不断进行研究和实验，排除了一个又一个伪原因，终于取得了突破性的进展。加州理工学院斯米特教授最终证实汽车尾气、臭氧和逆温层是罪魁祸首。这一过程虽然耗费大量时间，却是必不可少的，可以为此后有效治理雾霾提供正确方向。洛杉矶此前的经验表明，方向错了，投入再多也难以取得成效。中国幅员辽阔，南方与北方差异很大，不同城市不同地区雾霾的成因也不尽相同，除了汽车尾气、工业污染、民用燃料外，还有更加复杂的原因。有研究表明，我国雾霾的成因不仅源于工业污染生成的二次气溶胶颗粒，还源于广大农村土壤、水源严重污染导致的以微生物为主的二次气溶胶颗粒，[①]这就增加了

---

①　顾为东：《中国雾霾特殊形成机理研究》，《宏观经济研究》2014年第6期。

治理污染的复杂性和艰巨性。因此，政府应重视并有效利用科研力量，加大投入力度，聘请科研人员进行研究，查找本地区雾霾的真正根源，方能有的放矢，从根源上对雾霾进行有效治理。监测是查找雾霾源头的有效方式，在国内已经得到高度重视。截至2012年，我国已在113个重点城市和338个地级市设立监控站点1436个，农村区域环境监控站点31个。[①]大气污染较为严重的京津唐、长三角、珠三角区域74个城市设立了496个国家环境空气监测点位并已全部完成联网，可以实时对外发布二氧化硫、二氧化氮、一氧化碳、臭氧1小时、臭氧8小时、颗粒物PM10、PM2.5的实时浓度值等空气质量监测数据，公众可以通过网络、手机等实时关注所在城市的空气质量状况并采取必要的防护措施。[②]尽管我国已取得一定成效，但仍然需要进一步增加监控站点的数量。美国国土面积与中国相近，但空气质量监测站点数量是我国的3倍多。除此之外，还需要升级监测技术，实现更多高精尖设备国产化，提升监测人员队伍素质等。

第二，设立专门机构，确保雾霾有效治理。为了解决雾霾问题，洛杉矶政府先后成立了洛杉矶雾霾委员会、洛杉矶市空气污染控制局、洛杉矶郡空气污染控制区、南海岸空气质量管理区等专门机构以进行有效治理。政府对这些专门机构高度重视，在资金、人员等方面均大力支持，确保专门机构由专人负责，有专项拨款，配备专业设备和专业人士，拥有切实的权力以制定和推行治理雾霾的措施。虽然不同时期各个机构的负责人各不相同，但他们都是治理雾霾的坚定行动者，他们率领各自的团队做了大量的工作，与各种阻碍的势力作斗争，克服重重困难，顶住层层压力，最终才成功治理雾霾。美国加利福尼亚南海岸空气质量管理区是世界上最早的跨地域大气污染防控治理机构，是大气污染区域联防联控管理机制成功的典范，由于历史的原因，我国的环保事业起步较晚，现在虽然已经建立了从中央到地方的各级环保部门，但还没有专门防控雾霾的机构，这就导致在治理防控雾霾的过程中存在机构缺位、政策滞后的问题。2018年3月，

① 白志鹏等编著:《空气颗粒物测量技术》，化学工业出版社2014年版，第7页。

② 中国环境监测总站：http://www.cnemc.cn/publish/106/news/news_33399.html，2015年5月6日。

根据第十三届全国人大第一次会议通过的《国务院机构改革方案》，中华人民共和国生态环境部正式成立，其下辖的大气环境司是进行雾霾防控治理的主要机构，各省市也设立了相关机构，这对于我国的雾霾治理无疑是有益的。除此之外，近年来我国在大气污染区域联防联控方面已经取得了可喜的成绩。2018年生态环境部建立之后，大气环境司下辖一个专门的跨地域雾霾及大气污染合作机构——区域协调与重污染天气应对处（京津冀及周边大气环境协调及重污染天气应对办公室），这意味着区域协同防控雾霾已经走上正轨并得到国家的高度重视。地方的区域合作也有进展，有代表性的是2014年珠三角大气污染联防联控技术示范区正式建成。2014年9月3日，粤港澳联合签署的《粤港澳区域大气污染联防联治合作协议书》正式生效，三方在大气污染防控方面开始跨区域合作。这一合作主要包括共建粤港澳珠三角空气质量监测网络、联合发布区域空气质量资讯、推动大气污染防治工作、开展环保科研合作等，空气质量监测网络包括23个监测站，其中广东省18个、香港4个、澳门1个。这是继美国加州和欧洲之后组建的全球第三个大气污染联防联控技术示范区，现已形成了覆盖多区域的大气环境质量监测预警网络，实现了对珠三角大气环境质量变化的监测预警及快速反应机制。这种跨地域大气污染防控合作模式值得进一步推广。

第三，治理雾霾是一个长期的行为，要循序渐进、分阶段进行。从1943年开始，洛杉矶这个美国大气污染和雾霾的重灾区开始了70多年的防控治理工作，投入了大量的资金和人力物力资源，进行了长时间、大规模的雾霾治理活动，其不同时期治理的重点有所不同，但总体来说是有序进行的。空气污染控制局首任局长麦凯布任期内，主要治理对象是企业排放和生活污染，他采取了一系列措施，包括提高排放标准、使用滤器室等装置治理工业二氧化硫、禁止焚烧垃圾等。格里斯沃尔德任期内建立了一个雾霾预警预报网络系统，设立空气分析部，正式要求州议会通过立法协调治理整个加州的空气污染问题，推动了加州机动车污染控制法案的通过。在确定雾霾的源头之后，洛杉矶雾霾治理的主要目标确定为机动车排放。1970年加州空气资源局制定了一系列政策法规，强制汽车企业、销售商和普通民众给所有在加州出售的汽车安装催化转换器，有效地解决了汽车尾气排放的问题。此后，南海岸空气质量管理区负责人詹姆斯·伦茨的新清洁空气计划有效解决了臭氧问题，使洛杉矶空气质量得到有史以来最显著、最快的改善。伦茨在总结洛杉矶治理大气污染经验时提出了“治霾三段五步论”，三个阶段即探索阶段、提出联邦空气法案阶段、本地责任阶段。美国在第一阶段因为没有一个整体的规划来实现整体的监管，所以空气质量不但没有提升，反而变得更加糟糕；第二阶段美国联邦政府采取一系列措施，制定全国的空气标准，明确规定了实现这些标准的具体时间表和期限，因此洛杉矶的空气质量得到了一定程度的改善，但速度仍相对缓慢，成效并不明显；最关键的是第三阶段，1987 年加州通过了比联邦政府更加严格的清洁空气法案，将年度减排目标设定为 8%，汽车减排目标设定为 99%，这些严厉措施使这一阶段收效显著，到 1999 年洛杉矶雾霾警报已经降为 0 天。对照伦茨的“治霾三阶段论”，我国雾霾治理正处于第二阶段，也是雾霾最严重的阶段，任重而道远。我国重点监控的雾霾大城市要学习洛杉矶的经验，制定高于全国统一标准的地方减排标准，事实证明，只有严厉的处罚才能成效显著。伦茨提出的五个步骤即第一步要确立环境质量总目标，第二步是进行监测，第三步是找出排放源并制定排放清单，第四步是根据不同的排放源制订相应的达标计划，最后一步就是实施。这也值得我们借鉴。洛杉矶在新技术的开发和应用方面经历了较长时间的探索，而我国目前已经有现成的清洁技术可以应用，理应比美国走得更快，关键是如何找到保持经济发展与治理雾霾的平衡点，对于不符合排放标准的企业，应该通过技术改造和严格控制污染物排放的方法去治理，对于设备老旧无法改造的企业，必须关闭，政府通过培训工人，帮工人介绍工作，引进新技术来完成减排目标。对于汽车尾气问题，可以根据区域差异实行不同地区按时间分步骤提高移动源强制排放标准，要逐步提高燃油标准，对燃油的含硫、氧量等技术成分做强制规定，同时还应明确不同部门之间的监管职责，实现机动车污染控制的精细化管理，并且结合经济手段，对不同环节的利益相关方进行经济刺激等一系列政策才能有效治理汽车尾气造成的大气污染问题。纵观美国治霾经验，最核心内容就是：积极制定更加严格的空气质量标准并不断应用最新的环保技术。这也是世界各国治霾的指导思想，如果我国能够做到“五步”步步到位，空气质量改善收效会非常明显。

第四，要形成全社会对雾霾防控的共识，齐心协力共同治理雾霾。在洛杉矶空气质量改善的过程中，政府、社会团体、新闻媒体、大学科研院所、商业协会，甚至普通民众都发挥了重要的作用。一项清洁法案从群众意见，科学论证，到提出议案，再到议会通过，最后政府批准执行，任何一个步骤受阻，都没办法实行，只有全社会达成共识，才能齐心合力共同抗击污染。洛杉矶治理雾霾的法案制定过程中就充分考虑到各个方面。从最初的17号加州机动车污染控制法案，到全国性的《联邦空气清洁法》的修订，再到20世纪80年代针对汽车消费者个体的法规，洛杉矶防控雾霾的法律法规从无到有，从点到面，从宏观到具体，不断发展完善，法规适用对象包括了大企业、石油集团、汽车销售商和消费者所有可能会成为雾霾污染制造者的组织和个体，这为政府有效执行雾霾防控措施提供了有力的法律保障。在这场博弈中，寻求各方的利益的平衡点，如何达成各方共识是战略决策者面临的重要问题。我国的城市雾霾防控治理涉及生活在城市里的每个人的健康和利益，应该号召社会各界乃至每位市民都参与其中，这样才能形成群体效应，群策群力，共同治理雾霾，驱散愁云惨雾，找回绿水蓝天。我国目前公众参与大气污染防控已经取得一些成效，但仍存在诸多问题：立法不完善，公众参与缺乏法律基础，《大气污染防治法》等法律条文中没有明确规定公众的参与权；政府“全能管理”意识根深蒂固，过度揽权，抑制公众的参与意识，公众参与政府大气污染治理机制不完善，公众获取环境信息的渠道不够畅通；我国的环保组织大多是政府部门建立，难以形成对政府和企业的制衡，难以发挥其独立自主的作用，2012年的《中国公众参与调查报告》显示，80%以上的受访者不知道中国有民间环保组织。目前环境问题尤其是大气污染影响公众生活质量和身体健康，民众有参与意愿，在一些环保事件如“厦门PX项目”都有公众的积极参与，如果政府不能适当引导和处置，容易引发群体性事件。政府应该借鉴欧美国家的成功经验，重新定位自身与民间环保组织和公民个体之间的关系。在政府与民间环保组织关系方面，政府可以适当放松对民间环保的管控，给予其更多的政策支持，使其在监控排污企业、宣传大气污染防控知识、联络组织民众参与政府治理、环境公益诉讼等方面发挥更大作用。在政府与公民个体关系方面，政府应不断健全相关法律，确保公众参与大气污染防控的权利；建立并完善公众参与政府大气污染防控的平台，建立大气污染政策公众调查机制、公众听证会机制、公众评价机制等，进一步调动公众的参与热情；畅通大气污染信息发布渠道，及时发布城市大气污染、企业污染排放等情况，修改相关法规，公布大气状况的负面信息，确保公众能够全面、准确、及时地获取大气污染相关信息，作为其参与政府大气污染防控的基础。

第四章 国外城市水灾治理与城市雨洪管理的经验与启示*

城市水灾，也称为城市内涝，即城市地区不能及时排出强降水或连续性降水而产生积水洪涝灾害造成巨大人员伤亡和经济损失的现象。造成城市内涝的原因主要有极端气候事件、地形地貌、城市规划、排水系统建设、交通状况等，其中极端气候尤其是强降雨是关键因素。现代大城市是区域内的政治经济文化中心，聚集了大量的机构、企业、商店，人口众多，交通拥挤，一旦发生强降雨，往往会导致城市水灾，造成生命和财产的严重损失，如 1982 年 7 月 23 日的日本长崎发生强降雨，总降雨量达到 500 毫米，引发城市水灾，造成 299 人丧生，1193 间房屋倒塌，2 万余辆汽车毁损；2000 年韩国首尔暴雨成灾，导致 49 人死亡，交通电力通信等系统瘫痪；2007 年 7 月 20 日伦敦发生城市水灾，部分地区积水超过 60 厘米，希思罗国际机场 141 个航班被迫取消，25 个地铁站遭水淹。由此可见，城市水灾是城市尤其是大城市会经常遭遇的灾害，是全球范围内普遍存在的一个亟待解决的问题。

改革开放以来，中国的城市化进程加快，城市人口不断增加，城市规模不断扩大，这也就意味着遭遇城市水灾的损失会更大，同时气候变化产生的温室效应使暴雨越发频繁，这就使城市水灾的不可控性更强。根

---

* 本节部分内容系笔者国家社科基金一般项目“国外治理气候灾害的经验与启示研究”（立项编号：14BKS051）的阶段性研究成果，2016 年已发表，见崔艳红《国外治理城市水灾的经验及其启示》，《城市与减灾》2016 年第 1 期。

据1984—2013年统计，洪涝灾害多发的10个省份里，长江中下游占了一半，分别是湖北、湖南、安徽、江西和江苏。国家住建部于2010年对351个城市进行专项调研，结果显示在2008—2010年间，62%的受调查城市发生过水灾，其中137个城市遭遇水灾超过3次以上，57个城市的最大积水时间超过12小时，近些年比较严重的城市水灾有济南“7.18”水灾、京津冀“7.21”城市洪水等，均造成很大的损失。2007年7月18日，济南连降3小时暴雨，平均降水量达到180毫米，部分地下商场、立交桥下等地被淹，造成37人死亡，其中26人溺水身亡，11人因触电或墙塌死亡。另一次比较严重的城市水灾就是2012年7月21日的京津冀城市水灾，由于北京、天津、河北等地出现极端强降雨，导致受灾人口540万，死亡115人，失踪16人，直接经济损失达331亿元；[①]其中北京平均降雨量170毫米，累计降雨量460毫米，大暴雨造成城市水灾，导致79人死亡，95处道路因积水而中断，43处立交桥、铁路桥下积水，其中南岗洼铁路桥下积水达6米，城市公交系统全部瘫痪，大量列车晚点，延误1小时以上航班28架，造成8万多名旅客滞留。[②]

由此可见，城市水灾频发极大影响了市民正常的工作和生活，造成了严重的生命财产损失，应该学习借鉴发达国家城市防涝的有益经验和措施。这主要包括两个方面：一方面，是国外治理城市水灾的经验，是主要针对水灾本身的一系列防控措施；另一方面，是国外城市雨洪治理的有益经验，城市雨洪管理不仅是应对城市水灾，而且是对城市降雨的雨水进行综合管理的措施，通过一系列人工和自然的方式，对雨水进行疏导、排放、回收、渗透等，不仅能够有效防范城市水灾，还能够提供生活用水、增加地下水资源、美化城市环境，可谓一举多得。

---

① 《中国水旱灾害公报2012》，中国水利水电出版社2013年版，第15页。

② 李宁等:《气象灾害防御能力评估理论与实证研究》，科学出版社2017年版，第40—41页。

第一节　国外治理城市水灾的有效措施和有益经验

一　国外防控城市水灾的措施与经验

西方发达国家的工业化和城市化都比中国要早得多，因此其设施更为发达完善，管理理念和应用技术也更为先进；同时由于西方国家城市化较早，因此经历城市水灾也更多，积累了更为丰富的经验，拥有诸多行之有效的防控措施。综合来说，主要可以归纳为以下四个方面。

第一，修建发达完善的城市地下排水系统工程，在发生水灾时可以有效泄洪。城市地下排水系统，又称为城市末端排水系统，也就是我们常说的下水道，是城市排放雨水的主要通道。为防范城市水灾，国外的一些大城市投入大量资金，修建了覆盖整个城市、规模庞大、功能完善的地下排水系统，其标准普遍高于国内，如纽约的地下排水系统按照“10 年至 15 年一遇”[①] 的标准修建，东京是“5 年至 10 年一遇”，巴黎是“5 年一遇”标准。伦敦和巴黎的地下排水系统虽然已有上百年历史，但依然发达完善，功能强大，尤其是被称为“地下大水库”的巴黎城市地下排水系统。该系统位于地面以下 50 米处，总长约 2347 公里，分为小下水道、中下水道和排水渠三种类型，其中排水渠规模最大，中间是宽约 3 米的排水道，两旁是宽约 1 米的通行便道，下水道下部是城市废水排放管道，上部则排列着饮用水、非饮用水和通信设施管道等；小下水道中建有蓄水池，用来冲刷杂物，以避免下水道堵塞。除此之外，巴黎下水道还有为数众多的泵房、检查站以及用于清污排污的附属设备，如清污闸门、捞斗、溢洪道、闸门船、闸门车等。巴黎下水道的所有污水都排放到污水处理厂。目前巴黎地区有 4 座污水处理厂，日净化水能力为 300 多万立方米，净化后的水排入塞纳河后可以重复使用，例如巴黎每天冲洗街道和灌溉植被的 40 万立方米水均来自塞纳河，其中就包括这些净化后的城市废水。巴黎的地下排水系统还专设“安全阀”管道，即直通塞纳河的溢洪口管道，在特大暴

---

①　一年一遇是每小时降雨量达到 36 毫米。

雨来袭导致塞纳河水大涨时，这些溢洪口管道就会打开，同时，在塞纳河岸边的抽水机也会启动，辅助溢洪口管道排水。总体来说，巴黎的地下水系统设计巧妙，兼具泄洪、排污、输送、污水处理和再利用等多种功能。英国伦敦的地下排水系统同样可圈可点，工程于1859年正式动工，1865年完工，地下排水管道长达2000公里，用3.8亿块高强度水泥混凝土砖构建，非常坚固，历经150余年仍能够正常使用。东京地区的地下排水系统于1992年开工，2006年竣工，设计标准为“5年至10年一遇”，遇到强降雨时，城市中心地带以及容易发生城市水灾地区的雨水一般通过各种建筑的排水管、路边的排水口直接流入雨水蓄积排放管道并排入大海，其余地区的雨水则通过建筑物的排水系统进入公共排雨管，再随下水道系统的净水排放管道流入公共水域，其设计构思具有很强的功能性和实用性。

第二，建立有效的城市水灾预警和管理系统（FRM），未雨绸缪。英、美等国在长期应对城市水灾的过程中，建立起了水灾风险管理系统，其原则是以政府为主导、市场为调配手段，动员社会公众积极参与城市水灾应对之中。在各个管理环节中，事前预警工作得到格外重视。强降雨是引发城市水灾的主要原因，因此对强降雨的事前预报就显得十分重要。2007年大型城市洪灾之后，英国政府开始建立起相关机构，授权迈克尔·皮特爵士进行调查并发布报告——《皮特调查：从2007年洪灾中吸取的教训》，建议政府部门和地方当局建立强降雨预警系统，制定应对方案等。2009年4月11日，英国政府成立“洪水预报中心”，该中心综合利用气象局的预报技术和环境署的水文信息，对可能引发城市水灾的强降雨发布预警。该系统对强降雨的定义是：1小时之内降雨量达到30毫米，或3小时降雨量达到40毫米，或6小时降雨量达到50毫米。按照规定，如果该中心确定强降雨的可能性达到或超过20%，就向郡一级单位发布预警，建议该地启动紧急应对程序。程序一般包括采取交通管制预案，以此避免水灾导致交通运输系统瘫痪；地方政府和公用事业公司对抗灾减灾人员、物资进行有效部署和管理；相关部门获取实时充分的信息，发生水灾时及时通过固定电话、手机、网站等传播渠道向公众发布警告，使媒体和公众了解灾情等。法国也非常重视城市水灾的预防，专门设立预警系统，主要措施包括：建立风险预防规划系统，划定区域风险级别，对高风险地区提出城市规划、防灾减灾、应急管理方面的建议和指导；各省设立重大风险预警系统，一旦水灾发生，市民即可在48—72小时内得到预警，警报分绿、黄、橙、红色四级，当橙、红色警报出现后，政府将调动军队、警察、宪兵、消防、医疗等相关机构和人员，及时开展救灾工作；等等。美国的城市水灾应急预警管理系统也颇为高效。2011年8月13日，美国纽约遭遇百年一遇的暴雨，日降水量为203毫米，创纽约单日降水量的最高纪录。不过，纽约在这场暴雨中没有人员伤亡，交通、电力等系统也没有瘫痪，这得益于政府及时有效的城市水灾应急管理系统。美国的应急管理系统始建于20世纪70年代，分为联邦政府、州政府和地方政府三级反应机制。联邦紧急事务管理局是联邦政府应急管理的核心协调决策机构，美国的国家天气服务局（NWS）是信息提供机构，在互联网上为公众提供天气预报数据的批量下载功能。除了开放数据，美国政府还注重预警工作的时效性和准确率。当飓风、暴雨等极端天气来临前，美国的国家天气服务局及一些极端天气预警部门（如飓风预警中心）会通过广播、电视、手机和网络等平台实时发布气象信息资料，还会通过电邮、短信、推特等方式直接通知到民众，其中手机短信被美国政府认为是当前最有效的信息预警渠道。美国的气象预警信息分为展望、观察、通告、警报和特别气象通知五级，针对不同级别的预警，各种组织和机构在组织活动时都会有所准备，如许多学校规定在接到严重气象灾害的预警时必须停课或者关闭校园。

第三，通过健全的法律法规为防范城市水灾提供法律制度上的保障，使之有法可依。美国是世界上最早建立国家强制性洪水保险体制的国家，1968年，美国国会就通过了《国家洪水保险法》，规定不准在城市行洪区内[①]建任何建筑，在非行洪区内可以修建建筑物，但修建前必须购买洪水保险。纽约市在吸收联邦政府保险法的基础上，强制性出台了城市水灾预

① 行洪区指主河槽与两岸主要堤防之间的洼地，历史上是洪水走廊，现有低标准堤防保护的区域。遇较大洪水时，必须按规定的地点和宽度开口门或按规定漫堤作为泄洪通道，此区域称行洪区。

防的地方性法律，规定城市新开发地区必须实行强制的“就地滞洪蓄水”，不准在地下排水管道入海口附近修建大型建筑物。日本也非常重视以法律制度推动城市水灾防控，相关法律法规全面细致。早在1900年，日本就颁布了《下水道法》，1958年废除旧法，颁布新法，对日本城市地下排水系统的设计规格、管理标准、日常维护都做了明确细致的规定。1961年颁布了专门针对城市水灾的《下水道整备紧急措施法》，1969年颁布了《东京都下水道条例》，规定在东京城市水灾高发地域的地下排水管道直径必须在230毫米以上，坡度大于1%，排水面积达到1500平方米，能够承受1小时50毫米的特大暴雨。在法律的监督下，日本的城市下水道系统都相当发达完善，尤其是东京，堪称城市地下排水系统建设的楷模。除此之外，日本还制定颁布了一系列相关法律法规，如《都市公园整备紧急措施法》（1962）、《都市绿地保全法》、《住宅建设计划法》（1966）、《都市计划法》（1968）等。2000年名古屋大水灾后，有关部门汲取经验，全面修订了《水防法》，加强城市水灾的应急管理，制定并向社会公布洪泛预想区和包含避难场所等信息的“洪水灾害地图”。2003年，日本又颁布了《特定都市河川浸水被害对策法》，对水灾高发城市的防水灾规划、措施、方式及法律责任等做了全面规定，特别要求各部门、机构、公共设施、公司商家以及普通居民都要努力推动雨水的蓄留和渗透，新建设施雨水渗透阻碍面积1000平方米以上的必须取得许可，并必须根据地面硬化增加的径流量按防洪标准配建相应雨水蓄滞渗透设施。此外，法国的《城市防洪法》、英国议会2010年通过的《洪水与水管理法案》等都为城市水灾防控提供了法律制度上的保障。

第四，根据各国各城市各地区不同的情况建立科学有效的排涝系统。在极端天气频发的今天，仅仅靠地下排水系统来应对城市水灾是不够的，还要通过各种措施进行雨水分流、蓄留、渗透，减轻排涝的压力。20世纪70年代，美国就在一些城市通过雨水花园、渗透排水沟、植物过滤带、绿色屋顶等生物渗透系统增加对暴雨径流的吸收和渗透。美国纽约每年都会遭遇地面龙卷风和海上飓风带来的大暴雨袭击，因此市政府从2008年开始向居民免费发放存雨桶，下雨时从房顶等处收集雨水，减轻城市下水道的压力，收集的雨水可以浇花、洗车、冲厕所等，可谓一举多得。英国则大力在城市中推广“可持续排水系统”，主要通过四种途径排水：一是如同纽约那样收集雨水，储存起来以便再利用；二是源头控制，新开发和重新开发项目要通过建设渗水坑、可渗水步道以及进行屋顶绿化等方式，确保将强降雨产生的地表水保留在源头，避免对其他地区产生不利影响；三是指定地点管理，即把从屋顶等处流下来的雨水引入水池或盆地，收集起来备用；四是区域控制，利用池塘或湿地吸纳一个地区的雨水。这些措施的目的只有一个，就是分流城市降水，减轻下水道的压力。德国柏林采用分离式排水系统，将生活污水排水管道和雨水排水管道区分开来，污水管道将居民、企业和商家等处产生的生产和生活污水输送到柏林市郊的污水处理厂净化处理，雨水管道通过单独的管道将收集的雨水简单处理后，存入柏林的蓄水池或排入河流，避免在城市遇大雨时造成水灾。柏林的地下污水管道长达 4100 公里，雨水管道长达 3166 公里，除此之外还有 1894 公里长的综合排水管道和 68 公里长的特殊用途的排水管道，其间还连接有雨水防溢装置、涵洞和贮存池等，科学合理的设计确保城市遭受强降雨时不会发生水灾。[①] 日本东京通过建调压水池以防控城市水灾，在遭调强降雨导致城市周边河流水位超过一定高度时，洪水会自动通过引水设施流入分洪暗河，汇入一个底面积相当于两个足球场、深约 20 米的“调压水池”，当蓄水超过一定深度后，多个水泵会立即启动，向附近的河流泄洪。此外，东京市政部门还积极推广具有储存和渗透功能的雨水井，在新建道路时采用渗水材料，以确保强降雨时既能迅速排水又可补给地下水。波兰政府鼓励居民建屋顶花园，截留雨水，既美观，还可净化空气，又可预防城市水灾，值得我们借鉴。荷兰鹿特丹通过修建“水广场”来消减水灾，在市内很多低洼地带同时也是水灾高危地带都建有广场、停车场和步行区，平时供民众正常使用，当大雨来临时，它们可瞬间变成储水蓄洪的“水广场”，各个“水广场”之间有渠道相连，可以让雨水循环流动，或被抽取用作淡水资源，这一做法有效防止了城区街道出现大面积积水。

---

① 徐艳文:《国外治理城市内涝的经验》,《防灾博览》2013 年第 4 期。

二 国外治理城市水灾的经验措施对中国的启示和借鉴

城市水灾频发，导致人民生命财产严重受损，也给国民经济和生产生活带来负面影响，必须引起高度重视，在学习借鉴西方先进城市减灾基础上，不断完善我国的城市水灾治理。

第一，在城市总体规划过程中应高度重视地下排水系统和蓄水调洪错峰系统的设计和建设，夯实城市水灾防控的基础。发达国家防控城市水灾的经验表明，完善的城市排水管网是发生水灾时最主要的泄洪途径，因此市政建设部门应做好城市管网的建设工作，划拨专款，建设起像巴黎、伦敦、东京那样经得起上百年时间和强降雨考验的高效地下排水系统。一般来说，城市开发往往是从中心区逐渐向周边扩展，城市规划部门无法预料到城市未来的发展程度，因此在城市建设初期，地下排水系统的设计只是适应当时的城市规模和气象条件，是按当时的地表径流系数确定管道直径。随着城市的不断开发扩展以及温室效应造成的强降雨频率增加，以前的排水管网显然无法满足新的变化。我国目前的城市排水主要存在两方面的问题：一个是已有管网老化失效，另一个是新建城区破坏自然排水系统。老的问题就是排水系统，一些城市老城区由于建设条件及技术的限制，对地下排水系统未能进行较完备的设计和施工，出现各种问题，导致管网不能起到相应的作用，如：管沟回填未压实，出现不均匀沉降后导致预埋管断裂；预埋管道上部荷载过大，导致预埋管压碎断裂等造成管网失效；强降雨过程中垃圾杂物进入到排水系统内，导致管网堵塞。新的问题是城市新区建设的问题。随着城市建设的开展，城区裸露的土地迅速减少，城市大量的柏油路、水泥路面等硬质铺装，雨水渗透性差，容易形成路面积水。城市中很多绿化带、草坪等，被改作他用，无法发挥渗水的作用。各大中城市地下轨道交通也会影响城市水灾的泄洪，地下交通主要从城市主干道下面通过，整个地下交通的建设完全依赖于钢筋混凝土结构的支撑，在地下形成一个几乎完全封闭的大管道，这就阻断了路面及绿化带的渗透能力。除此之外，城市的立交桥下、过街的地下通道、铁路桥等地区排水设施设计也不同程度存在不科学不合理之处，短时强降雨后容易出现积水、漏电等问题。

因此，城市整体规划建设中必须对城市水系有全面的考量，合理布设排水管网并随着情况的变化而做出调整。巴黎、伦敦等国际大都会都是较早就建立起大规模地下排水系统，而2006年竣工的东京地下排水系统尤为值得我们学习和借鉴。东京在城市发展过程中，也遇到了较为严重的城市水灾问题，为此政府专门成立东京都下水道局，全权负责城市雨水排放问题。该部门有3500多名员工，注册资金4.16万亿日元，充足的人力资源和雄厚的资金确保东京的下水道系统运行良好，历经多次强降雨的考验。与历史悠久的城市相比，新兴城市往往更方便进行地下排水管网的改造，以深圳为例，根据深圳市规划局2005年出台的雨水工程规划标准，其城区的雨水管道的地表径流系数达到0.7，这在当时与其他城市相比是很强大的，提高了防控城市水灾的效率。除了下水道以外，城市中的河流、沟渠、洼地、山塘、湖泊、水库等也具有蓄水调洪错峰功能，应该充分利用起来。但是，我国很多城市在规划建设过程中缺乏科学论证和长远眼光，盲目填埋天然水系，破坏了原本较为完善的排水系统，降低了雨水的调蓄分流功能。例如，北京作为明、清两朝的首都，原本具有比较完善的排水系统，但在后来的城市建设中破坏了原有的排水设施，如内城的宣武门、西直门、复兴门等处的护城河也都改为暗沟，这些改变都影响了排水效果。再以武汉为例，由于大规模填湖造地，导致该市水面率急剧下降，湖泊调蓄地表径流的能力只相当于1975年的30%，汉口后湖水系原本可调蓄雨水7000万立方米以上，目前仅剩不足原来面积的10%，调蓄能力不到1000万立方米。近几年来，一旦强降雨超过100毫米，就会造成该地区10平方千米以上的地区积水，经常历时数天才能排干，严重影响居民的工作和生活。[①] 地下排水系统和蓄水调洪错峰系统是防控城市水灾的两个主要途径，前者需要投入大量资金人力进行设计建造，后者需要长期的保护维护，与城市水灾造成的损失相比，这些努力和投入还是值得的。

---

① 叶斌等:《城市内涝的成因及其对策》,《水利经济》2010年第4期。

第二，加强城市水灾的预警系统建设，建立洪水风险管理体系。根据国外的经验，我国各大城市应该引入洪水风险管理体系。洪水风险管理是通过对流域或区域内的洪水风险特性进行深入细致的分析研究，在总体把握洪水风险特性和演变规律的基础上，因地制宜采取综合性、预防性的防洪减灾措施，从而将洪水风险降低到当地可承受的范围与限度之内，同时也要处理好区域之间协调发展、基于洪水的人与自然之间的利害关系，保障和支撑当地的可持续发展。[①]洪水风险管理要求所有利益相关者的参与与合作，主要是政府、市场和公众，其中政府发挥主导作用，公众积极参与，资源的优化配置则由市场完成。洪水风险管理一般包括灾前日常管理（系统评估、预警预报）、灾中应急管理（灾害控制）和灾后管理。洪水风险管理建立的基础是对已有城市水灾防控系统的评价，主要包括建设抗灾能力、构建预防与减灾体系、完善损失分担机制、丰富巨灾应急管理方法和增强社会认同感这五个方面分别选取一些指标，构建洪水风险管理有效性评价指标体系，然后在评价体系的基础上对城市水灾风险管理系统进行发展和完善。未雨绸缪、防患于未然是治理城市水灾的有效方式，也是洪水风险管理的重要内容，英、法、美等国的“强降雨预警”“重大风险预警”“气象灾害预警”都给我们以有益的启示。应建立起完备的城市水灾预警系统，制定城市洪灾应对预案，在实践中不断完善预案，加强预防管理。一旦水灾发生，在防洪设施、消防队伍、交通管制、疫病防治等方面做到第一时间及时救援，同时也要完善救灾物资应急储备体系。尤其是水灾频发的城市，更要在加强以上基本建设的基础上，进一步强化预警系统建设，根据勘测绘制洪水风险图，做好城市水灾发生时的人员疏散、泄洪和灾后恢复等方面的应急预案，建立城市洪灾保险体系。再完备的预警预防系统，也不能完全避免城市水灾的发生，灾中应急管理是洪水风险管理的关键步骤，最能检验日常防灾管理工作的效果。而洪水风险管理最为核心的部分，就是政府和社会在灾害发生时，应按照预案开展灾情应对，统

---

① 《中国洪水管理战略研究进展》，http://www.icec.org.cn/wzxm/glxx/200611/t20061107_49711.html, 2016 年 10 月 1 日。

筹协调城市交通、市政、公安消防、疫情防治、防洪排涝等多个部门，与社会公众共同进行灾情应对和灾后恢复工作。总体来说，目前我国在洪水风险管理方面刚刚起步，还有很多工作要做，应进一步加大对洪水风险管理的研究投入，推动社会公众认知、了解并参与洪水风险管理，积极发挥市场机制在洪水风险管理中的作用，重视、研究并尝试实施洪水保险机制，从而构建起一个科学管理、各方积极参与的行之有效的城市水灾应对机制。

第三，不断建立健全相关法律法规，严格执法，保护城市天然水体，疏浚城市河流水系，明确城市排水系统的规格。上文已经述及，英、法、美、日等国均已建立了系统完备的相关法律法规，而且执法严格。我国的相关法律建设还在进行中，需要借鉴西方成功经验，在完善现有法律的基础上不断出台新的法律。笔者认为，首先应该制定相关法律法规，明确城市地下排水管网的设计和建造规范，保护城市天然水体，惩罚破坏和影响城市水灾防控设施的行为。地下排水管网是应对城市水灾的重要途径，应该通过法律手段对其进行明确规定和重点保护，例如日本的《东京都下水道条例》就对其地下管网做了明确的规定，具体到直径和角度。我国城市历史发展情况各不一样，有的城市有很好的地下排水系统，如青岛，而多数城市的地下排水系统都存在这样或那样的问题，尤其是旧有管线难以适应目前城市规模和气候条件的变化，新旧城区也存在地下管线不一致的问题，等等。应该由国家和城市两级政府协调，制定合理的法律法规，明确地下排水系统的设计规格、建设规模和维护规范。除此之外，城市天然水体也是错峰调洪、防控城市水灾的有效途径，应该制定法律法规加以保护，禁止在城市建设中填埋和破坏原有的河流、湖泊、湿地等，或擅自改变原有排水管线，房地产开发商围湖造地的行为也会对天然水体造成一定的破坏，也应该立法对其进行规范和惩处，例如南昌市人大立法禁止填湖造地，违者罚款1万—5万元。其次，应该借鉴美、日等国有益经验，制定法律法规推动洪水保险的施行。上文已经述及，洪水保险最早出现在美国，现在已经在发达国家广为实施，分为自愿和强制两种类型，自愿参加者可以向保险公司购买洪水保险，在遭受洪灾后可以得到赔偿；强制型洪水保险则是由国家和政府硬性推广，洪水高发区域的单位和个人必须购买。目前美、英等国的洪水保险逐渐从自愿走向强制，并逐步建立完备的法律确保其实施，美国于1956年、1968年和1969年先后制定了《联邦洪水保险法》《国家洪水保险法》和《应急洪水保险法》，以法律的形式确保洪水保险的有效强制实施。国外的经验已经证明，洪水保险是应对城市水灾行之有效的办法，应该借鉴和推广，但我国目前还没有一部专门的法律，1997年制定的《防洪法》仅有一句话涉及洪水保险——“国家鼓励、扶持开展洪水保险”，这显然是不够的，当务之急就是应尽快制定实施《洪水保险法》，为实施推广这一制度奠定法律基础，提供法律保障，明确实施运作方式。

第四，科学设计，合理布局，对雨水进行储存和循环利用，推动生态文明建设。上文提到的英国“可持续排水系统”、德国柏林的分离式排水系统、日本东京的调压水池等都给我们有益的启示，发展雨水净化、循环使用系统工程是建设生态城市的发展潮流。我国水资源的时空和地域分布不均衡，很多地区都面临不同程度的缺水问题，而雨水也是水资源，任由其白白流走也很可惜。建立城市雨水收集系统不但可以在强降雨时分流一部分雨水，降低城市排水管道的压力，而且收集的雨水经过净化之后可以用于灌溉、洗车、街道清扫等。根据西方国家的经验，城市雨水收集系统需要一定的前期投资，目前在国内所有城市中推广尚且不切实际，但是可以在北京、上海、广州、深圳等一线城市推广，不但能够有效降低这些城市水灾的威胁，还可以解决城市缺水的问题。从20世纪60年代开始，日本政府就规定，在城市建设中，每公顷土地都必须附设500m^{3}蓄水池，蓄水池可以因地制宜设置在公共场所、私人住宅、地下室等空间，在遇到强降雨时可以缓解灾情，同时积蓄雨水以供使用。除此之外，还应该解决城市地面硬化带来的雨水难以渗透的问题，城市建设中大量使用沥青、水泥、实心砖等材料铺设路面，造成城市地面硬化，严重影响雨水渗入地下，不但容易在强降雨时造成大面积积水，还导致城市地下水、地下河的干涸。应该借鉴发达国家经验，建设绿地、水池、排水沟、渗水路面等，在强降雨时减缓地面雨水径流速度。例如，深圳市在城市建设中就使用中空砖铺设人行道，在砖中间种植草皮，这样既美化了城市环境，又有利于雨水下渗。

综上所述，目前中国在城市快速发展和气候变化等因素的作用下，城市水灾的频率和强度均有所提高，导致生命财产损失，成为一个不容小觑、日益突出的问题。英、美等发达国家在其历史进程中也曾遇到与中国类似的城市水灾问题，但积累了行之有效的有益经验，摸索并确立了一系列合理的体制和方式，如高效的城市地下排水管线、科学的预警系统、现代化的洪水风险管理制度、系统完备的相关法律法规、日趋成熟的洪水保险机制、广泛运用透水材料以取代以往的硬化路面等，都值得我们学习和借鉴，以发展完善我国的城市水灾预警、防控、管理、紧急应对和灾后处理机制，推进社会主义生态文明建设。

第二节　国外城市雨洪管理经验及其对中国的借鉴与启示

一　国外城市雨洪管理理论及实践经验

上一部分我们介绍了国外城市水灾的防控措施，其中有些内容涉及对城市雨水的综合利用，这就是近些年发达资本主义国家兴起的城市雨洪管理理念。城市雨洪管理就是对城市降雨的雨水进行综合治理和有效利用，包括排水、蓄水、水处理等一系列工程建设，城市天然水体的维护，水景观的建设和配套相关法律法规、行为理念、环境教育等，旨在防控城市洪水、处理水污染、净化地下水、改善城市环境等，是以防灾为主的对城市水环境进行整体优化的综合管理。以下介绍目前国外城市雨洪管理最具代表性的几个典型系统，即美国的“暴雨径流最佳管理措施”（BMPs）和“低影响开发体系”（LID）、英国的“可持续排水系统”（SUDS）、澳大利亚的“水敏感城市设计”（WSUD）、新西兰的“低影响城市设计与开发”（LIUDD）。

（一）美国的城市雨洪管理

美国的相关管理实施最早，迄今已有40多年的发展历程。20世纪初美国开始用地下排水系统取代原有的地上沟渠排水并沿用了半个世纪，但由于这一系统承载城市雨水和污水的共同排放，随着城市规模不断扩大，污水的排放也随之增加；同时城市建设尤其是住宅的增加导致不透水面积增大，柏油路面、建筑屋顶等都成为无法排放渗透雨水的地带，因而遇到大雨时会发生排水拥堵，也会对河流造成严重污染。所以，美国从20世纪50年代开始实行“雨污分流”，建立污水和雨水两套排放体系，但仍然无法从根本上解决问题。1983年，美国正式出台“暴雨径流最佳管理措施”（BMPs），旨在对暴雨的雨水进行收集、短时储存、渗透排放等，达到雨水排放与利用相结合，既有效排放雨水避免城市内涝，又对雨水进行有效利用以改善城市水资源不足的状况。20世纪80年代末，位于马里兰州的乔治王子郡属环境资源部门开始将这一管理理念用于实践，采用生物滞留技术来进行雨洪管理，也就是尽可能利用地表植物、微生物系统和土壤来对雨水进行排放和污染治理，如“雨水花园”理念就是将自然形成的或人工挖掘的凹陷绿地用于收集雨水，然后利用植物和土壤的综合生物作用使雨水渗透，渗透的同时还可以对雨水进行净化，净化后的雨水渗入地下水或供给城市景观用水（如喷泉等）。90年代，乔治王子郡的环境资源部开展与房地产开发商的合作，在楼盘里每栋住宅都设置30—40平方米的雨水花园，经检测表明，这些雨水花园在暴雨时可以减少75%—80%的地表雨水径流，是行之有效的雨洪管理措施。

在多年城市雨洪管理实践的基础上，乔治王子郡环境资源部于90年代初期提出了低影响开发管理理念，即LID，并于1999年编写了一部操作性很强的技术规范手册。美国其他地区纷纷效仿，到2005年，美国各州、郡地方政府基本上都接受这一理念，并在世界范围推广开来。与此前的暴雨径流最佳管理措施相比，低影响开发管理理念强调从源头降低雨水对城市的影响，即通过小规模分散控制机制和技术对雨水从源头进行疏导，减少雨水径流对城市产生的灾害和污染，利用自然条件和人工方式对雨水进行渗透、短暂滞留、蓄水、净化和排放。具体包括屋顶雨水收集排放、绿地雨水收集排放和道路雨水收集排放等。屋顶的雨水相对比较干净，用途较广，通过在建筑物的屋顶设立雨水收集管、蓄水箱来收集雨水，经过滤和净化后用于绿地灌溉或者道路冲洗，既改善了城市景观、美化环境，又可以有效缓解城市用水的不足。绿地雨水收集的用途也十分广泛，首先是雨水渗透，即利用自然和人工方式，如铺设渗透管线，根据绿地景观建设渗透沟和渗透井，将雨水经过植被土壤自然净化后引入地下水提供给城市用水；或者储存进人工蓄水调节池，经过人工净化后用于绿化灌溉、水景观和其他用途。道路雨水收集排放分为两个系统，一个是原有的市政排水地下管网，将雨水排放到河流湖泊之中；另一个是在道路两边的绿化带设置雨水处理系统，将雨水径流引入蓄水井，经过净化后用于灌溉等用途。

1999年，美国保护基金会和农业部森林管理局组织的“GI工作组”提出绿色基础设施的概念（GI），作为城市基础设施设计建设和城市土地规划保护的重要战略。绿色基础设施的概念是对低影响开发管理理念的进一步扩展和升级，将城市规划、景观设计、生态环境保护等学科的理论知识和具体方法引入城市雨洪管理，在更广的范围内进行更大规模土地和生态环境规划，建设一个由水道、绿道、大型湿地、公园、森林、农场、景观水体、水库和其他保护区域等组成大型绿色生态网络，以低影响开发管理理念为基础的各种自然和人工设计取代传统的排水和调蓄水设施，在解决城市水灾和水污染的基础上进行自然水体和生态环境的保护，通过绿色基础设施建设来弥补传统生态保护的不足，从而实现生态、社会、经济的协调和可持续发展。2008年，美国联邦环保局发布了《绿色基础设施手册》，为美国各城市的相关规划和建设提供指南。2010年开始，纽约、西雅图等大城市都开始贯彻实施低影响开发管理理念和绿色基础设施的概念，用更加安全、环保、可持续的方法进行城市雨洪管理。

除此之外，美国非常重视相关法律法规建设，为雨洪管理提供法律依据。1948年，美国颁布了第一部相关法律——《联邦水污染控制法案》。1972年又对这一法案加以增补和修正，对工业废水、城市污水进行重点治理，建立起了国家排放污染物消除制度。1977年颁布的《清洁水法案》和1987年颁布的《水质法案》，对有毒物质排放作出了更为详细的规定，并正式将雨水排放纳入到国家排放污染物消除制度系统之中，这些法律法规使美国的城市雨洪管理具有坚实的法律基础和完备的法律体系。

（二）其他国家的城市雨洪管理

英国是世界上第一个完成工业化的国家，其城市建设也较早。起初英国也和美国一样，用地下排水管网解决雨洪排放问题。进入20世纪之后，工业的发展和城市规模的扩大，使原有管网已经无法满足新的需要。因而，英国在借鉴美国的暴雨径流最佳管理措施的基础上，提出并实施了可持续城市排水系统（SUDS）。与美国的雨洪管理相比，可持续排水系统更为关注对雨水的控制与利用，综合考虑城市地表水排放的水量、水质和环境舒适度三个方面，强调从预防、源头控制、场地控制和区域控制四个方面进行雨洪管理，尽量模仿自然过程，利用各种蓄排水系统以分级排水的方式控制雨水的径流量，使部分雨水缓慢渗入到土壤中，缓解降雨高峰时期引发城市洪水的危险；另一部分则用人工方式贮存起来，以供城市生活所需的部分杂用水，降低城市供水的压力。例如伦敦世纪圆顶的雨水收集利用系统是24个专门设置的汇水斗，在降雨时将圆顶盖上的雨水收集起来，用于冲洗该建筑物内的卫生间。英国气候湿润，降雨频繁，这一系统平均每天能够收集100立方米雨水，成为欧洲最大的建筑物内的水循环设施。

澳大利亚将低影响开发理念与传统的城市设计结合，提出水敏感城市设计（WSUD）的理论与方法。这一理论强调节水、净水、降低水污染和循环用水，将城市雨洪管理、污水治理、城市供水和城市景观设计结合起来，在进行城市降雨径流管理的同时进行水质净化，创造更为安全高效的水循环系统，保护自然水系统。澳大利亚气候干旱，水资源总量较少，但人口数量也较少，2016年统计只有2413万人，因而其人均水资源占有量较多，但分布极不平衡，东部沿海和部分区域气候湿润，中部和西部十分干燥，加之经济发展导致对水资源过度开发、河流的水质恶化、地下水不合理开采等问题使澳大利亚在20世纪90年代出现了水质危机。20世纪90年代，墨尔本率先提出水敏感城市的理念和措施，通过对传统排水系统进行改造，并重新整合城市的规划设计，将城市雨洪管理、供水、污水管理进行综合，实现城市的雨水综合利用；整合城市雨洪管理和景观设计，在景观设计中置入雨洪管理的技术和方法；在城市中的各种建筑、广场、绿地、道路等都设置雨水渗透、收集、储存、滞留、净化和再利用的设施设备，将城市降雨的雨水分流净化存储，以减少城市洪水的危险，同时解决城市各种用水的需要。新西兰的低影响城市设计与开发（LIUDD）理念与澳大利亚近似，都是在借鉴低影响开发管理理念的基础上结合本国具体实际情况实施的城市雨洪管理，不同的是新西兰不像澳大利亚那样水资源紧张，因此其管理更为关注水环境的优化，强调对城市雨水进行综合治理，减少水污染，改善自然环境。

德国的城市雨洪管理位居世界前列，在60年代就已经在铺路时使用透水材料，1989年就已经制定了雨水管理和利用设施标准，对城市住宅区、商业区和工业区的城市雨洪处理设施进行统一设计规划，统称为洼地—渗渠系统（MR）。德国城市主要通过三种方式进行城市雨洪管理：一是建筑物外表雨水集蓄系统，尤其是在屋顶设置雨水收集系统，如慕尼黑国际展览中心在设计建造时就在其地下设置了一个地下蓄水池，下雨时可以将屋顶的雨水收集起来，输送到附近的人工湖，如果遭遇暴雨，人工湖无法承受大量雨水的情况下地面渗水系统就会发挥作用，将雨水经过滤后流入地下水系统；二是雨水截污与渗透系统，通过各种排水渗透设施将道路雨水通过下水道排入沿途大型蓄水池或通过渗透补充地下水，如汉诺威的康斯伯格城区就建造了完备的分级式雨洪管理系统，一般降雨时，雨水经过渗滤沟、坡地绿道、小型雨水滞留区收集净化后深入土壤，下暴雨时，这些初级设施无法承受大量降水，溢出的雨水会经由滞留绿道流入东区的大型滞留区中；三是生态小区雨水利用系统，在小区沿排水道修建植有草皮的渗透浅沟，使雨水可以渗入地下，多余的雨水可以流入蓄水池或人工湿地。德国的相关法制建设也十分完善，早在1957年，德国就颁布了《联邦水法》，对水资源保护作出一系列规定，该法在2009年进一步修正；德国还出台了《用水规划法》，对于水源保护和利用、废水处理、防洪地下水监测等作出明确规定；1975年德国通过了《水平衡管理法》，确定了水资源管理的联邦法律框架，2009年新修订的《水平衡管理法》融合各州的相关立法，对于国家和地方水管理立法权限作出规定；同时德国还将欧盟的《水框架指令》《地下水指令》《饮用水指令》的内容融合进来，将欧盟相关法律转化为国内法；1976年德国出台了《污水排放费用法》，向排放污水的企业征收污染税，2000年将雨水费和污水费分离，2005年对该法进行修正，将雨水排污费用定为每立方米2.28欧元，这笔钱专门用于城市雨洪设施的改造，全面系统的法律法规能够确保城市雨洪管理的有效实施。

亚洲的日本和新加坡城市雨洪管理也颇有特色。日本是个岛国，人口众多，虽然降雨并不缺少，年平均降水量达到1800毫米，但降雨分布不平衡，人均水资源较为短缺。因此，日本从20世纪80年代开始转变管理理念，对城市雨洪由原来的快速排放转为综合利用，制订“雨水贮存渗透计划”，在城市中和河道旁设置雨水储存设施回收雨水，同时利用生物渗透技术使雨水渗透进土壤后进入地下水系。1992年，日本通过立法将透水路面、雨水渗透、雨水收集和净化等城市雨洪管理设施列入城市建设规划内容，尤其重视小型的雨水收集渗透和利用系统的普及推广。日本在城市中建设了为数众多的雨水渗透收集绿地，称为“雨庭”，其类似美国的雨水花园，都是尽量用自然方式来进行雨水的渗透、净化和回收。这些雨庭一般面积较小，造价低廉，设置于城市建筑角落、广场四周、停车场旁边或者私宅的小花园中，设计为下凹式，下雨时可以将附近不透水路面的雨水引流过来，经土壤渗透净化后储存，超过存储量的多余的雨水可以从管道排放。这种见缝插针、短小灵活的雨庭对于改善水资源十分有效，因而得到日本政府的大力支持，给予经济补贴，小型雨庭储水罐可以得到最多4万日元的补贴，中型的可以得到30万日元的补贴，因而在民间广泛普及。[①]除了灵活的城市雨庭以外，日本耗费巨资修建大型雨洪管理设施，如在埼玉县春日部市16号国道地下50米修建了东京外围排水系统，由直径10米总长6.3公里的排水管道、5个直径30米深60米巨大的蓄水池和巨型调压水池组成，整个工程投资2400亿日元，耗时14年完成，总蓄水量67万立方米，既可以在暴雨时快速排放降雨，防止城市水灾，又可以

---

① 赖文波、蒋璐、彭坤焘：《培育城市的海绵细胞——以日本城市“雨庭”为例》，《中国园林》2017年第1期。

存储降水以供城市的各种用途。新加坡虽然降雨充沛，但因为缺少雨水回收设施，大量雨水流入大海，导致水资源短缺，50% 的淡水需要从马来西亚进口。2006 年，新加坡提出“ABC 计划”（活跃、美丽、洁净水源计划），计划到 2030 年在岛内完成 100 个雨洪管理项目，实现城市雨洪的有效排放和利用，尤其是要有效存储和净化降水以缓解水资源紧张。该计划分为集水区、水处理和水输送存储三个方面，集水区是在岛上建立东部、中部和西部三个集水区，占全岛总面积的 90%，力争 2060 年实现水源全面自给自足；水处理就是用生物土壤工程技术来进行雨水渗透储存和回收，同时大力进行生态建设；水输送存储就是建构新加坡的水网络，包括 17 座水库、32 条河流和 8000 公里长的排水沟渠。[①] 此后又发布硬性指令，要求各个项目必须能够有效储存和利用雨水，25%—35% 的雨水必须能够回收利用，尤其是提供给城市水景观使用。目前，新加坡的雨洪管理项目已经完成了 60 多项，建成 17 个水库，可以提供 30% 的日常生活饮用水。城市景观和雨洪管理综合项目滨海湾花园、碧山宏茂桥公园等已经基本完成，成为现代城市设计和水资源优化的典范。

二　国外城市雨洪管理对中国的启示和借鉴

中国是水资源严重短缺的国家。根据水利部 2017 年统计，我国水资源总量为 28761.2 亿立方米，其中地表水 27746.3 亿立方米，地下水 8309.6 亿立方米。[②] 中国的水资源占世界总量的 8%，位列世界第六，但中国的人口占世界总人口的 22%，加之经济高速发展，城市化进程不断加快，各种用水需求不断增长，同时水资源南北分布不平衡，因而人均水资源占有率极低，属于缺水国家。为了解决城市洪水和水资源短缺问题，中国政府开始逐步提出城市雨洪管理即海绵城市建设的计划，并付诸实施。

2003 年，北京市颁布《关于加强建筑工程内雨水资源利用的暂行规定》，要求建设工程中应对雨水进行就地收集、渗透、储存后再利用。

---

① 刘晔：《ABC 全民共享水计划海绵城市在新加坡》，《城乡建设》2017 年第 5 期。

② 《2017 年中国水资源公报》，中华人民共和国水利部网站，http://www.mwr.gov.cn/sj/tjgb/szygb/201811/t20181116_1055003.html，2018 年 5 月 6 日。

2012年“7.21”水灾之后，中央开始重视城市雨洪管理。2013年12月，中央召开城镇化工作会议，确定了“建设自然存积、自然渗透、自然净化的海绵城市”的目标，使城市雨洪管理更加明确化。2015年4月，国家海绵城市试点建设项目启动，30个城市成为首批试点地区，其中2015年试点城市为武汉、厦门、重庆等16个城市，2016年试点包括北京、天津、上海、福州等14个城市。[①]同年10月16日，国务院发布《关于推进海绵城市建设的指导意见》，将海绵城市的雨洪管理分为生物土壤渗透、降水滞留、降水储存、净化、利用和排水六个环节，要求各地最大限度减少城市开发建设对生态环境的影响，采取各种措施将70%的雨水合理排放和利用；到2020年，各试点城市20%以上面积达到海绵城市标准，2030年达到80%。[②]2017年中国政府对海绵城市建设表现出前所未有的高度重视，2月4日和6日，国务院先后出台的《国务院关于印发全国国土规划纲要（2016—2030年）的通知》和《关于促进开发区改革和创新发展的若干意见》，明确提出推进海绵型城市建设和海绵型开发区建设；3月5日，李克强总理在《政府工作报告》中提出要建设2000公里以上的城市地下综合管廊，以此推进海绵城市建设；5月17日，发改委和住建部联合下发《关于加强生态修复城市修补工作的指导意见》，要求各地投入资源，对山体、水体和废弃地进行系统修复，将城乡绿地有机融合，推动城市生态建设。由此，海绵城市建设在中国广泛开展起来。

在30个试点城市建设中，上海、福州等地较为突出。上海计划到2020年建成200平方公里海绵城市区，新建地下隧道和污水管网2020公里；其中重点工程是苏州河深层排水调蓄管道系统，总长15.3公里，深57—70米，可以增加100万立方米的有效雨水调蓄库容，可应对100年一遇的强降雨；以临港新城为中心进行城市雨洪管理设施建设，进行低影响开发、生态保护和生态修复综合建设，通过人工湿地、闸坝等进行水质

---

① 钱颖佳、沈雨佳、Ana Budimir Malin Hedlund：《2018中国海绵城市建设白皮书》，Media Analytics Ltd 2018年版，第4页。

② 《关于推进海绵城市建设的指导意见》，http://www.gov.cn/zhengce/content/2015-10/16/content_10228.htm, 2018年7月3日。

优化。福州市的目标是重点整治43条黑臭水体，将其打包成7个PPP项目（Public-Private-Partnership项目，即政府与社会资本合作）签约承包给中国水环境集团、北控水务等水务公司，其中鼓楼区1个项目投资16亿元人民币，晋安区2个项目投资35.23亿元人民币，仓山区4个项目投资54.25亿元人民币等，采用源头截污、清淤疏浚、水质净化、清水补给和生态修复等手段进行综合治理。天津计划建成2个海绵城市试点区域和156个示范片区，到2020年建成再生水供水管网443公里，再生水利用率达到30%以上，其核心项目中新生态城是天津与新加坡共建，占地30平方公里，以雨水收集和再利用为主，设置专门泵站进行降雨处理，每年雨水再利用量达到570万立方米，雨水净化再生水已经占到整个生态城供水的52%。①

尽管中国的海绵城市建设已经初见成效，但还是存在若干问题，如法律体系不健全、资金来源比较单一、社会参与度较低、信息处理方式落后等问题，需要进一步借鉴先进国家的措施和经验。

（一）建立健全完备的城市雨洪管理的法律法规，使海绵城市建设能够有法可依

目前中央和各试点城市已经推出了一系列技术规范标准，如《海绵城市建设技术指南》《海绵城市建设国家建筑标准设计体系》《海绵城市国家建筑标准设计图集》《城市排水工程规划规范》《建筑与小区雨水利用工程技术规范》等，但还缺少全面系统的、具有强制执行力的法律法规体系。前文已经述及，发达国家一般都有比较完善的法律法规，如美国先后颁布了《联邦水污染控制法案》《清洁水法案》《水质法案》，并且不断进行修正和完善；德国有《联邦水法》《用水规划法》《水平衡管理法》《污水排放费用法》等，还将欧盟的《水框架指令》《地下水指令》《饮用水指令》及时转化为国内法，为海绵城市建设提供法律依据；日本政府先后颁布了《水质污染防治法》《新河川法》《下水道法》《工厂排水限制法》《水资源开发促进法》《环境基本法》等一系列法律法规，对雨洪管理和海绵城市

① 钱颖佳、沈雨佳等:《2018中国海绵城市建设白皮书》，第16—22页。

建设作出了详尽的规定。我国目前相关法律主要有《水法》《环境保护法》《水土保持法》和《水污染防治法》，相关法规有《中华人民共和国城市供水条例》《中华人民共和国河道管理条例》《城镇排水与污水处理条例》，还有一系列指导办法，但缺乏一部专门的城市雨洪管理和海绵城市建设的法律，已有的法律也不够细致全面。应该在不断完善现有法律的基础上，制定一部专门的相关法律，对城市雨水利用、建筑物雨水收集设施配套、海绵城市建设绩效评估、政府与社会资本合作等作出明确细致的规定，以推动城市雨洪管理和海绵城市建设的进一步发展。

（二）开拓更为广泛的融资渠道，为海绵城市建设夯实经济基础

我国的海绵城市试点建设需要大量的资金投入，而我国目前这方面主要是依靠政府拨款和 PPP 项目。政府拨款主要包括中央和地方拨款，其中中央重点扶持 30 个试点城市，三年内，对直辖市每年拨款 6 亿元，省会城市每年 5 亿元，其他城市每年 4 亿元。[①]2015 年 10 月中央下发文件《关于推进海绵城市的指导意见》，要求地方政府要给予海绵城市建设财政支持。但是政府拨款远远不能满足海绵城市的建设需求，根据统计，海绵城市建设每平方公里成本大概为 1 亿元人民币，如果有高科技设施投入还会更高。[②] 而截至 2018 年，第一批海绵城市试点共 3644 个项目，计划投资 1356.58 亿元，其中已经启动 839 个，完成投资 423.71 亿元，还需投入 932.87 亿元以启动剩余项目。第二个资金来源就是 PPP 项目，即政府和社会资本合作，就像前文提及福州市一样，政府把相关项目外包给企业，企业在既定时间内进行项目建设、经营和管理，可以向使用者收取费用以获得经济效益。政府鼓励社会资本参与城市雨洪管理项目，对其给予 10% 的奖励。目前 PPP 计划是海绵城市建设的重要资金来源，但由于海绵城市建设项目多为公共设施和公益项目，很难获得能够吸引企业的经济效益，加之政策法规不到位、组织管理不善等因素，导致 PPP 项目在整个海绵城市建设中还未能发挥应有的作用。应该学习借鉴西方先进经验，开拓更

① 《关于开展中央财政支持海绵城市建设试点工作的通知》，财政部网站，http://www.mof.gov.cn/was5/web/czb/wassearch.jsp, 2019 年 5 月 2 日。

② 钱颖佳、沈雨佳等:《2018 中国海绵城市建设白皮书》，第 32 页。

广的资金渠道，如使用者付费、市场交易、风险债券等。德国向企业和家庭征收雨水排污费，这一费用比水费平均高 1.5 倍，而对采用雨水处理设备的家庭免收，以此鼓励企业和家庭设置雨水回收和净化利用设施，虽然这些设施需要资金投入，但总体来说比缴纳排污费更为经济，而且国家对于企业和家庭的水净化措施还有补贴，由此将全社会都动员起来参与城市雨洪管理。美国华盛顿供水和污水管理局（DC Water，以下简称管理局）于 2016 年创造性地发行了“环境影响力债券”，在这一模式下，城市雨洪建设经费由管理局提供，而设施的运营管理则是管理局与投资机构（高盛和卡尔弗特基金会）共同承担。如果年终评估运营绩效高于预期，管理局向投资机构支付 2500 万美元服务费和 330 万美元绩效费；如果符合预期，则只支付 2500 万美元服务费；如果低于预期，则支付 2170 万美元服务费，投资机构向管理局支付 330 万美元风险平摊款项。由政府机构和投资机构共同承担运营风险，有利于调动投资机构对项目运营的积极性，确保雨洪管理能够持之以恒。除此之外，管理局还效仿碳排放交易机制，设立雨洪信用额度交易市场，将开发商超额滞留的雨水转化为交易额度，在市场进行交易获利。[①] 洛杉矶自 1993 年开始向市民收取雨水排放费，每户 23 美元，这为政府带来每年 2860 万美元的收入，用来支付城市雨洪管理建设和设施维护的费用，2008 年这一费用上涨到 33.81 美元。华盛顿则按照居民区和非居民区的不同标准来收取雨水排污费。[②] 总体来说，西方的城市雨洪管理资金除了政府投资和补贴之外，还有雨水额度交易、水资源债券、雨水费等多种形式，拓宽了城市雨洪管理的资金来源，值得我们学习借鉴。

（三）动员全社会参与，加强城市雨洪管理的教育和推广

城市雨洪管理和海绵城市建设是跨学科、跨行业的大型系统工程，需要全社会的参与；这一项目也涉及全社会和广大民众的利益，需要得到全社会的支持。我国目前的城市雨洪管理还处于工程建设的初级阶段，主要

---

① 钱颖佳、沈雨佳等:《2018 中国海绵城市建设白皮书》，第 29 页。

② 满莉、毛伊娜:《中国海绵城市建设商业模式研究》,《地方财政研究》2016 年第 7 期。

由政府主导，广大民众对此知之甚少，甚至部分民众并不支持，因而需要学习借鉴国外的先进经验。这一点新加坡的ABC项目做得较好。从一开始实施，ABC项目就不是一个简单的雨水收集净化工程，而是全社会广泛参与的环保防灾和美化环境的计划，更为关注水资源系统对城市发展的意义以及水系统与社会公众的互动。该项目包括专业技术指导原则、项目认证机制、专业人才培养和公众参与教育四个子系统：专业技术指导原则即《ABC水项目设计指南》，2009年6月第一次出版，此后多次修订再版，2018年7月的第四版中增加了水系统工程施工管理和维护的新内容，其内容具体包括项目概述、总体目标、项目指南、具体计划与设计、建筑物设计标准、认证体系、专业人才培养、具体案例等内容，对ABC计划的具体内容作出了详细阐述。项目认证机制是将活跃、美丽、洁净和创新作为四个得分项目，前三项每项满分30分，创新项满分10分，其中活跃项下共包括6个评分指标，包括设施的便利性、安全性、可维护性、公众的使用和社区参与度等，每个5分；美丽项下包括建筑工程美化和整体绿色环境美化两个子项目，其中建筑工程美化包括利用生物技术改善水系统、天台设计、墙面设计，生物技术改善水系统10分，其他各5分，整体绿色环境美化要求用植被、蝴蝶、鸟类等进行环境美化；洁净项目下分为雨水排放和收集再利用，雨水排放一项中，能够用ABC系统将35%的雨水径流排放的得20分，能够排放11%—35%的得15分，10%以下的5分，收集再利用10分；创新共10分，包括在雨水渗透设施、雨水滞留设施、灌溉系统、杂物存留、雨水处理等方面的创新设计。通过认证需得分45分以上，65分以上可以得到ABC项目证书，这是获批新加坡建筑局“绿色标记”认证的必要条件，也成为ABC项目得以推广的有效激励措施。[①] 新加坡十分重视专业人才培养，从2011年开始新加坡建筑师协会、景观设计师协会、工程师协会、国家公园局等部门发起ABC项目专业人才培训考核项目，课程主要包括4个核心单元：ABC水系统设计和

---

① PUB Singapore, *The ABC Waters Design Guidelines(4th edition)*，2018，pp.66-69. 新加坡公用事业局官网：https://www.pub.gov.sg/Documents/ABC_Waters_Design_Guidelines.pdf, 2019年5月8日。

认证概况，雨水质量管理—ABC 水系统的计划与设计，湿地与缓冲带的设计、建造和维护，生物滞留洼地与滞留池的设计、建造和维护。完成以上 4 个核心模块和 2 个 ABC 水务系统专业选修模块学习的就有资格注册进入 ABC 系统，截至 2018 年 3 月，已有 70 名设计师学习这些课程并顺利毕业，进入到新加坡 ABC 水系统相关机构工作。[①]ABC 计划非常重视与民众和全社会的交流和互动，以使人民更加了解城市雨洪管理并积极参与其中，为此，公共事务局发起了“水之友”活动，个人或组织均可参加，目前已有 300 多人参与这一活动，通过 ABC 水务网站或各种活动来了解这一项目。有关机构还组织面向公众的教育学习活动，截至 2018 年，已有 1 万多名民众参加了 10 场 ABC 水系统学习活动。他们积极联络河边沿岸的各个社区，发起“河边早餐”活动，邀请社区居民到河边享用免费早餐，同时感受海绵城市建设带来的环境改变，从而更为积极地了解和参与城市雨洪管理项目。ABC 还面向学生进行宣传教育并在学校进行雨洪管理，组织各种活动普及水务知识，例如伍德格罗夫中学就在公用事业局的协助下设置了两个雨水公园，既可以有效排放和利用校园雨水，又可以对学生开展雨洪管理的实物教育。新加坡政府也举办了一系列活动，如“ABC 水项目公共展”、新加坡世界水日等，增进公众对这一计划的认知和了解。综上所述，我们可以看出，新加坡的 ABC 水务项目是一个涵盖全国、面向整个社会，系统完善、认证合理并且注重与全社会互动、动员全社会参与的城市雨洪管理系统，值得我们学习和借鉴。

---

① PUB Singapore, *The ABC Waters Design Guidelines(4th edition)*, 2018, p.71. 新加坡公用事业局官网：https://www.pub.gov.sg/Documents/ABC_Waters_Design_Guidelines.pdf, 2019 年 5 月 8 日。

第五章 发达国家的台风巨灾保险及其借鉴

台风是气象灾害中造成死亡人口最多的，其造成的经济损失也十分惊人。根据中国气象局统计，2004—2013 年因灾死亡人口中 50.2% 死于台风，名列第一；同时台风还造成年均 534.5 亿元的经济损失，在各种气象灾害中名列第三，由此可见台风破坏性之强。[①] 除此之外，台风还会引发一系列次生灾害，以至于社会动荡，2005 年 8 月“卡特琳娜”飓风袭击美国，导致政府机关无法运作，整个新奥尔良陷入混乱，各种打砸抢事件频繁发生，造成灾害效应的扩大化。可见，台风的预警、应对和灾后恢复十分重要。我国濒临太平洋，有漫长的海岸线，是台风频发的国家，台湾、福建、广东、海南、浙江等地都是台风经常登陆的地区。根据统计，1949—2013 年，共有 456 个台风登陆中国，最多年份为 1971 年，共有 12 个台风登陆。改革开放以来，东部沿海地区经济发展较快，尤其是长三角、珠三角地区城市化进程很快，人口不断增加，社会财富不断积累，但抵御台风的能力还比较弱，而社会财富暴露性强，当发生突害时，生命和财产损失很大，如 2006 年的超强台风“桑美”造成福建、浙江、江西等省 665.5 万人受灾，483 人死亡，直接经济损失 196.6 亿元。近些年来，由于东部沿海经济发达地区的台风预警、应对和善后措施相对较好，因而台风造成的人员伤亡不断减少，但经济损失却不断上升。据统计，2004—2013 年台风造成的经济损失为年均 534.5

---

① 秦大河主编:《中国极端天气气候事件和灾害风险管理与适应国家评估报告》，科学出版社 2015 年版，第 158—160 页。

亿元，较 1984—2003 年增加了 340.3 亿元；因灾死亡人数年均 288 人，较 1984—2003 年平均数减少了 168 人[①]；各省份中，广东经济损失最大，占全国损失的一半左右，其次是福建、浙江等省，如 2014 年的台风“威马逊”在广东、广西、海南等省多次登陆，有 1100 多万人受灾，直接经济损失 384 亿元；2017 年台风“天鸽”给广东省造成的经济损失高达 119.22 亿元；2018 年 9 月超强台风“山竹”在广东登陆，中心风力 14 级，近 300 万人受灾，由于预警应对等工作较为得力，只有 5 人死亡，1 人失踪，经济损失 52 亿元。表 5-1 是 2001—2017 年登陆中国的台风情况。[②]

表 5-1　2001-2017 年登陆中国的台风情况

年份	登陆个数	农田受灾面积（千公顷）	受灾人口（万人）	倒塌房屋（万间）	死亡人口（人）	直接经济损失（亿元）
2001	9	2109.19	4037.55	24.61	201	311.62
2002	6	746.00	2265.42	6.21	59	95.39
2003	7	862.9	2989.00	3.19	61	103.80
2004	8	985.58	2216.17	8.54	196	242.17
2005	8	4453.30	7074.64	32.46	414	799.90
2006	6	2952.08	6623.28	47.80	1522	766.29
2007	7	2085.62	4226.05	8.07	62	297.70
2008	10	2310.20	3791.56	12.77	127	320.75
2009	9	1145.69	1943.56	2.54	43	190.90
2010	7	458.20	847.71	3.46	123	116.42
2011	7	653.71	1530.93	2.04	24	216.40
2012	7	3041.41	3082.91	8.82	45	645.03
2013	9	2870.68	4758.87	7.80	159	1249.88
2014	5	2396.63	2299.18	4.76	75	617.34
2015	6	1838.31	2536.04	1.93	29	685.52
2016	8	1446.38	1544.37	3.13	130	613.78
2017	8	331.69	491.82	0.26	18	337.51

① 秦大河主编:《中国极端天气气候事件和灾害风险管理与适应国家评估报告》，科学出版社 2015 年版，第 160 页。

② 国家防汛抗旱总指挥部、水利部:《中国水旱灾害公报 2017》，中国地图出版社 2018 年版，第 84 页。

台风对东部沿海地区的这种高经济损失、低死亡率的影响态势，要求我们在进一步做好台风应对的基础上，尽量减少经济损失，分担经济风险，因而需要进一步借鉴国外的有益经验，尤其是应该学习国外巨灾保险的措施和经验。巨灾保险，就是针对大型自然灾害而设定的保险种类。各国学者、各保险机构对巨灾的界定有所不同，学界往往从生命财产损失、影响面积等方面进行界定，如马宗晋将巨灾界定为死亡人数10000人以上，经济损失100亿元以上；[①] 美国学者盖德哈克将死亡人数超过1000人或受灾面积超过100平方公里界定为巨灾；保险业界则从保险赔付数量来界定，如标准普尔将其界定为保险赔付超过500万美元的灾害，美国保险服务局则将其界定为保险赔付超过2500万美元，等等。总体来说，巨灾一般发生突然、影响范围广、造成损失大，有时候仅仅依靠政府救灾款项和社会募捐难以进行有效的灾民赔付和灾后重建工作，因而需要巨灾保险来分担经济风险。台风，从其影响范围和损失情况来看，有的已称得上是巨灾，有的即使不是巨灾，但因为其财产损失巨大，也需要将巨灾保险纳入其应对措施。目前，发达国家的巨灾保险发展较为成熟，积累了丰富的经验，值得我们学习和借鉴，以期进一步发展和完善我国的台风应对机制，减少其带来的生命财产损失。

第一节　西方发达国家巨灾保险的类型和特点

目前西方发达国家的巨灾保险主要可以分为三种类型，第一种是政府型，政府在巨灾保险中担任主要角色，尤其是保险金的提供，保险公司一般只是负责保险的销售工作，这种模式主要是在大灾巨灾较为频繁、政府财政力量雄厚的国家，其代表为美国；第二种是市场型，保险公司在巨灾保险中承担重要角色，政府一般是“旁观者”的角色，只是负责做好消减灾害隐患、加强基础设施建设等工作，这种模式主要是在保险业发达、巨

---

① 马宗晋:《中国重大自然灾害及减灾对策（总论）》，科学出版社1994年版，第170—175页。

灾发生较少的国家，其代表为英国；第三种是合作型，即政府与保险公司进行合作，共同承担巨灾保险，这种模式往往是政府财政力量与保险市场都具有一定实力和水平但又不足以单独应对大灾巨灾的国家，其代表为新西兰和日本。以下我们就分别介绍美国、英国和新西兰的巨灾保险的运作和经验。

一　美国的政府型巨灾保险

美国是一个气候灾害频发的国家，洪水、龙卷风、地震、台风（美国称其为飓风）等都不断骚扰肆虐，其中飓风是主要灾害，每次飓风过境往往都会造成极大损失，如1992年的“安德鲁”飓风造成佛罗里达州180亿美元的损失，2005年的“卡特琳娜”飓风夺去了1800多人的生命。洪水也是美国的主要天灾，据统计，美国有超过3000万人口的居住区受到洪水威胁。因此，早在19世纪末，美国就已经开始尝试推行洪水保险，这一保险不仅仅是针对水灾，也包括经常会引发洪水的飓风。1895年和1896年，美国伊利诺伊州连续遭受重大洪灾，因而保险公司针对居住在密西西比河与密苏里河沿岸的居民推出了洪水灾害保险业务，但是，1898年的一场洪灾损失惨重，完全超出保险公司的赔付能力，此次尝试以失败告终。1927年，密西西比河爆发大洪水，7个州遭灾，518万公顷土地被淹没，70万人无家可归，这次严重洪灾导致多家保险公司无力偿付并因此破产。美国政府为此进行反思，认识到巨灾保险不是一般的商业保险公司所能承担的，应该由政府负责。

1955年，美国遭遇两次飓风袭击，损失极其惨重。为此，国会于1956年通过了《联邦洪水保险法》，确定由政府征收洪水保险保费，但巨灾保险仍然由保险公司负责，由于没有解决巨灾保险的责任问题，加之其他一系列因素，导致该法没有能够发挥应有的作用。1964年，阿拉斯加州发生9.2级地震，造成178人死亡，经济损失5亿美元；次年，美国又遭遇“贝特西”重创新奥尔良，造成近24亿美元的经济损失，无论是联邦还是当地政府均不堪重负，因此国家洪水保险计划再次提上议事日程。1968年美国通过《全国洪水保险法》，确定由政府承担洪水保险的赔付，标志着美国式的政府主导型巨灾保险制度创建。1969 年美国又制定了《国家洪水保险计划》，建立了国家洪水保险基金，金额为 40 亿美元。洪水保险主要包括河水水位上涨、强降雨及飓风过境而导致的洪水。1972 年，飓风“艾格尼斯”横扫美国东部地区，引发水灾，但是此时的洪水保险计划是自愿性质，因而投保的社区很少，全国只有不到 10 万份保单，大多数受灾民众没有购买保险，因而没有发挥应有的作用。为此，1973 年美国政府制定颁布《洪水灾害保护法案》，确定洪水保险由国家强制推行，受洪水威胁的地区必须以社区为单位强制投保，投保率必须达到 95%。强制措施收到了效果，截至当年年底，美国共有 15000 个社区签订了洪水保险协议，约 200 万个洪水保单生效。至 1997 年年底，美国已有 22000 个社区签订洪水保险单，其中 19000 个在洪泛区之内，共生成 380 万份洪水保单；这个数字到 2009 年增长到 600 万，2015 年则达到 1100 万。[①]1994 年美国出台《洪水保险改革法案》，2004 年又对其进行重大修改，由此，美国的政府主导型巨灾保险体制完全建立起来。据统计，1978 年至 2009 年期间，美国政府共强制销售 1.07 亿张洪水保险单，年均 335 万张，单张保单的平均保险额度为 12.9 万美元，为美国的洪水多发区单位和家庭提供 4329 亿美元的洪水保险保障。[②]

美国洪水保险计划（NFIP）由联邦紧急事务管理署（FEMA，以下简称管理署）统一运作管理。该机构成立于 1979 年 4 月 1 日，直接隶属于美国总统，负责对美国重大自然和人为灾害进行应急处理与协调指挥，具体包括灾害预警和应对、灾害事件管理和善后、综合减灾建设、救灾物资物流、巨灾保险管理运作等。联邦紧急事务管理署总部设在华盛顿，下设联邦保险减灾局、联邦消防管理局、应急准备与复原局、地区协调局信息技术局、外部事务局等 7 个机构，共有工作人员 2600 余人。2003 年 3 月

---

① Managing Floodplain Development Through the NFIP,p.2-4. 美国联邦紧急事务管理署官网：https://www.fema.gov/media-library-data/20130726-1535-20490-8858/is_9_complete.pdf, 2018 年 7 月 8 日。

② 《美国洪水保险制度》，http://www.sinoins.com/zt/2014-05/08/content_109176.htm, 2018 年 7 月 8 日。

1日，联邦紧急事务管理署并入美国国土安全部（DHS），此后，应对恐怖袭击和大规模杀伤性武器也成为联邦紧急事务管理署的任务之一。联邦紧急事务管理署在美国各地设立10个分部，分管美国10个区域的重大灾害管理：第一分部设在波士顿，负责康涅狄格、马恩、罗得岛、佛蒙特、马萨诸塞5个州和新汉普赛郡的重大灾情和大灾巨灾保险；第二分部设在纽约，管辖纽约、新泽西等州郡的紧急灾情；第三分部设在费城，负责弗吉尼亚、马里兰、特拉华州和华盛顿特区；第四分部设在亚特兰大，管辖亚拉巴马、佐治亚、佛罗里达、密西西比、田纳西、肯塔基州；第五分部设在芝加哥，负责亚特兰大、伊利诺伊、威斯康星等6个州；第六分部设在丹顿，负责得克萨斯、路易斯安那等5个州；第七分部设在堪萨斯城，负责堪萨斯、艾奥瓦等4个州；第八分部设在丹佛，负责蒙大拿、科罗拉多等6个州郡；第九分部设在奥克兰，负责亚利桑那、加利福尼亚、夏威夷等州郡；第十分部设在博赛尔，负责阿拉斯加、爱达荷等4个州。[①] 这样按区域分工，有利于对重大灾情快速做出反应，有效开展应急管理。

美国的洪水保险正式开始实施是在1981年。美国政府与保险公司签署了“Write Your Own”计划（自行签单计划），根据该计划，此后商业保险公司不再参与巨灾保险经营与运作，也不负责灾害赔偿，只是利用其营业网点来销售保险并代替政府收取保险费，扣除一定的佣金收入后将保险费交给政府。目前全美共有200多家保险公司参与这一计划。政府对洪水保险运营的主要步骤是：

第一，利用国家拨款和收缴的保费建立洪水保险基金。前文已经提及，这一基金最初为40亿美元，后增加至100亿美元。管理署要在没有灾害的时候利用基金进行投资，并开发出巨灾期货、巨灾期权、巨灾债券等金融衍生品，以此确保洪水基金的保值和增值，以应对通货膨胀等因素的影响。值得一提的是巨灾债券。相对于巨灾期货和巨灾期权，巨灾债券基差风险低，市场稳定性高，投资收益较高，很受投资者欢迎。1992年，芝加哥期货交易所开始从事巨灾债券交易，1996年进入高峰时期，1997—2005年，

---

① 美国联邦紧急事务管理署官网：https://www.fema.gov/about-agency, 2018年7月9日

美国共发行了106.74亿美元的巨灾债券，其中52.3亿美元为台风债券，为政府应对大灾巨灾，进行保险赔付提供了资金。如果遇到特别重大灾害，基金出现不足，可以向美国财政部借款，但不能超过15亿美元，2005年的“卡特琳娜”飓风造成经济损失2000亿美元，美国的巨灾保险也捉襟见肘，15亿美元的借款额度也很快用完。因此，2008年开始，这一借款额度增加到35亿美元。发生特别重大灾害时，管理署还可以向国家申请特别拨款，因此，美国洪水保险的赔偿能力是不存在问题的。

第二，建立基金后，管理署对洪水保险的内容加以确定：

1. 进行保险区分，即根据发生洪水的概率来进行地域划分，共6个级别，见表5-2[①]：

表5-2　美国洪灾保险区域等级划分

级别	标准
A	100年一遇洪水范围（按照自然状况、河流情况、防洪设施、减灾建设的不同程度分为A、A1—30、AE、AO、AH、A99、AR共7个级别）
V	易受台风、海啸影响的沿海地区
B	100年一遇到500年一遇之间 100年一遇区域中水深小于1英尺的 100年一遇区域中集雨范围小于1平方英里 超过100年一遇防洪标准堤防的区域
C	500年一遇洪水范围
X	500年一遇洪水范围以外地区
D	洪泛区以外地区，有可能发生洪水

确定标准后，根据不同区域收取保费的数额也不同，风险高的地区收取保费相对较高。

2. 确定保险对象和赔付上限。美国洪水保险只对家庭和小型企业进行承保，分为一般财产保险单、住宅保险单和住宅公用建筑联合保险单三种；美国洪水保险计划不承保大型企业，大型企业如需承保需到商业保险

① Managing Floodplain Development Through the NFIP, pp.3-33. 美国联邦紧急事务管理署官网：https://www.fema.gov/media-library-data/20130726-1535-20490-8858/is_9_complete.pdf, 2018年7月9日。

公司办理。美国的洪水保险有赔付上限，一般来说，居民住宅保险额度在25万美元以内，室内财产上限为10万美元，承保范围还包括面积不超过10%的建筑附属物；小型企业的建筑物保险额度上限为50万美元，室内财产上限为50万美元。在赔付限度之内的，全额赔付，同时还承保一定范围内的灾后重建费用。

第三，发生重大灾情时进行赔付。美国的洪水保险自其正式建立开始，就在巨灾赔付中发挥了重要作用。据统计，1978—2010年间，美国洪水保险计划为98次水灾和飓风提供赔付，累计赔付317亿美元。[①]其中比较大数额的赔付主要有：1989年的“雨果”飓风，赔付3.74亿美元；1992年的“安德鲁”飓风，赔付1.63亿美元；1993年西部洪水，赔付2.6亿美元；同年的三月风灾，赔付2.08亿美元；1994年的休斯敦水灾，赔付1.92亿美元；1995年的“路易斯安那”飓风，共赔付5.82亿美元；2005年“卡特琳娜”飓风赔付最多，达到161.7亿美元。[②]

除了美国国家洪水保险计划外，一些经常受到飓风侵袭的地区，如佛罗里达州，也建立了本地的飓风巨灾基金，成为对洪水保险的有效补充。总体来说，以美国为代表的政府主导型巨灾保险的优点在于：首先，保险由政府赔付，财政上有可靠保证；其次，保险由政府强制推行，覆盖范围广；最后，政府承办保险不以营利为目的，因此保险对于民众有很多优惠政策，最多可以享受45%的折扣，这样可以减轻群众的经济负担。其缺点主要是使政府背负上过重的财政负担，例如，2017年飓风“哈维”“艾玛”和“玛利亚”连续袭击美国，造成重大人员伤亡和财产损失，财力雄厚的美国洪水保险也已经无力赔付。为此，管理署不得不向美国财政部借款58.25亿美元，使其总债务达到了304.25亿美元。为了挽救其财政危机，美国国会于同年10月决定免除其中的160亿美元的债务。[③]为此，此

---

① 《美国洪水保险制度》，http://www.sinoins.com/zt/2014-05/08/content_109176.htm, 2018年7月9日。

② Managing Floodplain Development Through the NFIP,pp.2-7. 美国联邦紧急事务管理署官网：https://www.fema.gov/media-library-data/20130726-1535-20490-8858/is_9_complete.pdf, 2018年8月3日。

③ 李仁真、戴悦：《海洋巨灾保险制度的模式比较与选择》，《边界与海洋研究》2018年第5期。

前从来没有实施再保险的美国洪水保险也与25家保险公司签订再保险协议，以此分担风险并增加赔付额度。

二 英国的市场型巨灾保险

英国是世界保险业的发源地，1688年成立的伦敦劳合社是世界第一家保险公司。目前，英国的保险业十分发达，其非寿险再保险市场排名世界第三，非寿险市场排名世界第四，可见英国的保险业历史悠久，实力雄厚。同时，与美国相比，英国的大灾巨灾并不频繁，其造成的损失尚在保险公司能够承担的范围之内，因此英国采取了市场型的巨灾保险体制，采取类似方式的还有德国、挪威等国。1961年，英国政府与英国保险协会签订了一份“君子协议”，确定了政府在巨灾保险体系中的职责主要是进行防洪工程建设、提供巨灾风险评估和灾害预警、编制洪水风险图等，以此来减少洪水及其他气候灾害的损失，将其控制在商业保险公司能够承担的范围之内。2000年，英国发生了有史以来最严重的洪灾，700多个城镇遭灾，保险公司赔付达到惊人的13亿英镑。这次洪灾不仅引发了公众的高度关注，也让保险业界看到了政府在防洪设施建设的政策措施方面力度不够。为此，2002年英国保险协会颁布了《洪水保险供给准则》，要求政府必须根据其制定的具体标准进行防洪设施建设，最低要能承受75年一遇的洪水，还要求政府及时提供有关洪水风险水平和防洪设施建设的准确信息，否则各保险公司将拒绝承担洪水保险。在这一准则的基础上，英国政府与保险协会于2008年重新签署协议，商业保险公司承保范围有所扩大，不仅包括高洪水风险区域的家庭和小企业，还包括那些发生洪水的概率不超过1.3%的低风险地区的家庭和小企业，而英国环境署则要不断改进防洪减灾计划，不断完善防洪设施，并及时告知英国保险协会洪水风险降低的情况。[①]

英国的洪水保险主要由英国保险协会下属的250余家保险公司承办，

① Revised statement of principles: flood insurance provision. 英国环境署官网：https://assets.publishing.service.gov.uk/government/uploads/system/uploads/attachment_data/file/183402/sop-insurance-agreement-080709.pdf, 2018年8月3日。

包括制定保险条款、保险费等事项，销售保险，对灾区进行赔付等。保险销售也不像美国由政府强制推行，而是客户自愿购买，但是其采取的是一种“强制”捆绑式的保险，即要求居民在购买财产保险时必须购买包括洪水保险在内的自然灾害保险，只有在洪水发生概率小于1.3%的地区，保险公司才会开展单独的洪水保险业务，居民可以购买专门的洪水保险，而不需要购买这种捆绑式的保险。这种方式有效降低了居民购买洪水保险的支出，降低了保险公司的风险。英国的商业保险公司没有政府财力支持，其收入主要来自保费、投资和再保险的赔付，因此再保险在英国的巨灾保险中地位十分重要，可以分担保险公司巨灾保险的风险和负担。再保险也是由商业保险公司提供，2016年4月，洪水再保险公司（Flood Re）成立，这是一家专门为承担洪水保险的保险公司提供再保险业务的公司，其客户只是保险公司，不包括普通民众和企业。洪水再保险的资金来自各保险公司向其缴纳的保费，以及每年收取的总计1.8亿英镑的费用。①

英国政府既不参与洪水保险的经营，也不承担保险责任，但也并非袖手旁观，其职责包括建设者和监督者两个方面：建设者就是进行防洪工程和设施的建设，以降低洪水风险，2004年开始，英国环境署开始对境内的2000多座水库进行安全排查，建立安全监督机制，落实水库责任制，定期提交安全评估报告；除此之外，还包括加强气候预报和信息化建设，及时对洪灾作出预警；制定洪水风险等级图，为洪水保险提供重要依据，2008年英国政府发布了第一代洪水风险图——《易受降雨淹没区域图》，2010年发布了第二代，2012年发布了第三代洪水风险图，此后定期更新完善，从而为商业保险公司提供承保依据。监督者就是英国政府对商业保险公司洪水保险的运作和赔付进行监督，1997年英国成立了金融服务局，负责对金融、保险等行业进行监督，英国保险协会也是重要的行业监督机构。

英国的市场型巨灾保险，同样是优缺点兼具，其优点在于：第一，这

---

① 英国保险协会官网：https://www.abi.org.uk/products-and-issues/topics-and-issues/flood-re/flood-re-explained/.

种体制可以充分发挥商业保险公司的专业优势，相比较而言，商业保险公司在保险产品设计、定价、损失勘测和赔付等方面比政府机构更专业，服务能力也更强，这种体制还有利于保险市场建设，尤其是再保险业务的发展；第二，这种体制可以减轻政府的财政负担，使其能够更好地发挥建设和监督职能，做好其预警、绘图、信息沟通、市场监管等工作；第三，对于投保客户来说，市场竞争使其能够自由选择更为满意的保险产品，获得更好的服务。其弊端在于：首先，商业保险公司实力有限，面对重大灾害有可能难以赔付，2016 年洪水再保险公司成立对此有所改善，但不能从根本上解决问题；其次，商业保险公司以盈利为目的，因而与政府相比，其对公众利益和经济承受能力考虑较少，其定价会使高风险地区的企业和家庭难以承担，这就与洪水保险和巨灾保险救助受灾民众的初衷有所背离；最后，市场型巨灾保险由投保人自愿投保，自主选择，这会在一定程度上降低巨灾保险的覆盖范围。

三　新西兰的融合型巨灾保险

新西兰位于环太平洋地震带上，是地震多发国家。为了降低灾害损失，新西兰建立了融合型巨灾保险，即政府和市场相互融合，共同发挥作用，其主要是地震保险。新西兰既没有美国政府那样雄厚的财力，也没有英国历史悠久的保险市场，因而其巨灾保险的运作方式与美国和英国均不相同，属于融合型，保险由政府、保险公司和保险协会共同承担、共同运作并共同赔付，日本等国也采取这种类型的巨灾保险。

1942 年，新西兰发生 7.2 级地震，损失惨重。为此，1944 年新西兰出台了《地震与战争损害法》，依据该法案，1945 年政府成立了地震与战争损害委员会来负责保险项目，由财政部部长兼任委员会主席，财政部向委员会提供 409 万英镑（约合 1000 万新元）作为自然灾害基金。[①]1993 年，新西兰政府制定颁布了《地震委员会法》，共 5 个部分，41 条，5 个

---

① EQC short history. 新西兰地震委员会官网：https://www.eqc.govt.nz/our-history/eqc-short-history-pre-2010，2018 年 8 月 3 日。

附件。根据法案规定，将原来的地震与战争损害委员会改组为地震委员会（Earthquake Commission，EQC），属于政府的官方实体组织，由5—9人组成；法案第1款第5条规定地震委员会的职能包括管理运行地震保险、依法收取保费、管理地震基金并通过投资使其保值或增值、依法获得全部或部分再保险、开展减灾的研究和教育等；根据该法案规定，地震委员会隶属于财政部，后者向前者拨款15亿新元作为自然灾害基金。[①]委员会现有6人，主席为格兰特·罗伯逊议员，他曾担任过新西兰政府的财政部部长、体育与娱乐部部长等职；副主席玛丽·简，曾任新西兰航空公司董事会副主席、国家保险公司执行总裁；其他成员包括米歇尔·库伦（曾任财政部部长、副总理）、艾莉森·奥康纳（曾任瑞士再保险、美世、麦肯锡等公司高管）、保罗·基萨诺夫斯基（曾任毕马威合伙人、新西兰红十字会董事）、托尼·费丽尔（曾担任多家金融公司高管）、艾丽卡·塞维利（地震灾害管理与恢复专家）。[②]地震委员会的成员来自政界、财经界、企业界和学界，构成十分合理。

地震委员会的资产主要来自基金和保费，居民一旦购买了保险，就需要每年缴纳60新元的地震保险费，由保险公司收齐后交给地震委员会；同时，地震委员会可以将自然灾害基金用于投资，并享受政府的优惠政策，其基金65%投资国内的债券等金融产品，35%投资海外的股票、债券等，目前其基金已经达到54亿新元。新西兰的地震保险实行限额保险责任，房屋最高投保额度为10万新元，2019年7月1日起增加到15万新元；[③]房内财产最高投保额度为2万新元，不包括汽车、珠宝、纸币、艺术品、证券、文件等。新西兰的地震灾害赔付由地震委员会、保险公司和保险协会共同承担，分为4个层面：灾害损失在2亿新元以下，由地震委员会赔付；灾害损失在2亿—7.5亿新元之间，由地震委员会和再保险公司

---

① Earthquake Commission Act 1993，http://www.legislation.govt.nz/act/public/1993/0084/latest/DLM305968.html, 2018年8月3日。

② 新西兰地震委员会官网：https://www.eqc.govt.nz/about-eqc/people/commissioners, 2018年8月3日。

③ 新西兰地震委员会官网：https://www.eqc.govt.nz/what-we-do/buidings, 2018年8月4日。

共同承担，其中再保险公司赔付40%，剩余60%由地震委员会赔付2亿新元，其余由保险公司赔付；灾害损失在7.5亿—20.5亿新元之间，就要启动超额损失保险进行赔付；损失超过20.5亿新元，则使用自然灾害基金赔付，如果赔付额超过基金额度，剩下的则由政府全部赔付。新西兰地震保险设定了免赔额，投保人需与保险公司共同承担一部分损失，免赔额为1%，最低限额为200新元，最多1125新元；[①]住宅和棚屋下边的土地、住宅周边8米范围的土地以及车道或通道60米距离的土地，可以连同住宅一起投保，免赔率10%，最低500新元、最高5000新元的免赔额。[②]

新西兰的政府与市场相结合的巨灾保险模式较为合理，既能够保持保险市场的活力，发挥商业保险公司的优势，减轻政府的财政压力，又可以用政府的财政来确保灾害赔付，使保险公司不会因为严重灾害而不堪重负，同时还通过基金投资提升了政府的理财能力，可谓一举多得。地震保险所设计的四级赔付机制，由地震委员会、保险公司和保险协会共同承担灾害赔付的压力，根据赔付金额的不同而确定不同的赔付方式，也很合理，使风险共同承担，从而确保能够对大灾巨灾提供及时赔付。近些年在新西兰的一些重大灾害中，地震委员会都发挥了重要作用，例如2013年7月21日新西兰库克海峡地区发生6.5级地震，灾后地震委员会支付了12000多份保险理赔；2014年1月20日新西兰依卡塔胡纳发生6.4级地震并波及惠灵顿等地区，灾后地震委员会受理了5013份保险理赔。[③]

第二节　国外巨灾保险对中国的启示与借鉴

中国是一个幅员辽阔、灾难频发的国家，尤其是地震、台风等巨灾均时有发生，因此，实施推广巨灾保险具有很重要的意义。中国的巨灾保险发展历程起落较大，虽然实施较早，但中间经历了很多风风雨雨。1951

① 新西兰地震委员会官网：https://www.eqc.govt.nz/what-we-do/contents, 2018年8月3日。
② 新西兰地震委员会官网：https://www.eqc.govt.nz/what-we-do/land, 2018年8月5日。
③ 新西兰地震委员会官网：https://www.eqc.govt.nz/our-history/event-timeline-1942-to-today, 2018年8月6日。

年政务院颁布了《关于实行国家机关、国营企业、合作社财产强制保险及旅客强制保险的决定》，这标志着中国开始施行巨灾保险制度。1959年，因为“大跃进”运动等因素的影响，所有保险业务均停止，巨灾保险也戛然而止。1976年的唐山大地震损失惨重，死亡25万人，直接经济损失100亿元。为此，1979年国务院决定重启各种保险业务，此后巨灾保险虽然有一定发展，但并不受重视。因为这一时期巨灾保险完全由保险公司承保，巨灾严重的损失所带来的高额赔付，是保险公司难以承受的。因此，1995年保险监督管理机构将地震保险从财产保险基本条款中删除，仅仅作为财产保险的附加险，保险公司不愿承保，受灾后赔付额度很低，一旦发生重大灾害，仍然是靠政府拨款和社会捐款，巨灾保险发挥的作用微乎其微，如1998年特大洪水经济损失2484亿元，保险赔付30亿元，仅占1.2%，而美国2008年“艾克”飓风经济损失80亿美元(500亿元)，保险赔付30亿美元(200亿元)，达到50%。

2008年5月28日，四川汶川发生8.0级地震，死亡69227人，受伤374643人，失踪17923人，直接经济损失8452.15亿元。巨灾带来的严重损失使巨灾保险开始受到重视并提上议事日程。2013年11月12日，党的十八届三中全会通过了《中共中央关于全面深化改革若干重大问题的决定》，确定“建立巨灾保险制度”；2014年3月5日，国务院总理李克强在政府工作报告中提出探索建立巨灾保险制度的目标；同年7月，深圳成为国内第一个巨灾保险试点城市。2014年8月13日，国务院出台《关于加快发展现代保险服务业的若干意见》，正式确定在国内建立巨灾保险制度，此后宁波、云南、四川、广东、黑龙江等地相继进行巨灾保险试点运行。从此后5年的运作来看，各试点地区基本上都是采取政府与市场结合型的巨灾保险，实施政府公共保险、商业保险和巨灾基金三结合的方式，其中深圳、宁波的巨灾保险发展较好，也很有特色。

深圳巨灾保险包括地震、台风、海啸、暴雨、泥石流、山体滑坡等14种灾害，由深圳市民政局与人保财险深圳市分公司合作，包括三个保险：第一个是政府承担的公共保险，深圳市政府每年出资3600万元，向保险公司购买巨灾保险，免费提供给民众，发生灾害时可以提供人均10

万元总额20亿元以内的人身安全保险、人均2万元总额2亿元以内的财产保险和人均2500元总额5亿元以内的紧急救助款，此后又增加了由15种自然灾害导致的住房损毁补偿，每户每次限额2万元，总限额1亿元；第二个是普通的商业保险，由居民自行向保险公司购买；第三个是巨灾基金，政府每年从保费中抽取一定数额建立巨灾基金，以应对超级巨灾所产生的超额赔付。2016年开始，深圳政府的合作对象改为一家保险公司为主、多家为辅的“共同保险体”，由国寿产险深圳分公司、太平洋产险深圳分公司和华泰财险深圳分公司组成的共保体中标，这种方式更有利于风险分担。

宁波的巨灾保险试点从2014年11月开始，由宁波市民政局与人保财险宁波市分公司合作，后来改为以人保财险宁波分公司为首、6家保险公司组成的共同保险体。宁波巨灾保险涉及台风、暴雨、洪水、泥石流等灾害，还包括见义勇为抚恤保险。宁波巨灾保险与深圳基本一致，由政府出资3800万元向商业保险公司购买巨灾保险，保险赔付额度为6亿元；2016年出资5700万元购买赔付额度为7亿元的保险，保险范围除自然灾害以外，还包括爆炸、火灾、踩踏等公共安全事件。宁波的巨灾保险在发生灾害时可以提供每人10万元的生命保险和每户2000元的财产保险，最高限额均为3亿元，还有每人10万元的见义勇为抚恤保险。除此之外，宁波的巨灾保险还有个人购买的商业保险和巨灾基金，后者是每年从保费中抽取500万元以作为应对重大灾害超额赔付的资金。

总体来说，在5年的试运行中，各试点都取得了一定的成就，为重大灾害的救灾工作贡献了力量，如2015年7月台风“灿鸿”袭击宁波，巨灾保险为5万受灾户提供了2900多万元的赔偿，此后又为台风“杜鹃”赔付近5000万元，2016年台风“莫兰蒂”袭击宁波，巨灾保险公司又为受灾群众赔付1593万元。在肯定成绩的同时，中国的巨灾保险试点工作中也暴露出若干问题，如法律不健全、赔付率较低、政府职能有待于进一步明确、风险机制不健全、商业巨灾保险发展滞后等问题，应该学习借鉴西方发达国家巨灾保险的经验。

一　应明确政府在巨灾保险中的职能，进一步发挥保险市场和商业保险公司的作用

目前我国的巨灾保险试点基本上都是采取政府市场结合型，这是一种比较适合中国国情的模式，中国的保险业尚处于初级阶段，据2017年统计，中国的保险密度为407美元，是美国（4096美元）的1/10，香港（3621美元）的1/9；保险深度为4.42%，远远落后于发达国家。[①]因此，中国的保险业界还不能独力承担巨灾保险，采取政府市场结合的方式是合适的。但是，目前政府对巨灾保险的介入方式是有问题的，各试点地区基本上都是政府全额出资购买保险，免费提供给民众，这固然是出于推动巨灾保险发展、确保群众利益的需要，但政府埋单的行为无疑会增加其财政负担，同时也不利于保险业的发展，使各参与巨灾保险的保险公司和民众形成对政府的依赖。上文介绍的美国、英国和新西兰，都没有类似的行为，即使像美国这样政府主导型的巨灾保险体制，政府也没有为民众埋单，而是使用强制手段要求民众购买巨灾保险，并给予一定的优惠，而像英国这样的市场主导型就更加不会由政府出资了，其自由市场经济的观念和原则也不允许这样的行为。因此，我们应该进一步明确政府在巨灾保险中的角色和职能，主要是制定并完善相关法律法规、做好防灾减灾设施建设、编制并不断修改灾情分级标准、有效运作巨灾基金使其不断增值、采取各种手段推广巨灾保险等，尤其是要不断提高民众的保险意识，之所以出现政府埋单的情况，主要因素之一就是民众的保险意识不强，不愿意自己出资购买巨灾保险，认为这样只是浪费钱，完全没有必要。政府应该不断进行宣传教育，提升民众的保险意识，或者也可以借鉴美国的经验，由政府在巨灾多发区强制性推行巨灾保险，同时制定合理的保险价格，使普通民众能够买得起，以此扩大巨灾保险的覆盖面。巨灾保险赔付高、风险高、保费低、保障低，因此很多保险公司不愿意承保，政府应该采取各种方式，例如给予优惠政策、税收减免等，来激发保险公司的积极性，推动

---

① 《2017全国保险密度、保险深度大揭秘》，http://www.sohu.com/a/227686189_99977576.

巨灾保险市场的发展。

二 建立健全巨灾保险的法律法规体系

西方发达国家基本上都有较为完备的巨灾保险法律法规，例如美国有1956年出台的《联邦洪水保险法》、1968年的《全国洪水保险法》、1969年的《国家洪水保险计划》、1973年的《洪水灾害保护法案》、1994年的《洪水保险改革法案》及其2004年修正版，构成一个完备的体系；新西兰1993年颁布的《地震委员会法》以国家根本法的形式对巨灾保险的管理机构、保险内容、定险级别、赔付方式等都做了详细的规定；日本1966年颁布了《地震保险法》，之后又相继出台了《地震再保险特别设计法案》《地震保险相关法律》《有关地震保险法实施令》等一系列法律法规；土耳其、德国甚至美国加利福尼亚州、佛罗里达州都有自己的巨灾保险法律法规。我国的《保险法》于1995年6月30日八届人大十四次会议通过，随后经过了4次修订，最终于2015年4月24日正式颁布实施，该法共8章185条，均为关于保险的一般性规定，没有关于巨灾保险的内容。这种状况是与当前中国灾害情况和巨灾保险发展状况不相符合的，影响了巨灾保险的发展。为此，应该制定专项的巨灾保险法。中国比较频繁的巨灾主要有地震、洪水和台风，应该分别制定专项法律，即《地震保险法》《洪水保险法》和《台风保险法》，或者参考英美经验，把洪水与台风合并制定洪水保险法律法规。相关专项法中应该对巨灾保险的方式、运作模式、保险价格、保险限额、定险、赔付以及管理部门和保险公司的责任等方面做详细的规定，以作为巨灾保险由试点向全国实施推广的主要法律依据。

三 建立国家级巨灾基金，尝试发行巨灾债券

我国目前的巨灾保险试点地区虽然都已投入运行，也建立了巨灾保险基金，但资金数量很少，很难发挥其应有的作用，如宁波的巨灾基金为每年投入500万元，这点钱在动辄几十亿上百亿的巨灾赔付中无异于杯水车薪。纵观国外的巨灾保险，多数都有国家级的巨灾基金，也只有国家财政的雄厚实力才能够应对巨灾保险的赔付。例如，美国的洪水基金最初为

40 亿美元，后增加至 100 亿美元，均由财政部提供，基金管理者需要用基金进行投资，以确保其保值和升值，在遭遇大灾、基金无力承担的情况下，财政部会伸出援手提供借款；新西兰的自然灾害基金同样由财政部提供，经过其成功运作，已经从最初的 15 亿新元增值至 54 亿新元；等等。我国也应该借鉴这些经验，建立国家级的巨灾基金，同时地方也建立巨灾基金，作为国家基金的有效补充。除此之外，还应该尝试发行巨灾债券。巨灾债券是发达国家的一种巨灾资金募集和巨灾风险转移的有效方式，通过发行债券来募集防灾救灾资金，同时债券还可以作为金融衍生品进行交易，以此分散巨灾赔付的风险。与巨灾期货和巨灾期权相比，巨灾债券风险低，市场发展比较稳定，收益较高，用于投资较为理想。1984 年日本发行地震债券，这是第一个巨灾债券；1992 年美国发行巨灾债券，2005 年“卡特琳娜”飓风后，巨灾债券发行规模急剧增长，2006 年发行巨灾债券 46.9 亿美元，是 2005 年的 2.4 倍。其他发达国家也相继发行，截至 2010 年，世界范围内共发行巨灾债券 156 只，交易额 332 亿美元。我国保险市场尚且处于初级阶段，现有保险市场对巨灾的承保赔付能力不足；政府的财政状况也各不相同，多数地方政府能够用于灾后补偿的资金并不充裕，因此，发行巨灾债券以分散风险、募集资金，是一个很好的选择。2019 年 7 月 1 日，中国第一只巨灾债券在海外成功发行，由中国再保险集团发起，百慕大的 Panda Re 公司负责海外发行，募集资金 5000 万美元，这是一个很好的开端，应该予以推广。

四　推动再保险市场建设，完善风险分散机制

风险分散机制是巨灾保险的核心环节，巨灾保险一般赔付高、风险大，必须建立完善的风险分散机制，上文述及的巨灾债券就是风险分散方式之一，而更为主要的巨灾保险风险分散方式就是再保险。再保险，顾名思义，就是为保险公司提供保险，以此来分散保险公司的风险和责任，按照比例共同承担巨灾赔付。目前，发达的再保险市场主要在欧洲和美国，其年保费收入约 800 亿美元。欧洲是再保险市场最为发达的地区，拥有再保险国际 20 强中的 7 家，保费收入占全世界总保费的 60%。德国拥有欧

洲最大的再保险市场，其客户包括120个国家的2000多家公司，大型再保险公司有慕尼黑再保险公司、通用科隆再保险公司、汉诺威再保险公司等；瑞士再保险业务排名欧洲第二，瑞士再保险公司、苏黎世再保险集团、丰泰集团等均为跨国大公司，实力在全世界名列前茅。英国的再保险业务主要由劳合社和保险公司市场承担，其中劳合社是世界上享有盛名的保险公司，英国还在2016年成立了专业的巨灾再保险公司——洪水再保险。美国的再保险市场发展较晚，但实力很强，通用再保险公司世界排名第三，纽约再保险公司也跻身于世界再保险市场的前列。美国的巨灾保险中原本没有再保险，单纯依靠政府雄厚的财政实力和发达的资本市场来解决保险赔付，但近年来接二连三的巨灾尤其是飓风损失惨重，令美国政府也捉襟见肘，不得不与25家保险公司签订再保险合同。可见，再保险在巨灾保险中的作用十分重要。我国的再保险市场处于起步阶段，除去外资公司以外，目前共有10家国资再保险公司，包括中国再保险集团（中再集团）、太平再保险、人保再保险、江泰再保险、国寿再保险、人保再保险等，其中的一些公司如中再集团已经开展了巨灾保险的再保险业务。2018年中再集团成立了巨灾风险管理公司，主要业务为地震保险的再保险；2018年中再集团旗下的大地保险还参与宁波的巨灾保险，承保额2400万元，承保份额8%。[①] 但是，我国的再保险公司对巨灾保险的参与度还不够，再保险范围很小，再保险的法律法规也不够健全，应该高度重视再保险市场，进一步推动巨灾保险的再保险建设，不断完善再保险产品设计，使其成为巨灾保险的有效风险分散手段。

五　建立专门监管机构，促进巨灾保险的良性发展

发达国家一般都有专门的巨灾保险管理部门，如新西兰的地震委员会隶属于财政部，由政府官员、保险公司负责人、金融高管、灾害应对专家等组成，办事很有效率；美国则由联邦紧急事务管理署负责巨灾保险的管

---

① 《中国再保险（集团）责任有限公司2018年社会责任报告》，第35—36页。http://www.chinare.com.cn/zhzjt/resource/cms/2019/04/2019042608572731537.pdf，2018年10月3日。

理和运作，同时有国会和财政部的大力支持；英国的巨灾保险虽然是以市场为主导，但也成立了金融服务局来对保险市场和从业人员进行监管，保险协会也是主要的行业监管机构。我国目前的试点地区，如宁波和深圳基本上是由民政局负责管理巨灾保险。众所周知，民政机构事务繁多，很难投入人财物力对巨灾保险进行有效管理，而巨灾保险的投保和赔付较为复杂，涉及面广，应该成立专门的管理机构，在国务院银行保险监督委员会或生态环境部下设巨灾保险管理委员会，可由5—10人组成，应借鉴新西兰地震委员会的组成架构，由政府官员、相关公司高管和学者专家组成，专门负责巨灾保险的管理、巨灾基金的运营以及与相关部门的合作等，地方各级部门也应建立相对应的机构，以此推动巨灾保险的良性有序发展。

下篇　气候变化应对

第六章　联合国主导的国际气候变化治理的发展历程与效果

在上篇中，我们介绍了欧美国家在应对气候灾害方面的政策、措施与经验，而众所周知形成气候灾害的主要原因就是全球气候变化，尤其是温室效应。20 世纪是全球气候变化十分剧烈的一个世纪，根据政府间气候变化小组（IPCC）的第五次报告，从 1850 年以来，每 10 年的地球表面温度都比过去的 10 年更高，从 1880 年到 2012 年温度平均升高了 0.85 摄氏度；海洋温度升幅更高，1971—2010 年海洋上层 75 米海水每 10 年平均升温 0.11 摄氏度；温度升高导致海平面上升，这一现象自 19 世纪中期开始出现，进入 20 世纪上升的幅度更大，从 1901 年到 2010 年全球海平面平均升高了 0.19 米，大于过去 2000 年海平面上升的幅度。[①] 温度升高，尤其是海洋温度的升高是引发众多气候灾害的主要原因，例如台风就是由热带海洋温度升高形成热带气旋，进而演变为台风或飓风；海平面上升也会造成诸多自然灾害。科学研究证明，气温上升、海平面增高都与人类活动尤其是温室气体排放有直接关系。根据统计，从 1750 年到 2011 年人类排放到大气中的二氧化碳为 1730—2350 吉吨，一半是近 40 年排放的，其中大约 40% 留存在大气中，造成大气升温；约 35% 被海洋吸收，导致海洋

---

① Core Writing Team, R.K. Pachauri and L.A. Meyer (eds.), IPCC:*Climate Change 2014: Synthesis Report, Contribution of Working Groups Ⅰ, Ⅱ and Ⅲ to the Fifth Assessment Report of the Intergovernmental Panel on Climate Change* ,pp.2,4.

的升温和酸化。①

由此可见，气候灾害的根源是全球气候变化，而全球气候变化威胁着全世界每个国家，同时也需要全世界各国联合应对，尤其是发达资本主义国家，如美国、德国、英国、法国、日本、加拿大等，这些国家是气候变化的主要制造者，它们历史上的温室气体排放是温室效应的主要原因，同时这些国家还拥有雄厚的资金和先进的技术，能够在全球气候治理中发挥重要作用。一些主要的发展中国家，如中国、印度、巴西、南非等，也在全球气候治理中发挥着越来越重要的作用。而发起全球气候治理的主要是联合国，从 1992 年联合国环境与发展大会召开，就已经开启了国际气候变化治理的进程，其中有成就，也有挫折；有合作，也有纷争。气候变化和灾害的切实威胁，使各国在联合国气候框架下进行合作；但世界经济的变化和各国不同的利益诉求，尤其是美国退出《京都议定书》和《巴黎协定》使这一合作治理充满了变数与困难。中国作为发展中国家的主要代表之一，是近些年经济增长最为迅速的国家之一，同时处于经济转型的关键时期，加之深受气候变化和灾害的影响，因而对于国际气候治理的态度十分积极。这就需要进一步学习借鉴国外气候治理的措施与经验，在很好地解决国内相关问题的同时有效地推动国际气候变化治理的进程。

第一节 联合国气候变化治理的相关机构

气候变化的影响范围是整个地球，其引发的气候灾害威胁到每一个国家，因而需要全世界各国联合起来共同应对，联合国在其中发挥了主导作用。联合国应对气候变化的机构主要是联合国环境规划署、世界气象组织和政府间气候变化专门委员会，气候变化的应对机制是世界气候大会及其签订的协议。需要指出的是，国际气候变化应对的主体是国家以及诉求

---

① Core Writing Team, R.K. Pachauri and L.A. Meyer, (eds.).IPCC: *Climate Change 2014: Synthesis Report, Contribution of Working Groups Ⅰ, Ⅱ and Ⅲ to the Fifth Assessment Report of the Intergovernmental Panel on Climate Change* ,pp.4-5.

相近的国家组成的利益集团，联合国主要是提出倡议、联系各国、协调沟通、提供科学数据等，这些公约和协议更多的是各国协商和承诺，但并不具有强制力。

联合国环境规划署（UNEP）是联合国负责协调各国共同应对环境问题的机构。20世纪50年代，各种环境问题不断出现，酸雨、雾霾、水体污染等危害日益严重，因此在1972年6月的第一届人类环境与发展大会决定成立环境规划署。1973年1月规划署正式成立，总部设在肯尼亚首都内罗毕，截至2009年已有100多个国家参加这一机构。规划署的核心机构是理事会，由58个成员国组成，其中亚洲13个，非洲16个，美洲10个，欧洲及其他国家19个。理事会任期4年，可以连任，每年改选理事会成员中的半数，理事会下设秘书处负责日常事务的处理。联合国环境规划署的任务是促进环境领域内的国际合作，提出联合国环境活动的中、远期规划，帮助各国政府设定全球环境议程并提出咨询意见和政策建议；就环境规划向联合国系统内的各政府机构提供咨询意见，向理事会提出审议的事项以及有关环境的报告，执行环境规划理事会的各项决定；管理环境基金，向各国的环境保护项目提供资助；等等。联合国环境规划署在全球气候治理中发挥了很大的作用。在政府间气候专门委员会成立之前，是联合国环境规划署组织专家团队研究气候变化情况，将监测和研究结果通报各国政府，推动了国际气候变化联合治理的进程，尤其是信息公开对于广大发展中国家更有意义，规划署就其中亟须解决的问题提供咨询建议。

随着气候问题的日益突出，规划署已经无法完全承担气候变化应对的任务，需要更为专业的机构。1988年，联合国环境规划署和世界气象组织联合建立了政府间气候变化专门委员会（IPCC，以下简称委员会）。委员会组织各国科学家成立工作组，对已经出版或发表的气候变化方面的专著、文献、技术资料和论文等进行研读，在此基础上对气候变化的情况进行认知和评估并形成相关报告，供联合国气候变化大会、各国政府和各利益集团作出决策、制定政策、签署协议的参考。总体来说，委员会的评估报告越来越全面、系统、深入，内容也越来越多，例如，2013—2014年发布的第五次评估报告共3卷，分为60章，共4300多页。委员会下设3个工作组，每组设两名主席，一个来自发达国家，另一个来自发展中国家，以确保兼顾两种不同类型国家的利益。第一工作组主要对气候系统的状态和气候变化动态进行研究和评估；第二工作组主要研究评估气候变化的正负面影响、气候变化和灾害对自然生态和社会经济的影响，以及如何对其进行控制、减缓和适应，以此减少气候变化和灾害的负面影响；第三工作组主要研究和评估减缓气候变化，尤其是减少温室气体排放的有效方案。

委员会的主要职责是定期发布气候变化及其影响的报告。自1990年到2013年，委员会已经发布了五次气候变化评估报告，分别在1990年、1995年、2001年、2007年和2013—2014年。以最近发布的第5次报告为例，第一组的主席为瑞士伯尔尼大学的托马斯·斯托克和中国气象学家秦大河，共有209名科学家和50名评审编辑组成团队，除此之外，还有600余名专家提供了相关文稿和信息，最终形成的报告于2013年9月发布，共14章，其中核心内容是第8—12章，分别为气候变化的原因分析（第8—10章）和未来气候变化预测。[①] 第二组的主席为美国卡内基科学研究所全球生态部的克里斯托佛·菲尔德和阿根廷布宜诺斯艾利斯大学的文森特·巴罗斯，由64名主要协调作者、179名主要作者和66名评审编辑组成团队，400余名专家提供相关文稿和信息，最终报告于2014年4月发布，共30章，主要内容包括海洋、陆地、淡水等自然资源的状况，人类居住区、工业基础设施以及人类健康、福祉和安全情况以及各大洲、各地区的具体状况，核心部分为第14—20章，介绍了气候变化风险影响和归因，探讨了人类对于气候变化及其带来的灾害的暴露度、脆弱性以及对其

---

① Stocker, T.F., D. Qin, G.K. Plattner, M. Tignor, S.K. Allen, J. Boschung, A. Nauels, Y. Xia, V. Bex and P.M. Midgley (eds.), IPCC: *Climate Change 2013*, *The Physical Science Basis, Contribution of Working Group I to the Fifth Assessment Report of the Intergovernmental Panel on Climate Change*, Cambridge University Press, Cambridge, United Kingdom and New York, NY, USA, pp.vii-viii.

进行减缓、适应和可持续发展的各种途径和方式。[①]第三工作组的主席是德国波茨坦气候影响研究所的奥托马·艾登霍夫、世界经济调查中心的拉蒙·马德鲁加和南方中心的尤巴·索科纳，由235名主要作者和协调人以及38名评审编辑组成团队，170多名专家提供相关信息和文稿，于2014年11月发布报告，其核心部分为第5—12章，介绍了温室气体在全球排放和污染的情况，阐述了不同地区的工业基础设施等情况，还有工业、农业、交通、能源等行业减缓温室气体排放的各种信息，通过全球31个建模小组生成的1200个情境来探讨不同目标水平下的减缓条件和路径的影响，等等；第13—16章介绍了温室气体排放的国际治理，包括国际、区域、国家和次国家层级的各种方式和措施。[②]三个工作组的报告汇合成一个综合报告，共169页，将具体报告中的重要数据和主要观点罗列其中，同时各个报告都有简编版本和决策者摘要，以方便为联合国以及各国领导人提供制定政策、作出决策的参考。

委员会虽然只是一个科学咨询机构，但其客观性、准确性、专业性使这五次报告都产生了重大影响和重要作用。1990年发表第一次气候评估报告确认了有关气候变化问题的科学基础，引起了国际社会对这一问题的关注，为两年后签订《联合国气候变化框架公约》创造了重要条件。1995年发布的第二次气候评估报告引起了世界各国对气候变化的重视，直接推动了《京都议定书》的谈判和签约进程。2001年发布的第三次气候评估

---

① Field, C.B., V.R. Barros, D.J. Dokken, K.J. Mach, M.D. Mastrandrea, T.E. Bilir, M. Chatterjee, K.L. Ebi, Y.O. Estrada, R.C. Genova, B. Girma, E.S. Kissel, A.N. Levy, S. MacCracken, P.R.Mastrandrea, and L.L. White (eds.), IPCC: *Climate Change 2014: Impacts, Adaptation, and Vulnerability, Summaries, Frequently Asked Questions, and Cross-Chapter Boxes. A Contribution of Working Group Ⅱ to the Fifth Assessment Report of the Intergovernmental Panel on Climate Change* , World Meteorological Organization, Geneva, Switzerland, pp.ix-x.

② Edenhofer, O., R. Pichs-Madruga, Y. Sokona, E. Farahani, S. Kadner, K. Seyboth, A. Adler, I. Baum, S. Brunner, P. Eickemeier, B. Kriemann, J. Savolainen, S. Schlömer, C. von Stechow, T. Zwickel and J.C. Minx (eds.),IPCC: *Climate Change 2014: Mitigation of Climate Change. Contribution of Working Group Ⅲ to the Fifth Assessment Report of the Intergovernmental Panel on Climate Change* , Cambridge University Press, Cambridge, United Kingdom and New York, NY, USA, p.x.

报告则对《京都议定书》于2005年正式生效起到了重要作用。第四次气候评估报告于2007年发布，通过详细、权威、准确的数据、分析和令人信服的观点对各国领导人产生了影响，为确立巴厘岛路线图创造了条件。前文提到的第五次报告较前四次更为全面、客观、权威、准确，为2015年巴黎召开的气候变化缔约方会议提供了专业观点和数据，为《巴黎协定》的签署奠定了重要基础。尽管2009年发生了“气候门”事件[①]，导致委员会的权威受到一定程度的质疑，但其仍然是目前世界上最为客观、科学的气候变化信息源头和科研支持机构。

第二节　世界气候大会以及签署的重要协议

国际层面的气候变化治理机制主要是《联合国气候变化框架公约》、缔约方定期召开的世界气候大会以及会议所签署的协议。《联合国气候变化框架公约》（以下简称公约），是指联合国大会于1992年5月9日通过的一项关于国际气候变化治理的公约，同年6月在巴西里约热内卢召开联合国环境与发展会议（又称为“地球峰会”），150多个国家以及欧洲经济共同体签署这一公约，截至2016年6月底，共有197个国家签署。公约共包括26项条款，具有法律约束力。公约确立了应对气候变化的最终目标，其第2条规定：“本公约以及缔约方会议可能通过的任何法律文书的最终目标是：将大气温室气体的浓度稳定在防止气候系统受到危险的人为干扰的水平上。这一水平应当在足以使生态系统能够可持续进行的时间范围内实现。”公约确立了国际气候变化治理的五个基本原则：“共同而有区别”的原则，要求发达国家因为有历史上的温室气体排放，因而应率先采取措施，应对气候变化；公平原则，要考虑发展中国家的具体需要和国情原则；预防原则，即各缔约国方应当采取必要措施，预测、防止和减少引起气候变化的因素；可持续

① “气候门”事件：2009年11月，英国东英吉利大学电子邮件服务器遭黑客入侵，1000多封气象学家的信件和3000多份文件被窃。事后，黑客将这些文件公布到网络上，从中可以发现作为联合国政府间气候变化专门委员会主要支撑研究单位的东英吉利大学的科学家存在学术研究造假、篡改对自己研究不利的数据等行为，此事在国际上引起很大反响。

发展原则，尊重各缔约方的可持续发展权；开放经济体系原则，加强国际合作，应对气候变化的措施不能成为国际贸易的壁垒。公约还有两个重要附件，附件一是应率先进行减排的发达国家和经济转型国家，附件二也是经济发达国家，这些国家应向发展中国家提供用以减少排放的资金和技术，帮助发展中国家应对气候变化。[①] 公约是世界上第一个应对全球气候变暖的国际协议，为各国减少温室气体排放确定了基本准则；公约还为应对全球气候变化国际合作确立了一个基本框架，即每年召开的世界气候大会，在大会期间各国进行充分沟通和交流，签署应对气候变化的协议。该公约具有一定的法律效力，但属于软法，其优点是容易获得多数国家的认同，但对缔约国没有硬性约束力，对各国的减排也没有做出明确规定，同时允许缔约方退出公约，也为此后国际气候变化治理出现一系列问题埋下了隐患。

从 1995 年起，全球各国每年举行一次缔约方会议，共同推动国际气候治理的进程。具体来说，可以分为三个阶段：第一阶段是 1995—2005 年，各缔约方经过谈判、签署《京都议定书》并于 2005 年正式生效；第二阶段是 2005—2014 年，从美国 2001 年宣布退出《京都议定书》开始，国际气候治理就充满了不确定性，虽然 2005 年议定书正式生效，但各缔约国和各利益集团围绕议定书的具体落实进行多次博弈，国际气候变化治理艰难缓慢推进；第三阶段是 2014 年至今，各方谈判并签署《巴黎协定》，进而明确《巴黎协定》的执行及 21 世纪第三个 10 年国际气候治理实施的细则。

第一阶段（1995—2005）

这一阶段一共召开了七次世界气候大会，主要成就是签署了《京都议定书》并将其落到实处，具体又可以以 1997 年东京会议为分界，分为三个时期：第一时期是筹备时期，第二时期是签约时期，第三时期是正式生效时期。

第一时期。1995 年 3 月底至 4 月初，《联合国气候变化框架公约》第

---

① 《联合国气候变化框架公约》，联合国官方网站，https://www.un.org/zh/documents/treaty/files/A-AC.237-18(PARTII)-ADD.1.shtml, 2018 年 9 月 2 日。

一次缔约方会议（世界气候大会）在德国柏林举行。会议通过了《柏林授权书》等文件，要求各缔约国立即开始谈判，力争在两年内草拟一项各缔约方均能够认同且有约束力的减少温室气体排放的议定书。1996 年 7 月，在日内瓦召开了第二次世界气候大会，会议就签署议定书的相关问题进行讨论，但未能达成一致。大会成立了特设小组，全体缔约国均参加并继续进行讨论，以达成一致。不难看出，在筹备和讨论时期，各缔约国的诉求就并不一致，由此初步形成了国际气候治理的三个集团：欧盟集团，主要包括法国、德国、英国、瑞典等欧盟国家，这些国家经济发达，科技先进，环保势力对政治影响较大，因而对温室气体减排态度积极，甚至主张采用激进手段进行减排，是国际气候谈判和签约的重要推动力量；伞形集团，主要包括美国、日本、加拿大、澳大利亚、新西兰、俄罗斯等国，这些国家既是发达国家，也是能源大国，还是主要温室气体排放国家，但因为国内经济发展、政治力量、产业结构、环保理念等因素，对国际气候治理态度保守，有时候甚至持抵制态度，如美国就先后退出了《京都议定书》和《巴黎协定》；77 国集团和中国，这些国家基本上是发展中国家，经济上不同程度地落后于发达国家，且很多处于经济发展和转型的重要阶段，温室气体排放较为严重，同时也深受气候变化和气候灾害之苦，因此对国际气候治理态度积极，但出于自身的原因难以对减排作出实质性的承诺和措施。

第二时期。1997 年 12 月 1—11 日，第三次联合国气候大会（公约缔约方会议）在日本东京举行，共有 149 个国家参加。经过异常艰苦的谈判，通过了《京都议定书》（以下简称议定书）。议定书共 28 条，其核心内容是两个——减排目标和减排机制。减排目标：议定书第 3 条规定，“附件一所列缔约方应个别地或共同地确保其在附件 A 中所列温室气体的人为二氧化碳当量排放总量不超过按照附件 B 中所载其量化的限制和减少排放的承诺和根据本条的规定所计算的其分配数量，以使其在 2008 年至 2012 年承诺期内这些气体的全部排放量从 1990 年水平至少减少 5%”①。

---

① 《京都议定书》，https://treaties.un.org/doc/Treaties/1998/09/19980921%2004-41%20PM/Ch_XXVII_07_ap.pdf.

也就是说，36个主要发达国家在2008年到2012年期间的温室气体排放量要在1990年的基础上平均减少5.2%，其中欧盟承诺将6种温室气体[①]的排放削减8%，美国承诺削减7%，日本和加拿大削减6%，东欧国家的指标在5%—8%，俄罗斯、新西兰与乌克兰不需要减排，挪威、澳大利亚和爱尔兰因为历史排放量较低，其排放量可以分别比1900年多1%、8%和10%。减排机制包括联合履行机制（JI）、清洁发展机制（CDM）和排放贸易（ET）。联合履行机制是指发达国家之间通过合作转让减排单位，清洁发展机制就是发达国家向发展中国家提供减排的资金和技术，排放贸易是发达国家可以将其超额完成减排额度，以贸易的方式出售给未能完成减排目标的发达国家，主要就是碳排放交易。

第三时期。《京都议定书》虽然通过，但还需要各国签署才能生效，第25条规定，"本议定书应在不少于五十五个《公约》缔约方、包括其合计的二氧化碳排放量至少占附件一所列缔约方1990年二氧化碳排放总量的55%的附件一所列缔约方已经交存其批准、接受、核准或加入的文书之日后第九十天起生效"[②]。1998年11月，第四次联合国气候大会在阿根廷首都布宜诺斯艾利斯举行，会议主要目的是采取措施促使《京都议定书》早日生效，制定了落实议定书的工作计划"布宜诺斯艾利斯行动计划"，但因为发展中国家的反对而未能实施。此后，经过1999年德国波恩气候大会、2000年荷兰海牙气候大会、2001年摩洛哥马拉喀什气候大会的反复磋商，终于通过了有关《京都议定书》履约问题的一揽子高级别政治决定，解决了一系列具体问题，如成立了发达国家支持发展中国家减排的基金——气候变化特别基金、适应性基金和最不发达国家基金，确定了发达国家第一承诺期的四种灵活管理方式——"森林管理""农田管理""牧场管理"和"植被管理"作为其履行减排义务的方式，规定了三大灵活机制的具体操作方式等，加之此后三次世界气候大会的不断努力，基本上扫除了妨碍议定书生效的大部分障碍。随着冰

---

① 根据《京都议定书》规定，这6种气体是指二氧化碳、甲烷、氧化亚氮、氢氟碳化物、全氟化碳和六氟化硫。

② 《京都议定书》，见 https://treaties.un.org/doc/Treaties/1998/09/19980921%2004-41%20PM/Ch_XXVII_07_ap.pdf.

岛和俄罗斯签署了议定书，第25条规定的条件已经得到满足，2005年2月16日议定书正式宣布生效，这是国际气候变化治理发展进程中的里程碑事件，标志着在联合国主导下各国、各集团初步达成了一致，温室气体减排进入实质性发展阶段。尽管问题依然存在，矛盾依然重重，但国际气候治理依然是可以在困难中前进的。同时，在这一过程中，兴起了以几内亚比绍、苏里南等国为代表的小岛屿国家和中国、印度等主要发展中国家的基础四国，它们在其中发挥了越来越大的影响。

第二阶段（2005—2014）

这一阶段又可以称为"后京都时代"，是议定书签署之后国际气候治理进一步发展阶段，也是各主要国家和利益集团之间的博弈与合作的过程。一方面，议定书签署之后，各国尤其是附件一的36个发达国家和转型国家需要履行签约承诺进行减排，这引发了各种矛盾，美国和加拿大退出《京都议定书》，日本、俄罗斯、新西兰等国拒绝履行议定书的第二期承诺，等等；另一方面，需要在京都议定书的基础上继续推进国际气候变化治理，签署新的协议，为此各国和各集团继续会谈磋商。这一阶段是两个进程统一的阶段，是各国各利益集团既有矛盾冲突也有妥协让步的阶段，"巴厘岛路线图"是这一阶段的最主要的成果，而其他多次会议、谈判和磋商都因为各国之间的矛盾，尤其是美国为首的伞形集团的消极态度而难以取得实质性成效，也就是《京都议定书》第二承诺期的具体减排目标没有达成共识，如哥本哈根会议的失败，但也取得了一些小的进展。

2005年11月第十一届世界气候大会在加拿大蒙特利尔召开，各缔约国经过磋商，同意启动《京都议定书》第二阶段的谈判，即2012年后发达国家温室气体减排责任谈判。但是，在美国退出协议的情况下，国际气候变化治理很难真正开展起来，因此，如何将美国重新纳入治理之中、协调发达国家与发展中国家以及各主要集团之间的矛盾是进一步推进国际气候治理的关键问题，"巴厘岛路线图"初步解决了这一问题。

2007年12月3—15日，第13届世界气候变化大会在印度尼西亚巴厘岛召开，来自192个国家的1.1万名代表参加了此次大会。各国、各集团

（欧盟集团、伞形集团、77 国集团、基础四国和小岛屿国家集团）矛盾重重，不断交锋，进行了激烈的角力，以至于原定 12 天结束的会议被迫延长 1 天。在各项问题上，欧盟态度积极、目标明确；美国则态度消极，甚至坚决抵制；发展中国家，尤其是小岛屿国家如马尔代夫本身没有温室气体排放，却深受海平面上升的祸害，因而态度也十分积极。最终，各方经过博弈、让步与合作，尤其是美国做了关键性让步，加上中国的不懈努力，通过了“巴厘岛路线图”。“巴厘岛路线图”是在《京都议定书》的基础之上各缔约方达成的新的补充协议，包括 13 项内容和一个附录，主要内容包括：2020 年前将温室气体排放量相对于 1990 年排放量减少 25%—40%，为了避免各方矛盾，协议没有规定具体的量化减排目标；各缔约方在 2 年内进行谈判，于 2009 年之前达成新协议，新协议应该在 2012 年年底前生效；谈判应考虑为工业化国家制定温室气体减排目标，发展中国家应遵循“可衡量、可报告、可核证”的原则采取措施控制温室气体排放增长，比较发达的国家向比较落后的国家转让环保技术；谈判方应考虑向比较贫穷的国家提供紧急支持，帮助它们应对气候变化带来的不可避免的后果；谈判应考虑采取“正面激励”措施，鼓励发展中国家保护环境，减少森林砍伐等。①

“巴厘岛路线图”是一次各方经过博弈与合作而达成协议的成功范例，其亮点主要有三个方面：强调了国际合作，指出气候变化问题是任何一个国家或集团都不能单独解决的，只有通力合作才能实现减排的最终目标，真正地解决问题；把美国重新纳入国际气候治理之中，2001 年美国退出《京都议定书》，使全球气候治理行动遭受了重创，“巴厘岛路线图”明确规定凡是《联合国气候变化框架公约》的缔约国，都要履行一定的减排义务并且要接受有关机构的核查，美国虽然退出了议定书，但仍是框架公约的缔约国，这就把美国重新纳入国际气候治理进程；拓宽了国际气候治理的范围，“巴厘岛路线图”强调了在以往气候治理中被忽视的针对发展中国家的三个问题，即技术开发和转让问题、资金问题以及适应能力建设问题，这

---

① 《巴厘岛路线图》，见 https://baike.baidu.com/item/%E5%B7%B4%E5%8E%98%E5%B2%9B%E8%B7%AF%E7%BA%BF%E5%9B%BE/9932592?fr=aladdin.

三个问题的提出拓宽了国际气候治理的范围，减缓、适应、技术和资金成为未来应对气候变化的主要方面，有人形象地将其比喻为汽车的四个车轮。

2009 年 12 月，根据“巴厘岛路线图”的规定，第 15 次世界气候大会在丹麦首都哥本哈根举行。由于各方矛盾激烈，尤其是发达国家与发展中国家存在较大争议，加之会议召开前“气候门”的影响而削弱了联合国政府间气候变化专门委员会报告的权威度，因而没有能够通过具有法律效力的国际气候治理文件，所公布的《哥本哈根协议》更近似于宣言和倡议。这是国际气候变化治理进程中的一次失败，也表明各关键行为体之间的矛盾难以调和，利益诉求难以达成一致。尽管如此，此次会议还是取得了一定成果：根据政府间气候变化委员会 2007 年公布的报告，确定未来减排的目标是将大气升温控制在 2 摄氏度之内；2010—2012 年发达国家向小岛屿国家和最不发达国家提供 300 亿美元的资助。此后的坎昆会议、德班会议、多哈会议均未能解决议定书第二承诺期的问题，未能形成具有法律效力的协议，这表明国际气候治理仍然任重道远。尽管矛盾重重，但这几届气候大会也有一定成果：坎昆会议的协议确定了控温 2 摄氏度的标准，对于“可测量、可报告、可核查”的原则和“国际磋商分析”的非侵入性、非惩罚性和尊重国家主权的原则达成了共识；德班会议建立了“德班加强行动平台”，这是一个新的谈判框架，预计在 2015 年达成新的具有法律效力的议定书，以此取代 2012 年到期的《京都议定书》，在 2020 年正式实施具体的减排措施，平台是发达国家与发展中国家（五大集团）共同应对气候问题、承担减排义务的新机制，改变了以往只有发达国家承担减排义务的状况，会议还启动了绿色气候基金，成立基金董事会并进入实际操作阶段；此后的多哈会议、华沙会议主要就 2015 年的新协议进行谈判，同时落实了一些具体问题。

第三阶段（2015 年至今）

第三阶段主要是《巴黎协定》的签署及其发挥实效的时期。这一协定是国际气候治理进程中的又一个里程碑式的成果，是议定书的继承者和接班人，在秉持“共同但有区别”原则的基础上，对以往的气候治理模式做了大幅度修改，创造性地提出了国家自主贡献机制、发达国家和发展中国家共同治理模式和透明机制等，在一定程度上缓解了“后京都时代”各国、各集团在气候治理、温室气体减排问题上的矛盾纠纷，推动了国际气候变化治理的发展进程。

2015 年 11 月 29 日，第二十一次世界气候大会在巴黎举行。经过 14 天的谈判，大会最终通过了《巴黎协定》。随后，框架公约的各缔约国相继签署，截至 2018 年 11 月，框架公约 197 个缔约方中已有 184 个签署这一协议。《巴黎协定》共 29 条，主要内容是确定了 2020 年以后气候治理的新格局和新目标，新目标是把全球平均气温相比工业化之前气温升高幅度控制在 2 摄氏度之内，并为把升温控制在 1.5 摄氏度之内而努力。新格局则主要表现在三个方面：

1. 以自下而上的国家自主贡献机制取代议定书的自上而下的治理机制

《京都议定书》体现的是自上而下的国际气候变化治理机制，强制要求附件一国家（发达国家）完成减排指标，而发展中国家不需要履行减排义务。这引起了以美国为代表的发达国家伞形集团的不满，导致美国和加拿大先后退出议定书，日本、俄罗斯等国态度也比较消极，给国际气候变化治理造成诸多困难。《巴黎协定》提出国家自主贡献的气候治理合作机制，即由各国根据其具体情况和历史责任，提出减排目标并采取相应的减排行动，不做强制履行减排的要求。《巴黎协定》第 4 条对这一机制做了详细阐述，概况来说，就是要求各国在气候治理行动中根据本国情况制定编制目标，据此制定相关法律法规并采取行动，实现减排目标；各国在核算其国家自主贡献中的人为排放量和清除量时，应促进环境完整性、透明、精确、完整、可比较和一致性，并确保根据作为《巴黎协定》缔约方会议通过的指导原则，以此避免双重核算；各国每 5 年通报一次自主贡献，通报时需要提供必要的信息、执行的透明度安排、两年报告、两年期更新报告等以供国际社会评估、分析以及协商；在这一机制内，各缔约国可以自愿转让减缓成果，实现减缓目标；等等。[①] 国家自主贡献机制充分

---

① 《巴黎协定》，联合国网站，https://www.un.org/zh/documents/treaty/files/FCCC-CP-2015-L.9-Rev.1.shtml.

考虑到了国家的自主性和灵活性，不必为了达到减排目标而影响本国经济的发展，避免了各国在国家利益与国际气候变化治理之间的矛盾，因而比议定书的自上而下的强制机制更能够激发各国的参与热情。截至2016年9月，包括中国在内的23个国家已经批准了这一协议；截至2017年3月，各国已经提交了162份国家自主贡献的文件，确定了各自的减排目标，如中国在提交的减排方案《强化应对气候变化行动——中国国家自主贡献》中提出的目标是到2020年单位国内生产总值二氧化碳排放比2005年降低40%—45%，非化石能源占一次能源消费比重为15%，森林面积比2005年增加4000万公顷，森林蓄积量增加13亿立方米；2030年前后单位国内生产总值二氧化碳排放比2005年下降60%—65%，非化石能源占一次能源消费比重达到20%左右，森林蓄积量比2005年增加45亿立方米左右。[①]

2. 发达国家与发展中国家共同治理模式

《巴黎协定》第三条规定：作为全球应对气候变化的国家自主贡献，所有缔约方将保证并通报第四条、第七条、第九条、第十条、第十一条和第十三条所界定的有力度的努力，以实现本协定第二条所述的目的。[②]这就意味着一种新的国际气候治理模式的建立，即发达国家与发展中国家共同治理。此前议定书确定的治理模式是发达国家履行减排责任，即附件一中的36个发达国家和转型国家要在规定时间内完成减排任务，发展中国家则不需要减排，这不仅加剧了在国际气候治理中发达国家与发展中国家的矛盾，也导致发达国家内部存在纠纷，如欧盟集团和伞形集团之间的矛盾。协议确定的新模式把所有国家都纳入减排范围之内，其第四条要求发达国家应当继续发挥主要作用，努力实现全经济绝对减排目标；发展中国家应当不断努力，根据各国国情逐渐实现全经济绝对减排或限排目标；最不发达国家和小岛屿发展中国家可编制和通报反映它们特殊情况的关于温

---

① 《强化应对气候变化行动——中国国家自主贡献》，中央政府门户网站，http://www.gov.cn/xinwen/2015-06/30/content_2887330.htm, 2019年10月2日。

② 《巴黎协定》，联合国网站，https://www.un.org/zh/documents/treaty/files/FCCC-CP-2015-L.9-Rev.1.shtml.

室气体低排放发展的战略、计划和行动。[①]把各缔约方都纳入气候治理行列，同时根据具体国情来自主确定减排目标，是更为灵活、更具实际操作性的做法，缓解了发达国家和发展中国家的矛盾，为国际气候治理提供了新的动力机制，反映出联合国在主导国际气候变化治理过程中日益走向成熟。

3. 建立透明机制以强化国际气候治理的监督

各国自主制定实施减排行动，这在一定程度上弱化了国际层面的执行力，因此《巴黎协定》建立了透明机制。《巴黎协定》第十三条规定：为建立互信并促进有效执行，兹设立一个关于行动和互相支持的强化透明度框架，并内置一个灵活机制，以考虑进缔约方能力的不同，并以集体经验为基础。[②]透明机制的内容包括国家减排信息通报、两年期报告和两年期更新报告、国际评估和审评以及国际协商和分析。除此之外，各缔约方还需向政府间气候变化专门委员会提供相关信息，以便其定期制定温室气体减排的国家清单报告；提供实现国家自主贡献方面取得的进展所必需的信息以及其后变化与适应方面的有关信息。这一机制有利于联合国对各缔约方自主减排进行监督并提出合理性建议，及时调整和修正减排目标和措施，促进各方在国际气候变化治理方面的信息交流与沟通。但是，这一机制同样不具备强制执行效力，也没有具体的奖惩措施，因而还有待进一步完善。

除了以上内容以外，《巴黎协定》还在第九条和第十一条中进一步细化了发达国家对发展中国家在气候治理的资金和技术方面的支持和援助，尤其强调了对最不发达国家和小岛屿国家加强资金和技术支持的力度；《巴黎协定》倡议各国进行绿色可持续产业转型，减少工业发展尤其是石化工业对生态的破坏；等等。《巴黎协定》只是一个框架协议，需要一系列具体规则来将其落实，此后召开的世界气候大会的目标就是逐步落实《巴黎

---

① 《巴黎协定》，联合国网站，https://www.un.org/zh/documents/treaty/files/FCCC-CP-2015-L.9-Rev.1.shtml.

② 《巴黎协定》，联合国网站，https://www.un.org/zh/documents/treaty/files/FCCC-CP-2015-L.9-Rev.1.shtml.

协定》。2016年11月7日，第22届世界气候大会在摩洛哥马拉喀什举行，参会缔约方就《巴黎协定》的具体措施以及部分尚待明确的议题，如2025年后如何兑现提供气候资金的承诺、2050年温室气体排放发展战略、国家自主贡献机制的5年评估等展开讨论。2017年11月7—14日，第23次世界气候大会在德国波恩举行，各缔约方就《巴黎协定》的一些具体议题进行谈判与磋商，如国家自主贡献机制的进一步落实等。2018年12月，在波兰卡托维茨举行第24次世界气候变化大会，此次会议的主要成就是通过了《巴黎协定》具体实施细则，明确了国家自主贡献5年的共同时间框架，并在透明度、资金、全球盘点等问题上初步达成一致，原本有望达成的全球统一的碳交易市场规则因为巴西的反对而推迟到2019年智利气候大会上进一步协商。

总体来说，《巴黎协定》是国际气候治理中的一次重大突破，是和《联合国气候框架公约》《京都议定书》同等地位的里程碑式的重要成果，确定了2020年以后国际气候变化治理的基本格局与方式，其国家自主贡献机制以及发达国家与发展中国家共同治理机制表现出了很大的自主性和灵活性，一定程度上缓解了各国、各集团之间的矛盾纠纷，开辟了国际气候变化治理的新局面，其确定的新减排目标、5年一评估盘点以及其他具体细则，确定了今后国际气候变化治理的主要框架和机制。但是，《巴黎协定》也存在一些问题，为了能够协调各国和各集团，协议没有规定强制执行措施，只是要求各国制定减排目标并且5年做一次盘点评估，但没有具体的奖惩机制，完全依靠各国自主进行，对于完成减排目标的国家没有奖励，对于没有完成减排目标，或者违背国际气候公约的国家也没有具体的惩罚措施，只是给予道义上的谴责而已，这样，各国制定的减排目标可以完成，也可以不完成，充满了不确定性；协议对各缔约方的约束力进一步弱化，允许各国自主制定减排目标的十分宽松的政策即自主贡献，既非责任，也不是义务；可以完成，也可以不完成，尽管如此宽松，但仍然不能完全协调各方的关系。2017年6月1日，美国以受到不公正待遇、影响本国经济发展和对减排目标科学性存疑等理由，宣布退出《巴黎协定》，这给国际气候变化治理带来严重的负面影响，激化了美国与欧盟在气候治理问题上的矛盾，同时也加大了中国在气候治理、节能减排和产业转型方面的压力；除此之外，《巴黎协定》在一些具体问题上，如发达国家对发展中国家资金技术援助上仍有待于进一步落实。

纵观二十几年国际气候变化治理的发展进程，可以说其取得的成效是显著的、不容忽视的。截至2018年，在联合国的主导下，各缔约方召开了24次世界气候大会，经过艰难的谈判和反复磋商，签订了《联合国气候变化框架公约》《京都议定书》和《巴黎协定》三个重要的协议，推动了气候变化国际治理缓步前进并不断推向深入，在减排目标、减排方式、监督机制、发展中国家援助机制等方面都取得了值得肯定的进步。但是，我们也应该看到，这三个协议都是属于"软法"性质，基本上不具有强制执行力，因而无法对各缔约方的减排目标和措施进行有效调控，也缺乏相应的奖惩机制，当然，这也是由国际层面的"无政府状态"造成的，也就是不存在超越国家之上的权力机构；发达国家与发展中国家之间仍然存在很多矛盾，美国等发达国家拒绝承担温室气体排放的历史责任，甚至通过减排手段来遏制一些发展中国家，发展中国家对发达国家的做法不满，但又在减排资金和技术上对发达国家有所依赖；发达国家之间也存在矛盾，德、法等国主导的欧盟集团和美国为首的伞形集团对于减排问题态度不一致，欧盟态度比较积极，伞形集团则相对消极，甚至质疑减排的科学性和有效性，美国、加拿大等国还先后退出了《京都议定书》，美国进而退出《巴黎协定》，给国际气候变化治理带来更多的不确定性；发展中国家之间也同样存在纠纷，基础四国、77国集团、小岛屿国家集团之间对于减排问题也存在不同的诉求，这些矛盾纠纷导致国际气候谈判和协商十分艰苦，很难取得实效，进展缓慢。

笔者认为，这些矛盾纠纷，归根结底都是与各国的国家利益，尤其是经济发展密切相关，一些国家为了保护自身利益，避免经济受到损失，而对国际气候治理态度消极，甚至采取抵制态度；另一个重要原因就是对减排额度的分配方式不满，认为对发达国家不公平，偏袒发展中国家。以美国为例，小布什执政期间，美国退出《京都议定书》的主要原因就是落实议定书的减排条款会导致美国国内经济停滞，工人失业，物价上涨，同时美国也对印度等发展中国家同时也是排放大国不承担责任、不受约束而不满；特朗普政府退出《巴黎协定》的原因也是大致如此，特朗普在宣布退出《巴黎协定》的讲话中指出，美国如果签署《巴黎协定》将导致国内工厂倒闭、大量工人失业、经济萎缩等结果，将蒙受 GDP 减少 3 万亿美元和流失 670 万个工作岗位的惨重损失，同时他还指责中国和印度受到了优惠对待，这对美国是不公正的。[①] 其他一些对国际气候治理态度消极的国家也是如此，加拿大认为其根本不可能实现议定书规定的减排目标，除非“汽车停驶、飞机停航、工厂停工”，因此追随美国脚步退出了议定书；澳大利亚是资源密集型国家，煤矿、铁矿在其产业结构中占据重要地位，按照议定书实施减排无疑会对这些企业产生负面影响；日本原本对气候变化治理态度积极，意图通过参与国际气候治理并保持先锋地位来提高其国际地位，但从 20 世纪 90 年代开始日本经济发展长期停滞，加之 2011 年福岛核电站泄漏事件对其能源体系架构产生了重大影响，因而日本的态度也发生了变化。由此可见，影响各国对待国际气候治理态度与立场的重要因素就是国家利益和国际公平，那么，如何解决这一问题呢？如何在国家利益和国际合作之间寻求一个平衡点呢？笔者认为，20 世纪下半叶莱茵河的跨国治理可以为我们今天的国际气候变化治理提供经验和借鉴。

---

① 《特朗普宣布美国退出巴黎协定》，见 http://language.chinadaily.com.cn/2017-06/02/content_29591307.htm.

第七章　莱茵河水污染治理对于国际气候变化治理的启示

前文已经述及，1992年《联合国气候变化框架公约》开启了各国、各集团应对全球气候变化的国际合作，1997年签署、最终于2005年2月16日强制生效的《京都议定书》确立了发达国家应对气候变化的目标，国际气候变化治理进入实质化阶段。但是，世界各国的利益各不相同，对于国际气候治理的态度与诉求也就不同。欧盟集团的英国、德国对于这一协议比较积极，尤其是德国非常重视可再生能源的开发和利用；伞形集团的美国、加拿大、澳大利亚和日本为了维护各自的国家利益，对减排的态度较为消极，美国于2001年退出《京都议定书》，加拿大和澳大利亚也先后退出，日本因为福岛核电站事件也对这一协议态度复杂，减排实效较低，这给国际气候治理带来了诸多不确定因素；俄罗斯加入《京都议定书》较晚，技术较为落后，但污染相对较小，而且其森林资源丰富，因此其更多的是利用温室气体交易赚取利润，在国际气候变化治理的进程中所发挥的作用不是很大；马尔代夫等小岛国家基本上没有重污染的工业，是气候变化的受害者，因而要求发达国家承担更多义务；中国等发展中大国是污染排放比较严重，积极参与国际气候治理，但产业转型和清洁能源利用任重道远。2015年巴黎大会通过的《巴黎协定》，这是继1992年《联合国气候变化框架公约》、1997年《京都议定书》之后，人类历史上应对气候变化的第三个里程碑式的国际协议，形成2020年后的全球气候治理格局。但这一国际气候协议再次遭到美国抵制，2017年6月1日，美国总统特朗普宣布美国退出《巴黎协定》，这使国际气候治理充满更多变数。

综上所述，可以看出，国际气候治理错综复杂，各国、各集团不同的利益诉求使这一有利于全球未来的合作治理困难重重。如何协调各方利益以推动国际气候治理的合作，是摆在联合国和各国政府面前的重大问题。莱茵河水污染治理堪称欧洲各国联合治理水污染的典范。在治理这条跨国河流的过程中，各国协商治理和主要流域国德国的治理可谓成效显著，虽然并不是气候治理的内容，但对于应对国际气候变化的协商合作、共同推进国际气候治理具有学习与借鉴的意义。莱茵河是欧洲第三大河，全长1320公里，流域面积18.5万平方公里，发源于阿尔卑斯山，流经瑞士、德国、法国、卢森堡、比利时、意大利、列支敦士登、荷兰等9个国家，最终在荷兰鹿特丹港汇入北海。[①] 莱茵河流域内多为发达国家，人口达到4000万，工业企业高度集中，一度导致莱茵河污染严重。[②] 从20世纪50年代以来，每天至少有5000万—6000万立方米的工业废水和生活污水排放到河里，1965年莱茵河COD达30—130mg/L，BOD达55—15mg/L，[③] 成为名副其实的“欧洲下水道”。除了废水污染以外，由于各国在早期河流开发中，采取筑坝、截断小支流等大量工程，为了一国的利益而不顾整个莱茵河流域的可持续发展，使得河流水质下降，洪涝灾害增加。过度的土地开发、河道开发、蓄水发电以及流域工业、人口、航运、能源超负荷等原因导致莱茵河面临严重的生态危机，1971年部分河段已经丧失了自净能力，河中的无脊椎动物濒临灭绝，水质污染严重影响了下游德国与荷兰的生产生活用水安全。

20世纪70年代，莱茵河治理机构之一的德国委员会经研究发现，莱茵河污染主要有三种非生物污染源：热、氯化物和化学品。热污染主要是

---

① 莱茵河流域面积在各国的分布情况如下：德国占105478平方公里、瑞士占27963平方公里、荷兰占24500平方公里、法国占23556平方公里、比利时占3039平方公里、卢森堡占2513平方公里、奥地利占2501平方公里、列支敦士登占106平方公里、意大利占51平方公里。

② Alexandre Kiss, The Protection of the Rhine against Pollution, *Natural Resources Journal*, Vol. 25,No.3,1985,p.613. http://digitalrepository.unm.edu/nrj/vol25/iss3/4.

③ 张忠祥:《国内外水污染治理典型案例分析研究》,《水工业市场》2009年第1期。

发电厂冷却设施中的废水排放，氯化物是工农业生产中产生的盐分进入河流，化学品污染主要是是重金属（锌、铜、汞、铬、铅、氯、砷）、氯代烃类［如多氯联苯（PCB）、二氯二苯三氯乙烷（DDT）］以及磷基和氮基化合物（主要为肥料和洗涤剂）。莱茵河污染最为严重的三个区域是位于奥地利、瑞士、德国边界康斯坦茨湖、鲁尔工业区和荷兰莱茵河入海口三角洲，污染较为严重的企业有斯特拉斯堡纤维素工厂、曼海姆纤维素工厂、阿尔萨斯钾矿、勒沃库森的拜耳化工厂等。[①] 莱茵河流经 9 个国家，需要进行联合污染治理，而德国因为污染最重成为联合治理的龙头，这样，一个由德国牵头并负主要责任、流域各国协同合作治理的体制逐渐建立起来，经过数十年努力取得了显著成效，成为国际联合治理环境问题的典范。

第一节 德国治理莱茵河污染的措施与经验

德国是莱茵河流域国家中污染最为严重、治理最为积极的国家，也是联合治理莱茵河的龙头。流域各国中，德国境内的莱茵河流域面积最大，占莱茵河总流域面积的 55.6%，是德国名副其实的“母亲河”。莱茵河流域也是德国重要的工业区鲁尔区、萨尔区所在地，为其提供重要的工业用水。莱茵河不仅要为德国人提供饮用水，还负担全国内河航运和灌溉农田的任务，沿河风光也是德国主要的旅游业景点，因此莱茵河对于德国具有极其重要的作用。但是，由于德国处于莱茵河中下游河段，是受污染较为严重的地区，莱茵河污染影响到了德国的工农业生产、交通运输和民众生活，因而这条河流的治理对德国来说意义重大。

20 世纪 20 年代初德国便已经察觉到莱茵河的污染了，1925 年普鲁士水利局确认了莱茵河下游 10 个河段已经遭到污染。30 年代情况进一步恶化，1935—1937 年在莱茵河下游发现的汽油、甲酚、氰化物和其他化学

① ［美］马克·乔克：《莱茵河：一部生态传记 1815—2000》，于君译，中国环境科学出版社 2011 年版，第 132—133 页。

品，导致鱼虾等生物数量减少。[①]1939年的研究资料证明，德国40%的工业废弃物和50%的城市废弃物都被倒入莱茵河。1939—1945年间，由于战争破坏和森林过度砍伐，导致水土流失，河道堵塞。“二战”结束后，德国开始战后重建，莱茵电厂、艾姆斯化学公司、韦瑟灵石蜡厂、巴斯夫公司、拜耳化工等高污染企业相继在莱茵河两岸建立，导致50年代末莱茵河污染进一步加剧，最明显的标志就是沿河产卵繁殖的鲑鱼死亡。位于荷兰的莱茵河三角洲污染最为严重，这是因为鹿特丹港管理局为了容纳中东大型油轮，拓宽并加深了莱茵河河口，他们不惜牺牲两个荷兰村庄和一个自然保护区，为壳牌公司、艾克森、科威特石油公司等炼油厂建造了石油港口，还吸引30家大型化学公司常驻鹿特丹及周边城市，打造了环荷兰地区的拥有1100万人的人口密集区，这进一步加剧了莱茵河下游的污染。[②]20世纪70年代，莱茵河三角洲地区淤泥中的锌、铜、氯、铅、镉、汞、砷等含量已经远远超过安全值，1974年三角洲土壤中铜含量超过警戒线6倍多，汞和铬高出25倍，锌高出11倍，铅含量高出7倍，砷含量高出5倍，氯含量高出可接受限度的4倍。1975年是莱茵河污染的高峰年，上游和中游大部分达到重度污染或严重污染，下游达到严重污染和完全污染。1985年，荷兰工程研究人员确认，在德荷边界莱茵河河水中含有1100万吨的氯化物、460万吨的硫酸盐、82.8万吨的硝酸盐、28.4万吨的有机碳化合物、9万吨的铁、3.82万吨的氨、2.84万吨的磷、0.435万吨的锌、0.25万吨的有机氯化合物、681吨的铜、665吨的铅、578吨的铬、530吨的镍、126吨的砷、13吨的镉和6吨的汞。[③]莱茵河的严重污染使德国的生态环境遭到破坏，经济也受到重创，旅游业、葡萄酒业一度凋敝。痛定思痛，从1970年到2000年间，德国政府投入大量人财物力，采取一系列行之有效的措施对莱茵河水污染进行治理，取得了显著成效。

---

① ［美］马克·乔克：《莱茵河：一部生态传记1815—2000》，于君译，中国环境科学出版社2011年版，第126页。

② Alexandre Kiss, The Protection of the Rhine against Pollution, *Natural Resources Journal*, Vol.25,No.3 , 1985 , p.614.

③ ［美］马克·乔克：《莱茵河：一部生态传记1815—2000》，于君译，中国环境科学出版社2011年版，第134页。

第一，在沿岸城市和工矿企业广泛设立污水处理厂，让企业从河水污染的制造厂转为污染治理的主体。从1971年开始，德国每年投入14亿马克在莱茵河干流沿岸城市和工矿企业先后建设了100多座污水处理厂。此外，在所有的支流入干流处都设有污水处理厂，使排入莱茵河60%以上的工业废水和生活污水得以净化。[①]针对过往船只污染源，德国政府专门设立河流卫士即油水分离船队，他们负责处理过往船只的含油污水，防止油污染河水。同时，他们也通过增氧机等人工充氧设备提高水中氧含量。

城市工业污染方面，德国实施污染税费和许可证并行政策。德国根据企业实际污染物排放量征收税费，由各州负责执行，依据水污染物的组成和重金属含量确定税率，严格遵守标准的企业税率可减少75%。德国久负盛名的汉高公司和拜耳公司在环保方面起到了先锋模范作用。它们不惜投入重金进行环境保护和污染治理，在研发环保产品、减少垃圾、节约能源、无害化处理、循环利用技术等方面都取得了举世公认的成绩，打造现代化花园厂区，绿化美化工厂环境。德国的环境政策规定破坏环境的人或企业要承担高额的环境损失费。企业宁愿把钱投在预防上，也不愿意发生事故后再治理，因为其费用远远高于预防的投入。如德国拜耳集团1990—2002年用于环境保护的经费高达160亿欧元，拜耳还专门拿出1亿欧元用于莱茵河环境保护，在整个厂区地下，设置了一个巨大的防漏层以减少对河水的污染，并且对所有管线进行实时监控，随时发现问题随时解决。此外，拜耳公司还将独家专利的污水处理技术卖给其他企业，形成环保产业链。由此可见，通过经济效益来调动高污染企业的积极性，使企业成为减少污染、使用清洁能源的主体，是防控污染的有效手段。这一措施在国际气候治理中也有所运用，但事关国家利益，自然要比企业更为复杂。产业转型、节能减排往往要以影响国家经济发展为代价，同时工业发达国家遵照协议需要向低污染国家购买排放额度，这也需要大笔资金，因此在维护国家利益和国际合作应对气候变化之间就存在矛盾，美国、加拿

① 胡若隐：《从地方分治到参与共治——中国流域水污染治理研究》，北京大学出版社2012年版，第211页。

大、日本等国的消极态度都是由这一矛盾引起，如何妥善解决这一矛盾是协调各国共同应对气候变化的关键。

第二，通过制定完备的法律、先进的监测技术和严格的执法手段保证莱茵河的环境安全。环境保护，立法先行。早在20世纪70年代，西德政府就出台了德国的第一部环境保护法《垃圾处理法》。90年代初，德国议会在修改后的《基本法》中写入保护环境的内容，其中贯穿的"国家应该本着对后代负责的态度保护自然环境"原则对于德国的环境立法、执法监督、制定水污染治理的政策措施均影响深远，使当今的德国成为世界上环境保护法最完备、最详细的国家。除联邦和各州的8000多部环境法律法规之外，还实施欧盟400多个环境法规。德国设立联邦政府、州、县各级官方环保机构和跨地区的环保机构，形成了环保贷款、环保投资、环保产业相互促进的良性发展道路，每年联邦政府用于环保的贷款达百亿欧元，企业的环保投资也在30亿至40亿欧元之间，形成一个有近百万人就业的环保产业，成为环保产品出口大国，今天的德国是世界环保技术最先进、环保产业最发达的国家之一。

德国保护水源的法律最主要的是《用水规划法》，对于政府管理水源的原则和措施、水源保护和利用、废水处理、防洪、肥料使用、废水收费、洗涤剂使用、农药使用、饮水清洁、地下水监测、垃圾处理等内容都作出了法律上的规定。1975年德国议会通过了《水平衡管理法》，确定了水资源管理的联邦法律框架；1976年德国出台了《污水征费法》，向排污企业征收污染税，用于环保设施建设，高污染企业除了交税以外，还不能得到银行贷款，而主动采取措施降低污染、对环保做出贡献的企业则可以享受免税和优惠的待遇；2009年新修改的《水平衡管理法》共6章106条，对水资源管理做了更为明确的法律规定，将各州的相关立法吸收进来，确立了国家和地方对于水管理的立法权限。有法必依，执法必严。德国联邦内政部设有环保警察署，经过专业训练的环保警察执法严格，其主要任务是一旦发现环境污染，立即采取调查取样、污染上报和惩罚补救措施。他们的管辖范围相当广泛，从河里的鱼类死亡到垃圾分类处理，都在其管辖范围之内。环保警察通过巡逻和使用遥测工具监察所在区域的污染情况，任何时间发现环境污染情况，立即行动，通过专业有效的措施将污染范围和影响降至最低。德国非常重视水环境的监测，拥有广泛严密的环保监测体系，按照水质监测断面和监测技术要求，定期采样监测，加强对莱茵河整治过程的水质状况进行监控。德国的预警水质检测与荷兰采用的生物检测法同样都是对莱茵河实时监测的先进手段。德国也注重加强水资源管理和环保方面的科学研究，在柏林、汉堡、慕尼黑、亚琛、德累斯顿等的大学中都设有水资源管理和环境保护学院。除大学从事科学研究外，一些研究中心、大的供水公司和废水公司也非常重视先进监测设备和监测手段的科研工作。他们向联邦和州提供的水质监测报告中总结出关于水质量和数量的年度信息，由德国联邦环境部和联邦环境署出版各种环境调查数据年度小册子，同时还有由联邦国家级工作组负责出版水污染问题的书籍，向全社会公开数据资料。全面广泛的监测为执法提供了依据，例如德国北莱茵—威斯特法伦州就有 70 个环境监测点，在莱茵河有 3 艘水质监测船，24 小时监测，每年用于环境监测的费用达 1.5 亿欧元。一旦发现污染，马上上报相关机构，采取高额罚款、关闭企业、逮捕责任人等严厉措施。立法健全、监测细致和执法严格等措施促使企业不敢随意排污，从源头上遏制了污染。国际气候变化应对也应该有类似的严格监管机构，但国际无政府状态、大国的强权政治都使这一举措难以实施，这也是影响国际协同应对气候变化的症结所在。

第三，标本兼治，治理污染的同时，修复莱茵河生态系统，保证莱茵河流域的永续发展。德国对莱茵河的治理不是修修补补，而是通过综合治理修复生态系统来治理莱茵河流域。20 世纪 70 年代，为了解决莱茵河洪泛问题，德国政府花费 10 亿马克修建了发电厂、水坝与河堤，的确起到了控制水位、通航、发电的作用，却破坏了莱茵河流域的生态环境，导致大片的河岸森林消失，洪泛区变小。1986 年桑多斯化工厂爆炸，对莱茵河造成严重污染，导致此前花费几百亿美元的莱茵河治理前功尽弃。德国政府也因此认识到只是对某个方面进行整改是不行的，必须实施综合生态系统的修复，因此制定了《莱茵河 2020 行动计划》。该计划是一个综合恢复莱茵河生态的总体规划，包括改善莱茵河生态环境、有效预防洪水、保护地下水的清洁、改善地表水质等。随后还制定了莱茵河鱼类洄游规划、微型污染物应对计划、土壤沉积物管理计划等一系列具体行动方案。具体行动有：在原来洪泛区的森林建立鸟类自然保护区，栖息着90多种留鸟和180余种候鸟；1991年莱茵河国际保护委员会颁布了“2000年鲑鱼重返计划”，鲑鱼对水质要求极高，在受污染的河水中难以生存，因此可以作为检查水质的生物测量计。通过工作人员的努力，到2000年，很多鲑鱼已经从河口洄游到上游产卵，虽然数量不稳定，但预示着鱼群数目在连续一个世纪不断下降后，迁徙数量开始回升。

德国也注重动员全社会参与环境保护。德国有一支200万人的义务环保工作队伍。最有名的环保组织是拥有百年历史的“自然保护联盟”，成员约40万人。德国的环保教育从娃娃做起，幼儿园阶段就有森林幼儿园的教育模式，而一年级小学生都会领到一本环保手册，即让孩子记录自己的环保日记。环保手册上印有精美的风光照片，暗示孩子要热爱大自然，自觉保护地球家园。在日常生活中，德国人普遍使用再生纸，包括打印纸、信纸、收据纸、餐巾纸、卫生纸等所有生活用纸。没有经过漂白处理的再生纸减少了对环境污染的漂白过程，不含致敏、致癌物质。鼓励去超市购物自带购物袋，避免现场购买价格较高的塑料购物袋。只有全民参与并具有深入人心的环保意识，才能确保优美环境真正代代相传。

第四，保护湖泊水源地，建立自然保护区。莱茵河是从博登湖流入德国，因而博登湖首当其冲遭受污染，解决博登湖污染问题是治理莱茵河污染的重点。20世纪60年代初德国成立了保护博登湖国际委员会，专门负责协调博登湖的环境保护问题。经过近30年的治理，到80年代后期湖水水质明显好转，21世纪初水质基本恢复到污染前的水平。

德国治理博登湖的措施包括三个方面：

一是严格管控流入博登湖的污水。德国政府明确规定，不允许未经处理的污水排入博登湖，博登湖周边的生活污水和工业废水，必须经过严格处理、检测确认无污染后才能排入湖中。在禁止使用含磷洗涤剂的基础上，德国政府要求博登湖沿岸10米范围内的土地严格禁止施用磷肥。相关部门采取措施，教育农民科学施肥，要求湖沿岸10米内的农业用地弃耕或实施生态耕作，政府对由此给农民造成的损失提供补贴。

二是重视博登湖的生态系统保护工作。德国政府制定法规，严格控制湖泊及周边地区的开发建设，保护湖滨带的生态系统。沿湖新建项目在施工之前都要实行严格的环境影响评价，经政府审核通过后才能动工；政府对在湖中捕鱼、航行、旅游的行为，也都有严格的明文规定，最大限度地保护湖水免受污染。连接陆地与水面的湖滨带是保持湖泊生态平衡的重要地域，以往为了农业生产而不断扩大农耕用地，导致湖滨带生态遭到破坏，湖边大片湿地和芦苇消失，导致污水及泥沙直接流入湖中，严重影响湖水的水质。1980 年德国政府开始采取有效措施恢复、重建并保护湖滨带，政府和民间保护组织通过购买湖边私有耕地、弃耕建立自然保护区的方式重建湖滨带。据统计，沿湖已经建立了近 20 个自然保护区。

三是同时治理博登湖和莱茵河，大力恢复河流生态。通过对莱茵河这条主要入湖河流几十年的治理，使入湖水质明显改善。与此同时，对因船只航行、农田灌溉和防洪泄洪等原因在河流上修建的各类工程，要逐步拆除并以灌木、乔木、草坪作为天然屏障，曾被去弯取直的人工河道，要逐步恢复原有弯曲样貌，以恢复莱茵河的生机和活力。

德国对莱茵河的治理，堪称表率，而真正解决莱茵河污染问题，还要靠流域各国的协商与合作。

第二节　流域各国联合治理莱茵河的措施与成效

莱茵河流域各国联合治理水污染堪称国际合作应对自然环境问题的典范，其成功经验对于国际气候变化治理具有学习与借鉴的意义。莱茵河因为流经多个国家，因此需要各国的合作治理，因此莱茵河流域各国的合作历史较为悠久。早在 1885 年 6 月 6 日，沿岸各国缔结了《关于莱茵河鲑鱼渔业管理的协定》[①]，成立了“鲑鱼委员会”，对莱茵河的鲑鱼捕捞期和捕捞方式作出规定；此后莱茵河流域

---

① W. E. Burhenne & E. Schmidt (eds.) ,Convention Concerning the Regulation of Salmon Fishing in the Rhine River Basin, June 30,1885, reprinted in *International Environmental Law, Multilateral Treaties* 885, p.48.

各国还缔结了关于航运的国际公约，[①] 但这些协定中没有防止污染物排放的具体措施，加之工业化时期人们的主要精力都放在发展经济上，忽视了环境治理和保护。在莱茵河污染不断加剧的情况下，受害最严重的莱茵河下游国家荷兰率先提出成立保护莱茵河免受污染国际委员会，由此开始了沿岸各国综合治理莱茵河的历史进程。笔者认为，委员会对莱茵河的治理可以分为四个阶段：第一阶段 1950—1963 年，为初创阶段；第二阶段 1963—1976 年，为实际运行阶段；第三阶段 1976—1986 年，为实质性治理阶段；第四阶段 1986 年至今，为综合治理阶段。

第一阶段（1950—1963）：成立委员会，协调沿岸各国开展治理。

1950 年 7 月 11 日，由荷兰提议，瑞士、法国、卢森堡和德国等国在瑞士巴塞尔缔结了国际合作公约，组建"保护莱茵河国际委员会"（ICPR，以下简称"委员会"），由此开启了莱茵河的跨国合作治理的新时代。委员会的最高决策机构是各国部长联席会议，每年召开一次会议以解决重大问题；委员会实行轮值主席制度，每届任期 3 年，各国分工落实委员会的具体决定，并负担相关费用；委员会下设负责河流、航运等业务的分委员会，还包括由沿岸各企业代表和环保组织代表组成的观察组，负责监督各国工作的落实情况；分委员会还下设水质、生态、排放标准、防洪、可持续发展规划等专业技术性较强的小组，负责莱茵河治理的各项具体工作。

1953 年委员会召开第二次会议，开始讨论莱茵河污染尤其是氯化物问题。氯化物是莱茵河主要污染之一，1885 年河水中氯的浓度约为每立方米 40 千克 / 秒，而自 1950 年以来氯负荷迅速增加到平均 300 千克 / 秒，1977 年春测量到峰值为 835 千克 / 秒。[②] 法国的钾矿是主要污染源，占排放总量的 1/3，[③] 在法国阿尔萨斯的钾矿出产一种被称为希尔瓦尼矿的氯化钾和氯化钠混合矿物，加工过程中钾被分离出来用作农业肥料，而残余的

① Convention Relative to the Carriage of Inflammable Substances on the Rhine, September 4,1902, reprinted in 25 *International Protection* 220, id.

② Alexandre Kiss, The Protection of the Rhine against Pollution, *Natural Resources Journa*, Vol.25, No.3, 1985, p.629.

③ ［荷］E. 莫斯特:《国际合作治理莱茵河水质的历程与经验》,《水利水电快报》2012 年第 4 期。

氯化钠被倾倒在矿山周围，由于该地区没有设置不透水的分隔层，导致氯化钠渗入地下土壤，污染了地下水，进而排入莱茵河，总共有30%—35%的氯化钠通过这一途径进入莱茵河。在这次会议上荷兰明确指出，莱茵河氯化钠的污染源就是法国的钾矿和德国的工业排放。但是由于委员会对于各国没有强制力，各国之间的利益也很难协调，所以在委员会成立后的几年里，莱茵河污染情况并没有得到改善。1973—1975年间污染的状况不断恶化，据监测，在下游的荷兰河段，平均每年仍有47吨汞、400吨砷、130吨镉、1600吨铅、1500吨铜、1200吨锌、2600吨铬和1200万吨氯化物排入河中。①

第二阶段（1963—1976）：设立秘书处负责日常事务，莱茵河治理进入实际行动阶段。

严峻的事实使莱茵河流域各国认识到有必要扩大委员会的权力。1963年4月29日，流域各国在瑞士首都伯尔尼签署了《伯尔尼公约》，明确了委员会的具体职责，设立了协调各国政府的常设机构——秘书处，办公地点设在德国科布伦茨市，由12人组成，无论委员会主席如何更换，秘书长一直由荷兰人担任，这是因为荷兰位于莱茵河最下游，所受污染最为严重，因而对莱茵河治理关注度和积极性都很高，也最有发言权，最为客观公正。秘书处的设立奠定了莱茵河流域管理国际协调和发展的基础，治理莱茵河也进入第二阶段，开始了具体行动。为了能在欧洲地理范围内采取整治河流污染的行动，1968年5月6日，委员会颁布《欧洲水宪章》，提出12项在当时具有革命性意义的原则，包括：淡水资源并非取之不尽，用之不竭；水污染既危害人类也危害其他生物；水是人类共同的遗产；水没有国界，保护水资源需要国际合作。同年，委员会成员国还签署了一项在洗涤和清洁产品中限制使用某些洗涤剂的协定。根据该协定，应采取措施确保含有一种或多种合成洗涤剂的洗涤和清洁产品不允许投放市场，除非其所含的洗涤剂至少有80%可以被生物降解。这是委员会成立后的第一个具有实际意义的治理行动。

---

① Alexandre Kiss, The Protection of the Rhine against Pollution, *Natural Resources Journal*, Vol.25, No.3 ,1985, p.614.

第三阶段（1976—1986）：欧共体加入委员会，签署两个重要公约，莱茵河污染治理进入实质阶段。

1976年，欧洲共同体加入保护莱茵河国际委员会，12月3日，莱茵河沿岸四国、卢森堡和欧共体在波恩签署了《保护莱茵河免受化学污染公约》和《保护莱茵河免受氯化物污染国际公约》，这是联合治理莱茵河污染行动的重大突破，标志着莱茵河治理进入实质性阶段。《保护莱茵河免受化学污染公约》的序言明确强调，应对莱茵河污染的行动必须是全球性的行动；防止化学品污染必须与防止氯化物污染和热污染的其他协议相结合。这项公约是为保护淡水和海水不受污染而必须采取的持续性措施之一。任何排放到莱茵河流域的地表水必须事先得到有关政府主管部门的批准。该授权可以确定各国的排放标准，但各国的排放标准不得超过国际委员会规定的限值。极限值是以物质的毒性、持久性和生物积累能力为基础的固定值。公约特别列出流域各国排放到莱茵河国际水道废水中的污染物，即附件一——“黑名单”，其中最危险的污染物包括有机卤素化合物、有机磷化合物、致癌物质汞及其化合物、镉及其化合物、持久性矿物油和石油源碳氢化合物等。采取有效措施，杜绝这些物质对水体的污染，规定所有排入水中的可能含有此类物质的排放物必须事先得到同一领域主管部门的批准。除“黑名单”外，还有附件二——“灰名单”，指对水环境具有有害影响的物质，包括锌、铜、镍、铬等金属及其化合物；未出现在附件一中的杀菌剂；对产品的味道和气味产生有害影响的物质；有毒或持久性的硅有机化合物。为了减少这些物质对水域的污染，各会员国应制定减少污染方案并设定最后期限，规定排放“灰名单”上的物质需要事先批准，授权各国根据水质目标决定在地方或全国制定排放标准。《保护莱茵河免受化学污染公约》要求各方在其生效之日起两年内，与委员会协商后制定减少涉及附件一和附件二物质清单污染物排放的具体方案。委员会向各国政府提出减少莱茵河污染的共同目标，本国方案要为实现这些目标规定最后期限。必须采取措施，确保附件一和附件二的物质在储存和运输中不会有对莱茵河造成污染的危险。必须按照《保护莱茵河免受化学污染公约》的规定对排放进行监测，各国政府负责安装和操作测量系统，并定期将其监测结果和治理成效通知国际委员会。

莱茵河流域各国同时还签署了《保护莱茵河免受氯化物污染国际公约》，规定应控制本国领土内莱茵河流域所有大于1千克/秒的氯化物排放。各缔约方应向国际委员会提交年度报告，当国际委员会确定在某一测量点上，氯化物的负荷和浓度显示出持续增加的趋势，应要求造成这一增加的原因所在范围内的每一缔约方采取必要步骤制止这一趋势，也就是明确提出了进行跨国污染治理。在《保护莱茵河免受化学污染国际公约》生效4年内，国际委员会将就实现这一目标的手段提出建议，氯化物浓度逐渐受到控制。另一类措施是逐步减少阿尔萨斯钾矿所造成的现有污染。一般目标是每年平均减少向莱茵河排放至少60千克/秒的氯化物。法国政府采用底土注入法来降低阿尔萨斯矿场氯化物排放量，经过10年治理阿尔萨斯钾矿氯化物排放量降低到20千克/秒。解决方案中的注入系统将减少向莱茵河排放氯离子大约20%。该系统的费用约为1.32亿法郎，由缔约国按比例分摊：荷兰占34%，德国占30%，瑞士占6%，法国负担30%。这两个公约都具有一定的强制力，但又以仲裁作为主要解决方式，逐渐获得各方接受，成为治理莱茵河的具有法律效力的文件。尽管此后在执行过程中仍然遇到种种阻力和问题，但毕竟是一个良好的开端。

公约还建立起了各国间的应急报警系统。《保护莱茵河不受氯化物污染公约》第11条规定："当一个缔约方注意到莱茵河水域氯离子突然大量增加，或得知一个事故可能严重危害到这些水域的水质时，它将立即按照国际委员会拟订的程序，向国际委员会和可能受到影响的缔约方发出警报。"同样，《保护莱茵河免受化学污染公约》第11条规定："如果本委员会的一方政府发现附件一或附件二中的物质突然大量增加，或获悉可能严重威胁莱茵河水质的事故，应立即通知国际委员会和缔约各方，并按照委员会拟订的程序予以处理。"[①]在执行这项规定时，国际委员会必须首先审查莱茵河流域国家发出的警报系统，在确认无误后委员会可以通过决议，将调查范围扩大直至涵盖整个河流污染的范围，协同各相关国家进行治

① Convention for the Protection of the Rhine Against Chemical Pollution, Dec. 3, 1976.

理。新的警报系统于1982年开始运作，由莱茵河6个主要警报中心和摩泽尔河[1]的2个警报中心组成报警网络。莱茵河的6个警报中心顺着河流的流向依次排列，报警信息也是按照流向由上游向下游传递。摩泽尔河的2个警报中心只有在事故对莱茵河产生重大影响的危险情况下才会发出警报。警报的解除必须由权威机构确认。这一警报体系使莱茵河沿岸各国能够及时进行信息沟通，对污染问题作出有效应对。例如，2011年德国境内莱茵河中有一艘货轮翻船，船上装载的2400吨浓硫酸泄漏，委员会的"国际警报方案"紧急启动，下游各地区的政府机关、相关企业、沿岸居民等和过往船只都接到硫酸污染的警报，及时采取措施降低危机的负面影响。

公约虽然经流域各国签署并于1979年2月1日生效，但实施起来仍然任重道远。附件一所列的物质与1976年欧共体指令"黑名单"中所列的污染物很相近，因而在具体执行过程中造成了一定困难。1977年，委员会认为，生态毒理学数据只存在于其中约150种物质中，其中17种物质应优先处理，但流域各国对此意见不一，经过多次磋商也只是在汞和镉这两种物质的限值和质量目标达成一致。与此同时，成员国对于"灰名单"物质的减排项目了解甚少。[2]事实上，早在1974年6月11日，在巴黎欧共体中几个莱茵河流域国家签署了《防止陆源海洋污染公约》，根据这一公约，缔约方应单独和共同采取措施，防治陆源海洋污染。缔约各方承诺，严格控制该公约附件a第一部分的"黑名单"所列物质的污染。这些物质与1976年欧共体指令的对应清单非常相似。同一附件第二部分所列物质对陆源污染也有严格限制。为了履行这一义务，缔约各方在排放这些物质之前，必须出台具体实施方案和措施以及相应的授权许可证制度。这说明，《巴黎公约》和1976年欧共体指令的规定在"灰名单"的物质之间存在着强烈的平行关系。《巴黎公约》只对莱茵河的三个流经国德国、法国、荷兰适用，但对流域国瑞士和卢森堡没有约束力，各个国家可以自行选择实现这一结果的形式和方法。各国关于有害物质极限值的确定意见不

---

① 莱茵河在德国境内的第二大支流。

② Haigh, Introductory Report in Round Table On Ten Years of Water Protection in the European Community 3 (September 30, 1983).

一。除此之外，这两个公约只是以治理河水污染为主要目的，却没有从源头上改变莱茵河的生态环境，属于“治标不治本”的措施。就在莱茵河国际治理陷入困境的时候，1986 年发生的事情改变了这种状况。

第四阶段（1986 年至今）：开展“莱茵河行动计划”，污染防控和生态环境建设同时进行，进入综合治理莱茵河阶段。

1986 年 11 月 1 日，瑞士巴塞尔的桑多斯化工厂发生爆炸，在救火过程中有 20 吨剧毒农药流入莱茵河，造成 70 公里长的污染带；同年 11 月 21 日，德国巴登的化学公司因设备故障导致大概 2 吨的剧毒物质被排放进莱茵河。这两次污染给莱茵河带来了生态灾难，160 公里河段内的大量鱼类和水禽死亡，各国此前用于莱茵河治理的几百亿美元投入付诸东流，仅德国的损失就高达 300 多亿马克。这促使委员会重新考虑莱茵河的治理计划，沿岸各国的政府、企业和民众也猛醒过来，认识到了莱茵河生态环境的极端重要性。委员会决定从根源上解决莱茵河问题，不仅仅是污染排放的控制，而是重建莱茵河的生态系统，进行莱茵河的综合治理。1987 年，“莱茵河行动计划”正式启动。莱茵河行动计划包括污染治理和生态环境建设两个方面。委员会制定了莱茵河治理的水质目标：要求到 1990 年铅、镉、汞以及二噁英的减排目标提高至 70%，1995 年必须实现 43 种污染物减排 50% 的目标；制定污染源头的清单和减少扩散污染计划，采取有效措施从源头进行污染排放控制。为此各国都投入大量人财物力对莱茵河污染进行整治，兴建污水处理厂，采用新技术对污水废水进行处理，采取严厉措施处罚工业污水排放污染企业，成功恢复了莱茵河的水质。在此基础上，委员会提出了改善莱茵河生态环境的目标，恢复莱茵河生态系统，制定并执行有关水文、生物及形态变化的计划，如“鲑鱼 2000”计划，要求截止到 2000 年，必须使水质达到允许较高等鱼类品种（如鲑鱼）回归的标准；必须确保莱茵河可作为饮用水水源的标准。[①]

1995 年召开的委员会部长会议制订了莱茵河防洪行动计划，1998 年 1 月

---

① ［荷］E. 莫斯特：《国际合作治理莱茵河水质的历程与经验》，《水利水电快报》2012 年第 4 期。

22 日，在荷兰鹿特丹召开的第 12 届部长会议通过了这一计划，签署了新的莱茵河保护公约，把改善和保护莱茵河水质作为今后的重要目标。2001 年 1 月 29 日，在法国斯特拉斯堡召开的第 13 届部长会议上，沿岸各国签署了《2020 莱茵河流域可持续发展计划》，这标志着莱茵河生态环境综合治理正式启动。根据新的莱茵河公约，治理目标是谋求莱茵河流域的可持续发展，通过生态保护、防洪设施建设、北海水环境的改善等措施来维持莱茵河的可持续发展，修建和改善莱茵河及其支流、莱茵河流域地下水、流域水生和陆生生态系统、水污染以及防洪工程等；制订国际合作治理计划，综合评估计划的实施效果，及时向流域各国通报治理成果，以此做出科学决策；流域各国有效协同，确定了预防为主、源头治理优先、可持续发展、污染不转移等治理原则，采取了一系列的措施，包括取缔违规工程、河岸绿化、恢复自然河道等，重建莱茵河自然生态。

可以说，莱茵河综合污染治理是卓有成效的，目前莱茵河工业污水和生活废水处理率达到 97%，河水重新恢复洁净，有些河段的河水甚至可以直接饮用。委员会的综合治理不仅仅是针对污染，更重要的是生态建设，为此在原有基础上启动了一系列子计划，如洄游鱼类总体规划、土壤沉积物管理计划、微型污染物战略等，均取得显著成效。以鲑鱼洄游计划为例，鲑鱼对河水的质量要求较高，因此河中鲑鱼的数量也说明了河水的质量。这些综合治理措施都取得了很好的成效。自 1990 年至 2009 年，委员会投入大量资金进行整改以吸引鲑鱼洄游，其中仅改善鲑鱼洄游通道一项投资就超过 5000 万欧元，包括在莱茵河干流的伊菲兹海姆和格姆斯海姆蓄水区开辟鱼道，投资大约 2000 万欧元；在莱茵河三角洲的三个拦河坝设置鱼道，花费约 700 万欧元；在各支流中也同样配备了鱼道或类似设施，耗资约 2300 万欧元，还在特定水域开设了 1000 多公顷的各种鱼类产卵和幼鱼栖息地，这些措施使莱茵河的生态环境大为改善，各种鱼类和水禽重新回到莱茵河，其中就包括 5000 多条鲑鱼。[①]

这一时期一系列与莱茵河保护委员会相关的其他莱茵河组织也相继

---

① ICPR, Master Plan Migratory Fish Rhine, Technical Report, No.179, Koblenz, 2009 , pp.5-6.

建立起来，包括莱茵河盆地工程国际工作组（德语缩写 IAWR）、莱茵河和马斯河水资源公司（荷兰语缩写 RIWA）、德国联邦工作组（德语缩写 LAWA）、康斯坦茨湖国际保护委员会、奥斯陆和巴黎条约委员会、大马哈鱼莱茵河协会（ASR）、莱茵河流域水文国际委员会、保护摩泽尔河和萨尔河[①]国际委员会、莱茵河流域自来水国际协会、莱茵河船运中央委员会等。其中最重要的是莱茵河盆地工程国际合作组，1970 年成立于杜塞尔多夫，是包括荷兰、比利时、法国、德国、奥地利和瑞士等一百多个莱茵河工程的国际性联合组织。

表 7-1　莱茵河流域的国际组织及其分工

名称	职责	活动内容
莱茵河流域水文国际委员会	支持莱茵河流域水文科学机构的合作，促进莱茵河流域内的数据和信息交换，使莱茵河流域国家实现数据标准化	比较水文模型和仪器设备，调查泥沙输送，洪水的预报与分析，莱茵河地理信息系统开发，研究影响气候的因素等
保护莱茵河国际委员会	调查污染源、污染物输送和沉淀，为沿岸国家政府提供建议，起草保护莱茵河协议，实施政府间协议，规划防洪行动	调查莱茵河水体及动植物体内的污染物，生物和化学监测，研究生态形态，开发警报模型，监测排放等
保护摩泽尔河和萨尔河国际委员会	调查摩泽尔河和萨尔河污染情况，为沿岸国家政府提供建议，监督实施政府协议	生态系统研究，防治污染物排放的措施规划，测量系统标准化，主要污染物及其减少的详细记录，警报模拟等
莱茵河流域自来水国际协会	监测水质，饮用水源标准化分析，水质改善	比较水厂的水处理技术，比较分析程序和标准化，改善饮用水质的技术调查
康斯坦茨湖国际保护委员会	监测康斯坦茨湖水质，为沿岸国家提供建议，为流域提供污染防治措施建议	推动水质和湖泊研究，水质持续评估，可持续用水（饮用水源、娱乐）规划
莱茵河船运中央委员会	沿岸国家的航运合作，航道维护，技术 / 政策指南标准化	各工种组起草莱茵河流域国际航道的航运建议书，并监督航运

资料来源：中国国家水利部。

经过流域各国的不懈努力，至 20 世纪 90 年代，莱茵河治理计划的目

① 摩泽尔河流经德、法两国境内。

标基本上已经达到。经检测，33组污染物质的排放已经达到或者优于规定的标准，13组接近达标，12组的浓度非常低，只有7组污染物的减排目标尚未实现。[①]莱茵河下游河水中氨的年平均浓度从1972年的每升2.5毫克下降为1986年的每升0.5毫克，汞的浓度下降到原来的1/10，铬下降到原来的1/8，铅、铜、锌、铝、镍、砷含量也都大幅度下降。莱茵河行动委员会设定1995年43种污染物减排50%的目标中，氨、硫丹、4-氯甲苯排放在1993年就已经达标，50%的污染物浓度降低了80%以上，1986—1993年，有机卤化物减少了82%，磷的浓度也大大降低。只有硝酸盐浓度没有明显降低。到1990年，莱茵河上游和中游河段的水质已经由重度污染下降到轻度污染，下游整体水质为轻度—中度污染，河流中生物数量1900年为165种，污染严重的1971年降低到27种，1989年又上升到155种。[②]鲑鱼洄游计划取得成功后，荷兰政府和世界野生基金会共同发起鹳计划，旨在恢复莱茵河三角洲地区河滨森林和岛屿的稀有黑色鹳栖息地，对莱茵河生态环境的维护发挥了重要作用。

第三节　莱茵河水污染治理对国际气候治理的启示

莱茵河跨国治理水污染和国际气候变化治理虽然属于不同的领域，但都是国际治理的范畴，因此有共同之处。莱茵河跨国联合治理取得了成功，而国际气候变化治理却一波三折，尤其是在“后京都时代”，国际气候谈判连续遭遇挫折，哥本哈根会议、坎昆会议、德班会议和多哈会议都难以取得实质性进展，美国等主要发达国家退出气候协定，给国际气候治理带来诸多变数，因此国际气候变化治理有必要向莱茵河联合治理学习有益的经验。笔者认为，莱茵河联合治理对于国际气候治理的启示和借鉴主要可以归结为以下四个方面。

---

① ［荷］E.莫斯特：《国际合作治理莱茵河水质的历程与经验》，《水利水电快报》2012年第4期。

② ［美］马克·乔克：《莱茵河：一部生态传记1815—2000》，于君译，中国环境科学出版社2011年版，第162页。

一 成立专门组织机构负责协调沟通国际气候治理，这一机构应该拥有一定的沟通力和执行力

莱茵河的有效治理要归功于保护莱茵河国际委员会。委员会主要由莱茵河沿岸国家组成，都受到莱茵河污染的危害，也都在不同程度上是这一污染危害的制造者，因而对于污染治理有共同的诉求。成立伊始，委员会没有常设机构，因而对于协调沟通各成员国效率较低。自从成立常设机构秘书处之后，其工作才走上正轨。而此后欧共体以及欧盟的加入，在一定程度上强化了委员会各国间的沟通能力，因为欧共体的协调沟通能力无疑比委员会更强，对各成员国的约束力和对各种协议法规的执行力也更强，以此确保了莱茵河联合治理行动的有效开展。国际气候治理目前却没有一个类似保护莱茵河国际委员会尤其是其秘书处这样的常设机构，联合国成立的政府间气候变化专门委员会（IPCC）只是一个负责对气候变化进行研究并定期撰写报告的科学咨询机构，能够发挥一定约束作用的仅仅是框架协议，如《京都议定书》《巴黎协定》等，各国之间的协商沟通谈判主要靠召开一系列会议来进行，如哥本哈根会议、德班会议、坎昆会议等，会议时间有限，不能确保各国和各利益集团之间有效协商沟通。参与国际气候治理的各利益集团之间对于治理方式方案的诉求差异很大，如以法国、德国、英国为首的欧盟集团态度积极，以美国、日本、加拿大为代表的伞形集团相对比较消极，众多落后和发展中国家组成的“77 国集团”和小岛国家集团则要求各发达国家进一步加大治理力度，增加对落后国家资金和技术的支持与援助，具体到各个国家，尤其是国际影响较大的国家，也出于对本国利益的维护而采取不同的治理方案，如前文提及的美国、澳大利亚和日本对于国际气候变化治理的消极态度主要是出于对国内经济发展的考虑。各利益集团和各国之间的诉求差异，就更加需要成立一个常设的国际气候治理组织，由联合国、各主要国家和集团以及非政府组织派出代表参加，协调沟通各方，制定治理的总体目标和具体方案，处理气候治理的日常事务，等等。除此之外，组织内部还应该设立类似联合国常任理事国这样的机构，由在国际

气候治理中能够发挥重要作用的国家组成，如美国、欧盟、中国、印度等，这样才能确保国际治理的有效开展和有序进行，同时能够就各种问题及时进行沟通和协商。

二　建立健全相关法律法规，签署精确明晰的共同治理协议，为有效开展治理提供有效依据

上文已经指出，1976 年莱茵河沿岸各主要国家和欧共体签署了《保护莱茵河免受化学污染公约》和《保护莱茵河免受氯化物污染国际公约》两个重要协议，为此后联合治理莱茵河污染提供了切实可行的依据，尤其是其附件“黑名单”和“灰名单”确定了有机卤素化合物、有机磷化合物、汞及其化合物、镉及其化合物等主要污染物，各签约国均同意采取措施消除“黑名单”的有害物质排放并逐渐减少“灰名单”的物质排放，之后这一有害物标准不断细化、精确化，为各国治理污染提供了明确的依据。这些协议和公约虽然不具备强制约束力，但其属于国际法范畴，各国在签署协定后就有共同遵守的责任和义务，但同时要在本国内的法律框架下通过相关的法律程序，成为莱茵河污染治理和生态保护的依据，例如德国在公约的基础上制定出台了《垃圾处理法》《用水规划法》等一系列保护水源的法律，为防治水污染提供了有力的保障。目前，国际气候治理机制中还缺少这样的明确精细的国际公约，只是采取框架公约、议定书和补充协议相结合的方式，如 1992 年签署的《联合国气候变化框架公约》是总体框架，1997 年签署的《京都议定书》是国际气候治理的具体化，却遭到美国等发达国家的抵制。此后的《波恩政治协议》、“巴厘路线图”、《巴黎协定》等都是根据具体情况（如《京都议定书》到期）而做出新的调整。这些框架、协议与传统的国际公约和条约有所不同，属于国际软法性质，内容比较宽泛，标准也不够明晰，很多是一般性原则，对各参与国的约束力很低，对不积极治理的国家也没有严格的惩罚机制。因此，借鉴莱茵河跨国治理的成功经验，有必要在国际气候治理机制中增添更为明确、精细、具体和严格的内容，为有效开展国际气候变化治理、应对气候灾害提供明确有效的依据。

三 促成G20峰会与国际气候治理的融合，推动国际气候治理的发展

莱茵河跨国治理的初始阶段效率比较低，也没能开展更为有效的治理行动，这主要是因为委员会自身不具备权威，缺乏执行力和沟通力。1976年欧共体加入莱茵河国际治理的行列，这使委员会的执行效率大为提高，这是因为欧共体和后来的欧盟在协调沟通、推动成员国合作、执行公约、解决问题上比委员会更有权威和效率。欧共体和欧盟的加入，使此后的两个重要治理公约能够顺利通过并根据公约的原则进行流域国家的联合治理，成为推动此后多项治理莱茵河国际合作的重要力量。国际气候治理仅仅靠框架公约和议定书，是不能协调各国、各集团的利益的，也难以解决治理过程中出现的问题，所以国际气候合作治理困难重重，美国可以随意退出《京都议定书》和《巴黎协定》，部分国家也可以不执行框架公约和议定书的规定，各国和各利益集团在国际气候谈判中出现的分歧和矛盾难以调和，从而导致国际气候治理充满变数，进展缓慢。

因此国际气候治理也应该借鉴莱茵河跨国治理的有益经验，引入有权威、有力度的外部机制。目前看来，G20领导人峰会是比较适合的外部力量。G20峰会囊括了目前主要的发达国家和发展中国家，能够代表国际气候治理中各方的利益；G20峰会成员国GDP占世界总量的85%，具有非常雄厚的实力；G20峰会很重视气候问题，能够利用其强大的影响力来推动气候国际治理。从2009年伦敦峰会开始，G20开始关注气候问题，将气候适应等议题列入会议核心议程。2011年戛纳峰会上，G20关注气候与能源问题，向绿色气候基金提供支持。2013年圣彼得堡峰会上，G20领导人更为关注气候问题，峰会发布的公报中有十分之一是气候方面的内容，各国领导人还作出了11项气候和19项能源方面的承诺，包括使用清洁能源、推动绿色增长等。2016年的G20杭州峰会大力推动《巴黎协定》落到实处，使这一协定仅仅用了11个月就生效，而此前的《京都议定书》用了86个月才生效，框架公约也用了22个月生效，G20对于推动国际气候合作的强大影响力由此可见一斑。因此，应当采取适当措施促成国际气

候治理和G20领导人峰会的有机融合，是解决目前国际气候治理困境的有效路径。目前看来，G20与国际气候治理的框架公约有相一致的地方，也有不同之处，对气候、能源等问题的高度关注是一致的，气候议题在G20中也越来越受到重视，但二者的侧重点和实施路径有所不同。从长远来看，二者实现一定程度的有机融合，还是很有可能性的，而在融合之后，G20势必将成为框架公约中不可忽视的重要力量，将对解决各国、各集团之间的矛盾冲突并推进国际气候治理的合作发挥不可替代的作用。

四　主要相关国家应该发挥重要作用，成为国际气候治理的“领头羊”

莱茵河跨国治理能够取得成功，德国的积极参与和不断努力是重要因素。德国是莱茵河流经区域最长的国家，也是莱茵河污染的主要制造者，同时还是治理莱茵河最为积极的国家，其在健全相关法律、推动污染治理、严格监督执法等方面力度最大，资金投入也要远远多于其他国家，说德国是莱茵河跨国治理的“领头羊”并不过分。目前国际气候治理也需要这样的“领头羊”。原本，美国和中国作为发达国家和发展中国家的代表，应该成为国际气候治理的两个“领头羊”，但美国近些年因为国内外情况的变化，对国际气候治理的态度越发消极，先后退出了《京都议定书》和《巴黎协定》，已经不可能成为国际气候治理的“领头羊”，中国是发展中国家，近些年虽然致力于产业升级和环境保护，但依然缺乏成为“领头羊”的经济实力、技术水平和国际影响力。由此可见，单个国家是不能做国际气候治理的“领头羊”，这就需要有相近诉求的集团联合起来。目前国际气候治理中存在5个利益集团，其中伞形集团以美国、日本、加拿大、澳大利亚等国为主，是对国际气候治理和温室气体排放持不同意见的国家，与框架公约的内容很多是背道而驰的；77国集团多为落后的发展中国家，资金和技术都不占优势，而且内部也存在诸多矛盾；小岛国家集团以马尔代夫、几内亚比绍、苏里南等国为主，虽然对国际气候治理诉求强烈，但其实力均很弱，经济落后。因此，目前较为适合联合起来集体领导国际气候治理的就是欧盟和基础四国，欧盟的成员国德国、法国、英国等都是积极参与国际气候治理的发达国家，拥有雄厚的资金和先进的技术；基础四国包括中国、印度、南非和巴西，是发展中国家中实力最强、经济发展速度最快和对国际气候治理态度较为积极的国家，这四个国家来自亚洲、非洲和南美洲，很具有代表性，而且各自在所在区域有较强的影响力。欧盟是发达国家的代表，基础四国是发展中国家代表，二者的联合可以有效促进发达国家和发展中国家在气候治理问题上的协商、沟通与合作，从而解决目前国际气候治理中最主要的难题。因此，欧盟和基础四国应该建立起融合机制和框架，以有效发挥“领头羊集体”的作用，推动国际气候治理的不断发展，有效消减和应对气候灾害。

第八章　德国气候变化治理的政策措施与法律体系

上文介绍了气候变化治理国际层面的协商合作与矛盾纠纷，以下介绍欧美发达国家在进行气候变化治理方面的先进经验。尽管欧盟集团和伞形集团在国际气候治理的路径和目标方面存在分歧，但在采取措施进行气候治理、减少温室气体排放这一问题上是一致的。虽然各发达国家因为减排额度分配等问题在国际治理层面矛盾重重，但在国内气候变化治理、防控大气污染方面却都是十分积极认真、颇有效率的，因为这涉及国内经济发展和人民生活质量，涉及社会各界和民众对政府和领导人的支持度，是需要认真对待的。发达国家，尤其是德国和美国在国家层面的气候变化治理成果较为突出，其有益的经验值得我们学习和借鉴。在接下来的两章里，我们主要介绍欧美发达国家，主要是德国和美国在气候变化治理的政策法律层面和经济市场层面的有效措施与有益经验。

欧美国家工业化进程开始得比较早，发现气候变化问题也较早，因而政府较早就开展针对这一问题的行动，制定政策、协调各方、健全法律法规，等等。目前，欧美发达国家基本上都建立起了较为系统完备的法律法规，政府十分重视治理气候变化和应对大气污染问题，其治理的理念和技术先进，设置的机构职能明确，法律法规健全完备，政策措施得当，注意协同社会各界进行治理，其成效颇为显著。以下我们分别介绍德国和美国这两个发达国家是如何在政策法律层面采取有效措施进行气候变化的治理，以期对我国有所借鉴。

第一节 德国气候变化治理的政策措施

德国是较早完成工业化的发达资本主义国家，如今已经成为世界第四大经济体和第五大能源消费国，是欧盟的龙头国家。德国一贯对于气候变化治理态度积极，不但在国际层面和欧盟内部大力推进气候变化治理，积极参与国际合作，而且在国内也十分重视这一问题，加之其国内石油天然气储量很少，因而政府不断出台相关政策进行产业结构调整，鼓励使用新能源、清洁能源和可再生能源，同时注重法制建设，不断制定和完善相关法律法规，堪称世界气候变化治理的表率。

德国政府非常重视气候变化治理，设立一系列专门机构来负责制订和推行治理计划，不断出台新政策，采用新技术，加大研发投入，协调整合社会各界力量，共同推动德国产业升级和能源结构调整。德国是联邦制国家，其联邦政府负责制定总体计划和宏观政策，下边的16个州政府依据联邦政府的政策，根据本州的具体情况制定相关政策。

德国联邦政府负责气候变化治理的部门主要是联邦环境部（全称德国联邦环境、自然保护、建筑和核安全部，简称BMU），成立于1986年，总部设在波恩，现任部长为施雯嘉·舒尔茨，该部主要负责制定相关法规政策、资助新技术研究、促进国际合作以及积极与公众沟通推动共同合作。[①] 联邦环境部下设8个司，分别负责气候、核安全、水资源、交通、建筑、自然资源可持续发展、总务、新闻传播等事务，其中与气候变化相关的主要是国家政策、欧盟政策和气候政策司，司长是卡斯滕·沙驰博士。该司下辖国家环境政策局、欧盟环境政策局和气候政策局，其中气候政策局是负责气候变化治理的主要部门，下设6个处：一处负责气候政策和行动计划战略制定，二处负责制定气候与能源的相关法规，三处主管国家气候变化治理措施以及在工业和商业方面的气候政策、碳排放交易，四处是气候与能源转换政策处，五处是气候政策与

---

① 德国联邦环境部网站：https://www.bmu.de/en/ministry/tasks-and-structure/.

能源高效利用处，六处是国际合作处。[1]除此之外，德国政府还设有联邦环境署（UBA），成立于1974年，主要负责监测收集有关环境状况的数据，及早发现环境风险和威胁并进行评估，然后向环境部等联邦机构提供政策建议。《京都议定书》签署之后，环境署还具体负责审批、监督清洁发展机制和履约项目的执行情况以及减排交易监管等工作。联邦环境署的总部原设在柏林，2005年搬迁至萨克森安哈尔特州的德绍罗瑙，共有1600多名工作人员，分别在总部和12个分支机构工作，其中包括7个空气质量监测站。[2]与气候变化治理相关的德国联邦政府部门还有联邦交通部、联邦教研部、联邦经济部等，还有些机构经常与联邦环境部与环境署协同行动，如经济部的“可再生能源出口倡议”，教研部的“未来城市研究和创新战略议程”，交通部的“燃料电池技术国家创新计划”“国家电动汽车发展计划”等，它们都是与气候变化治理密切相关的。总体来说，德国政府的气候变化治理政策措施主要包括制定并执行相关计划和政策、投资推动能源转换和创新技术发展、协调社会各界共同行动、积极推动国际合作等，其立法方面的工作将在下一节专门论述。

一　制定执行气候变化的计划和政策

德国人以细致精密而闻名，其行动之前都会制订周详的计划，气候变化治理也是如此。德国政府制订的气候变化治理计划可以分为宏观和微观两种。宏观的主要有《气候保护国家方案》和《国家减排行动计划》。早在1990年12月德国就制订了一项二氧化碳减排计划，此后德国积极采取各种措施节能减排，1999年4月德国还开始征收生态税，提高燃料、天然气、汽油等的税率，德国的温室气体排放有所下降。据统计，1990年德国6种温室气体排放中，二氧化碳为1014.4Mt[3]，其他5种为203.7Mt，共计1213.5Mt；1995年二氧化碳排放降至898.8Mt，6种温室气体排放合

---

① https://www.bmu.de/fileadmin/Daten_BMU/Organigramme/organigramm_en_bf.pdf.

② 德国联邦环境署网站：https://www.umweltbundesamt.de/en/the-uba/about-us.

③ Mt，气体排放单位，百万吨。

计 1061.8Mt；1999 年进一步下降到 986Mt。[①] 这说明德国的温室气体减排政策措施很有成效。在此基础上，德国制订了更为系统、全面、具体、细致的减排计划。2000 年 10 月，德国政府出台了《气候保护国家方案》，共包括 64 项减排措施，涉及工业、能源、交通、建筑、农业等 7 个领域，这也表明德国政府兑现了此前的减排承诺，即 1995 年在柏林召开的第一届世界气候变化大会德国政府所做的将在 2005 年实现二氧化碳排放比 1990 年减少 25% 的承诺。2002 年 5 月，德国联邦议院批准了《京都议定书》，因此在 2005 年德国政府对 2000 年的《气候保护国家方案》进行了更新，在实现减少 21% 温室气体排放的同时，将住房、交通、建筑等都纳入减排范围，提出了更为具体的措施，强调要推动改善能源结构和提高能源利用效率，其方式上也更为灵活多样，除了既有强制性的政策法律措施和经济刺激手段之外，还有信息沟通、舆论宣传、教育培训等。为了实现减排承诺，德国政府还制订了阶段性国家减排行动计划，如在 2004 年 3 月 31 日制订的 2005—2007 年减排行动计划中，确定在 2005—2007 年将 6 种温室气体排放量降至 982Mt，在 2008—2012 年降至 962Mt，其中二氧化碳分别降至 859Mt 和 846Mt。[②] 2007 年 12 月，德国联邦议院批准了《能源与气候保护综合方案》(《一揽子方案》)，通过了旨在落实综合方案的 14 项法案，涉及能源利用效率、交通运输、二氧化碳排放、新型能源等领域。默克尔政府推出了“能源概念”目标，进一步调整减排计划，加大减排力度，远远超过欧盟的标准，例如欧盟的标准是到 2020 年温室气体排放比 1990 年减少 20%，而德国政府的指标是 40%，同时将 2050 年的减排目标定为 80%—95%，由此可见德国政府进行气候变化治理的积极性和决心。

2010 年 9 月，德国政府公布了名为《能源战略 2050——清洁、可靠

① National Allocation Plan for the Federal Republic of Germany 2005-2007，德国联邦环境部官网，https://www.bmu.de/fileadmin/Daten_BMU/Bilder_Unterseiten/Themen/Klima_Energie/Klimaschutz/Emissionshandel/nap_kabi_en.pdf.

② National Allocation Plan for the Federal Republic of Germany 2005-2007, 德国联邦环境部官网，https://www.bmu.de/fileadmin/Daten_BMU/Bilder_Unterseiten/Themen/Klima_Energie/Klimaschutz/Emissionshandel/nap_kabi_en.pdf.

和经济的能源系统》报告（《能源战略 2050》方案），阐述了德国未来 40 年的能源政策发展路径，强调用新的可再生能源代替传统的煤、石油、天然气、核电等一次性能源，加快现有电网与可再生能源的并网，提高建筑住房的能效性，大力推动电动汽车的生产制造，进一步发展可再生能源的开发与利用技术，等等。2011 年德国政府又对这一战略进行补充，增加了 11 个方面的内容，尤其强调将发展风力能源作为可再生能源的重点，要求大力加快海上风能电网的建设速度，计划到 2020 年海上风电装机容量应达到 10 吉瓦（GW），到 2030 年达到 25 吉瓦的目标。签署《巴黎协定》之后，虽然各国可以自主贡献，但德国的气候变化治理依然十分积极，目标非常明确。2016 年 11 月 14 日，德国政府制定了《气候保护规划 2050》，在描绘 2050 年远景的基础上明确了 2030 年的减排目标，即比 1990 年的二氧化碳排放量（12.48 亿吨）减少 55%，其中能源产业 2030 年的二氧化碳排放量为 175Mt—183Mt，比 1990 年降低 61%—62%；工业是 140Mt—143Mt，降低 49%—51%；交通运输排放量为 95Mt—98Mt，降低 40%—42%；建筑物为 70Mt—72Mt，降低 66%—67%；等等。该规划还确定了未来七个方面的战略部署，包括成立一个“经济增长、结构转型和地区发展”委员会，负责制定综合政策和筹措资金等工作；政府和企业共同发起一个旨在减少工业生产中的温室气体排放的研究项目；增加德国森林面积；进一步发展德国的环保税；等等。[①]

除此之外，德国政府还出台一些宏观计划，并非专门针对气候变化，但其中包含这一内容，如 2004 年德国政府颁布了《国家可持续发展战略报告》，强调应建立气候变化治理的配套政策，尤其要重视石油、煤等能源的转换。2006 年发布的《德国高技术战略》的主旨是通过技术创新来降低工业污染，其中就包括“气候保护高技术战略”，德国联邦教研部在 2006—2016 年间投入 10 亿欧元的专项资金，用于提高能源使用效率、使用可再生能源、减少温室气体排放等方面的新技术和新设备，以此推动德国低碳经济的发展。

---

① The Climate Action Plan 2050, 德国联邦环境部官网，https://www.bmu.de/fileadmin/Daten_BMU/Download_PDF/Klimaschutz/klimaschutzplan_2050.pdf.

除了宏观计划之外，德国政府还制订了一系列具体的微观计划，以推动在建筑、交通等各个领域进行节能减排、使用新能源等。例如，2001 年德国政府推出 10 万太阳能屋顶计划，2003 年推出住宅改造计划，2004 年实施针对汽车和物流的微系统计划，2005 年实施生物质能行动计划，2006 年推出有机发光二极管研发计划，2007 年推出有机太阳能光伏电池研发计划、国家能源效率行动计划、气候保护高技术战略计划等，2008 年实施节能降耗产品研发计划等，2009 年制订国家电动汽车发展计划、生物质能国家行动计划等，2010 年实施国家氢燃料电池计划、二氧化碳减排技术研究计划等。这些具体计划，有的是政府直接策划实施，有的是资助科研机构、咨询智库等进行研究，有的是政府与工商界的协同行动，目的都是促进节能减排和能源转换。德国各州也可以以国家计划为指导，根据自己的实际情况制订气候变化治理计划，如德国第一能源大州北威州的能源结构以煤为主，因此根据自身情况将 2020 年减排目标定为 25%，而非国家的目标 40%，同时因为该州是温室气体排放大户，因而政府的计划中没有实施碳排放交易机制；德国另一个温室气体排放较高的巴登符腾堡州也根据自身情况将 2020 年减排目标定为 25%，2050 年目标定为 90%，与联邦政府的指标有所不同，这体现了德国政府政策和计划制定的原则性与灵活性的均衡。

二 设立专门机构和专项资金推动能源转型

德国政府在气候变化治理过程中不断成立各种专门机构，设立专项资金并加大资金投入，尤其是在能源转型方面。能源产业是温室气体排放的“大户”，据统计，1990 年德国二氧化碳排放总量为 12.48 亿吨，而能源产业的排放为 4.66 亿吨，占总量的 37.3%；2014 年总量为 9.02 亿吨，能源产业排放 3.58 亿吨，占比为 39.7%。因此，能源是德国政府气候变化治理的主要部分。德国的气候治理主要是能源转型，也就是用清洁的、可再生的能源取代现有能源，尤其是煤和石油这种化石型能源。除此之外，提高现有能源利用效率，节能减排也是一个重要内容。为了实现能源转型，提高能源利用效率，2000 年德国开始了“放弃核电 + 低碳”的能源转型的进程，同年由德国政府和德国复兴信贷银行、安联股份公司、德意志银行和德国联邦银行成立德国能源署（简称 DENA），总部设在柏林，共有工作人员 226 人，现任署长为安德列亚斯·库尔曼。能源署作为实施能源转型的主要机构，旨在德国政界、工商界和各州政府之间架起合作沟通的桥梁，支持能源转型项目的研发，在提高能效和能源转型方面向企业提供信息和建议，同时在国际上大力推广能源转型。能源署的主要任务是联合政商两界支持与推动各种能源转型和提高能效项目发展，自成立以来已经发起并资助了 650 个相关项目，在目前正在实施的 58 个项目中，提高能源利用效率的就有 30 个，可再生能源项目 20 个。能源署的支持对象不仅仅在德国，还有其他国家，例如在中国就有 2 个项目，分别为 2006 年开始的城市建筑能效项目和 2015 年开始的生态城市建设，前者在 30 个城市进行试点，后者则已经推广到 21 个城市。[①] 除了专门机构以外，德国政府还与学术界合作成立了一系列研发机构，如弗朗霍夫学会太阳能研究所、弗朗霍夫风能和能源系统技术研究所、太阳能与氢能研究所、生物质能源技术研究创新网络、德国风能利用技术创新研究集群等。

无论是气候变化治理项目，还是科学研发项目，都需要资金支持。德国政府对于各种气候变化治理项目的资金投入，主要来自生态税、能源税和排放权交易的所得。德国政府从 2004 年就开始向气候治理与能源转型投入资金，主要由联邦经济与能源部拨款，其中主要是能源与可持续发展拨款和能源与气候变化基金。能源与气候变化基金（EKF）是 2010 年建立的专项基金，2011 年投入资金 3 亿欧元，2012 年为 7.8 亿欧元，2011—2014 年共投入 34 亿欧元，其中为提高建筑物能源利用效率投入 15 亿欧元，向能源转型研究项目投放 5.28 亿欧元研究资金，向可再生能源项目投放 3.5 亿欧元，向电动汽车研发项目投入 3.23 亿欧元，向各州的气候变化治理项目投入 1.68 亿欧元，等等。[②] 以近 5 年为例，2014 年德国经济事务和能源部预算总额为 74.18 亿欧元，其中用于能源与可持续发展为 28.33 亿欧元，能源和气候变化专项基金拨款

---

① 德国能源署官方网站：https://www.dena.de/en/about-dena/?tx_rsmpageadds_listprojects%5BchangeFilter%5D=20&tx_rsmpageadds_listprojects%5BsearchWord%5D=&tx_rsmpageadds_listprojects%5Bcontroller%5D=ListProjects&cHash=c01c28c53a2e1b1914f2cea6cbabe103#c21165.

② BMU, Climate Protection and Growth, Berlin, Public Relation Division, p.15.

11.93 亿欧元；① 联邦环境部获得拨款 36.47 亿欧元，其中多数用于城市环境建设。②2015 年德国经济与能源部总预算 71.25 亿欧元，其中用于能源与可持续发展为 25.04 亿欧元，能源和气候变化基金 13.11 亿欧元；③2016 年经济部拨款为 76.2 亿欧元，其中用于能源与可持续发展 26.24 亿欧元，能源和气候变化专项基金 20.4 亿欧元；④2017 年该部拨款 77.35 亿欧元，其中用于能源与可持续发展资金共 25.7 亿欧元，能源与气候变化基金拨款 28 亿欧元；⑤2019 年联邦议会批准经济与能源部预算 81.88 亿欧元，其中用于能源与可持续发展资金 22.52 亿欧元，能源与气候变化基金拨款 45 亿欧元，经济与能源部管理将近 37 亿欧元，其中有 20 亿欧元是用来进行改造建筑物以提高能效。⑥ 表 8–1 是 2014—2017 年德国能源与气候变化专项基金的具体使用情况。

表 8–1 2014—2017 年德国能源与气候变化专项基金使用情况

（单位：亿欧元）

年份	提高能效研究项目资金	提高能效专项基金	电动汽车研发	企业补贴	建筑节能改造	可再生能源研发与能源转型	可再生能源市场激励计划	其他	总额
2014	0.55	1.32	0.72	3.5	4.09	0.59	1.07	0.09	11.93
2015	0.59	1.4	0.67	2.03	6.74	0.58	1.01	0.093	13.11
2016	1.87	2.82	0.665	2.45	10	1.12	1.232	0.243	20.4
2017	1.1	4.63	1.92	3	3.46	1.05	2.65	10.19	28

2013 年，能源和气候变化基金下设立了森林气候基金，共投放 5500 万欧元，资助了 170 个项目，主要为森林保护、增加森林面积等方面。可

① 2014 budget BMWi. 德国联邦经济与能源部官网，https://www.bmwi.de/Redaktion/EN/Artikel/Ministry/budget-2014.html.

② 2014 budget BMU. 德国联邦环境部官网，https://www.bmu.de/en/pressrelease/hendricks-2014-budget-will-give-a-boost-to-germanys-cities-and-municipalities/.

③ 2015 budget BMWi. 德国联邦经济与能源部官网，https://www.bmwi.de/Redaktion/EN/Artikel/Ministry/budget-2015.html.

④ 2016 budget BMWi. 德国联邦经济与能源部官网，https://www.bmwi.de/Redaktion/EN/Artikel/Ministry/budget-2016.html.

⑤ 2017 budget BMWi. 德国联邦经济与能源部官网，https://www.bmwi.de/Redaktion/EN/Artikel/Ministry/budget-2017.html.

⑥ 2017 budget BMWi. 德国联邦经济与能源部官网，https://www.bmwi.de/Redaktion/EN/Artikel/Ministry/budget-2017.html.

见，德国政府在气候变化治理和能源转型方面的投入是比较大的，在经济能源部每年的拨款中，能源与气候变化的资金都占到一半或一半以上。这还不是气候治理资金的全部，除了联邦经济能源部和环境部以外，联邦交通部、农业部、教研部等政府机构也都有气候变化与能源转型的资金划拨，如联邦交通部从2009年到2019年共拨款50亿欧元用于发展电动汽车，其中3亿欧元用于电动汽车充电设施建设，6亿欧元用于购买电动汽车补贴，等等。[①]德国的工商界和金融界也积极向气候变化治理领域投放资金，共同推动节能减排事业发展。

三　各方协同联合进行气候变化治理

这里的各方协同包括三个层面：政府各机构的协同、政府与工商界的协同以及政府与社会的协同。其中德国政府充分发挥协调沟通的作用，协同各方共同进行气候变化治理。

（一）政府机构之间的协同

前文已经指出，德国政府中涉及气候治理的主要有联邦环境部、经济与能源部、农业部、教研部和交通部。其中，环境部主要负责制定气候变化治理政策，与相关研究机构合作进行气候治理技术创新，管理德国的碳排放交易；而交通部主要负责电动汽车的研发和推广使用、新型燃料电池研发以及其他交通工具能源利用效率提高等；经济与能源部主要负责制定相关能源政策，划拨资金以推动能源转型和提高能效；教研部主要负责与各高校和研究机构合作，进行气候变化、能源转型、可持续发展等方面项目的研发，如“HD（CP2）计划”就是建立中期区域气候和极端天气变化的预测模型系统，教研部还与德国180多所大学和120多个研究机构合作进行能源转型研究，[②]因此，教研部获得的研发经费也最多，例如2017

① Electricmobilityinanutshell. 德国联邦交通部官网，https://www.bmvi.de/EN/Topics/Mobility/Electric-Mobility/Electric-Mobility-In-A-Nutshell/electric-mobility-in-a-nutshell.html.

② Climate Change and Climate Protection. 德国联邦教研部官网，https://www.bmbf.de/en/research-for-climate-protection-and-climate-change-2134.html.

年德国政府一共划拨171.12亿欧元的研发经费，教研部获得100.28亿欧元，经济部获得35.6亿欧元，交通部获得3.35亿欧元。[①] 农业部主要负责农业和林业等方面的发展政策和具体措施。这些政府机构除了各自负责气候变化治理和能源转型方面的事务之外，还经常进行横向联合，共同承担重大项目，例如，2009年交通部、环境部、经济部、教研部共同发起了“国家电动汽车计划”，根据该计划，德国将在2020年拥有电动汽车100万辆，到2030年达到600万辆，这一计划今天仍在进行中；2010年，环境部、经济能源部、农业部和环境署、统计局等机构组成可再生能源统计工作组，共同推动新能源和可再生能源的开放和推广；2013年，德国联邦环境部、交通部、经济部和各地方政府联合发起了“未来城市”平台，主要聚焦城市能源利用、能源转型、对气候变化的适应性和弹性等方面的研究。

（二）政府与工商界的协同

企业是温室气体排放的大户，因此，要想有效进行气候变化治理，政府就必须与企业和工商界进行合作。德国政府就很重视这一点，制定各种政策措施充分调动企业的积极性，发挥企业应有的作用，奖惩手段并用，共同推动气候变化治理。能源转型、使用新的可再生能源一直是德国气候治理的中心，德国可以称得上是世界上最重视新型能源开发利用的国家，因此德国政府与企业、工商界的合作也主要在能源转型和能效提高方面。1999年4月1日，德国政府就开始征收生态税，煤、电、石油、天然气等能源行业都在征收范围内，为了使企业有一个适应阶段，政府对矿物、石油行业分六次征税，对电力行业分五次征税，对天然气分两次征税，推动了企业积极采取措施进行能源转型。2003年德国经济部实施“可再生能源出口倡议”计划，每年拨款500万欧元，鼓励扶助德国的中小企业进入可再生能源交易的国际市场。2006年4月—2007年6月间，德国政府会同企业界代表，召开了三次“能源峰会”，就能源转型和能效提高等问题

---

① Federal Report on Research and Innovation 2018,p.70. 德国联邦教研部官网，https://www.bmbf.de/upload_filestore/pub/Bufi_2018_Short_Version_eng.pdf.

达成了一系列共识，如政府和工商界代表一致认为，在国家能源战略中，能源价格合理、能源供应安全和能源环境影响同等重要，不能因为气候变化治理就影响工业和能源产业的正常发展。因此，国家一方面与企业积极合作，开发新能源，为新能源企业提供各种优惠和资金支持，例如，德国政府对从事太阳能、风能、水力、地热、生物能等的企业免收生态税，同时还给予优惠政策，如使用“热电联产”的电能每千瓦补贴 1.65 欧分；除了税率优惠之外，政府还直接向新能源企业和市场划拨资金，以 2017 年为例，经济与能源部拨款预算中包括可再生能源的市场激励计划拨款 2.3 亿欧元，中小企业能效提高改进 4100 万欧元，供热和供电的可再生能源改造资金 1.535 亿欧元，4.55 亿欧元用于建筑物节能改造，等等。[①] 除此之外，德国还建立绿色金融体系，向相关企业提供长期的资金支持，如德国联邦和州政府全资拥有的德国复兴信贷银行建立了“可再生能源投资扶持贷款项目”，在 1998—2002 年间向可再生能源企业提供 6.5 亿欧元的优惠贷款，其利率优惠程度在 50% 左右；前文提及的德国能源署是由德国联邦政府、复兴信贷银行、安联保险集团、德意志银行和德国联邦银行共同控股的公司，利用政府和金融机构的资金，设立一系列项目来推动德国能源转型和能效利用，例如，2013 年 11 月—2016 年 6 月，能源署在巴伐利亚州进行电力需求侧营销试点，旨在推广新的可再生能源，以取代传统能源，共有 180 家企业和公司参与，2014 年 7 月，能源署又在巴登符腾堡州进行试点，有 136 家企业和公司参与；[②]2007 年能源署开始设立能源效率奖，鼓励各企业、公司和科研机构参与，获奖方案可得到 30000 欧元的奖金，创办以来共收到德国和其他国家的共 661 个节能方案，其中 40 个获奖。[③] 在向新能源领域提供优惠政策和资金的同时，德国政府也注重扶助传统能源企业，使其能够正常发展并逐渐转型升级，如向煤炭行业提供资金，促使其完成产业升级，并能够在转型期确保职工薪酬按时发放，

---

① 2017 budget. https://www.bmwi.de/Redaktion/EN/Artikel/Ministry/budget-2017.html.

② https://www.dena.de/en/topics-projects/energy-efficiency/electricity/.

③ Energy Efficiency Award. 德国能源署官网，https://www.dena.de/en/topics-projects/projects/energy-systems/energy-efficiency-award/.

福利待遇不会降低，2013年提供了12.29亿欧元，2014年为12.9亿欧元，2015年为12亿欧元，2016年为12.82亿欧元，2017年为11.62亿欧元；此外，德国政府从2014年起开始向能源密集型企业提供补贴，以弥补其因为排放交易、电价上涨而造成的损失，2014—2017年共提供了10.98亿欧元的补贴。[①]这样既可以确保政府和企业能够就气候变化治理进行积极有效的合作，又不至于对传统产业尤其是能源产业造成损失而影响经济发展。

（三）政府与社会的合作

政府机构还与科研机构进行积极合作，这一事务主要由教研部负责，合作的对象包括各高校和科研机构联合体，与环境和气候变化相关的主要有弗朗霍夫协会和赫尔姆霍兹研究联合体。弗朗霍夫协会是德国最大的实用科学联合体，成立于1949年，是政府资助的非营利性民办机构，其经费来自政府拨款、企业竞争性项目和政府竞争性项目，是政府、企业和高校科研机构合作的产物，现有69个研究机构，科研人员24500人，2016年经费21亿欧元，其下属的太阳能系统研究所、环境安全和能源技术研究所等机构都是与气候变化相关的机构。赫尔姆霍兹研究联合体是德国第一大科研团体，下辖18个科研机构，拥有科研人员31745人和众多的大型科研设备，也是政府、企业与学界合作的范例，该协会下辖的德国航空航天中心、柏林材料与能源研究中心、环境研究中心、吉斯达赫特材料与海洋研究中心都是与气候变化治理和能源转型相关的科研机构。除教研部之外，环境部、环境署、交通部、经济与能源部也与各民办科研机构有密切合作。

政府与社会在气候变化方面的合作另一个重要内容就是面向社会进行宣传教育，使民众对气候变化和能源转型有更多的认识。例如环境部专门开设了教育网站，通过网站每两周一次向小学、中学和职业教育学校的教师提供与气候变化相关的教育资料；环境部还设立了一些项目，如国家气候倡议、联邦生物多样性方案、气候变化适应措施、森林气候基金等，向

① 以上数据均根据德国联邦经济与能源部每年的预算数据进行统计得出。

各级各类学校提供项目竞争和招标的机会，以此推动气候与能源教育和实践的发展。[①] 德国政府还积极与各非政府组织、协会和民间团体合作，面向社会进行气候变化治理、能源转型的宣传教育。目前德国这类组织已经有400多家，政府与这些社会组织合作，通过信息咨询、科普宣传、博览会、评奖活动等方式，推动社会各界积极参与气候变化治理与能源转型行动。同时，气候变化治理与能源转型和民众利益休戚相关，电价的变化、房屋的能效利用等会影响民众的生活，因此民众也对政府相关政策和行动较为关注，这进一步推动了政府与社会在气候变化治理方面的合作。

除与社会各界合作之外，德国政府还十分重视国际合作，如积极参与国际气候谈判，严格按照减排目标开展行动，经常性开展与其他国家的气候治理与能源转型的合作。德国政府的能源与气候变化专项基金中就包括国际气候与能源合作的专门拨款，2013年为将近800万欧元，2014年为980万欧元，2015年为930万欧元，2016年为2430万欧元，2017年为2200万欧元。[②] 德国十分重视与发展中国家的气候变化治理合作，积极向发展中国家输出技术和资金，如2010年德国与智利共同进行10个合作项目，其中包括能源转型，同年德国向南非政府提供7500万欧元资助，用于发展可再生能源；2014年德国开始与白俄罗斯组成节能建筑专家委员会，通过对建筑物进行改造力争到2020年将能耗减少30%；[③]2015年开始，在德国经济与能源部的资助下，德国能源署与乌克兰进行合作，启动20个试点项目以降低建筑的能耗；[④] 自2015年开始，德国环境署还与法国环境与能源署就可再生能源、提高能效、电网改造等事务进行合作；等等。德国与中国也在能源转型方面开展合作，于2010年签署了《中德政府间关于电动汽车科学合作的联合声明》和《中德关于建立电动汽车战略

① Education serves. https://www.bmu.de/en/topics/education-participation/.

② 以上数据均根据德国联邦经济与能源部每年的预算统计。

③ German-Belarusian Expert Council for Energy-Efficient Construction, https://www.dena.de/en/topics-projects/projects/buildings/german-belarusian-expert-council-for-energy-efficient-construction/.

④ German-Ukrainian Efficient House Pilot Project, https://www.dena.de/en/topics-projects/projects/buildings/german-ukrainian-efficient-house-pilot-project/.

伙伴关系的联合声明》，成立“中德汽车联合研究中心”，共同进行适用于中国的电动汽车研发。2011年中国科技部与德国交通部签署《关于可再生能源和交通技术合作的谅解备忘录》，两国的合作拓展到能源、交通、城市建设等各个领域。前文已经提及的能源署资助项目中就包括中国生态城市建设和城市能效提高两个项目，在中国几十个城市开展试点。

总体来说，德国政府积极开展气候治理和能源转型，不断制定和出台新的政策，确定未来发展目标。政府相关机构职能明确，投入大量人财物力进行气候治理，尤其是能源转型和提高能效，同时与工商界、科研机构以及社会各界建立了良好的合作关系，使德国成为世界上气候治理和能源转型成效十分显著的国家。

第二节　德国气候治理和能源转型的法律体系

德国在气候变化治理和能源转型方面一直走在世界前列，成效显著，其原因之一就是具有十分系统完备的相关法律法规体系。德意志民族一向以精准细致闻名，其法律体系也十分健全、精确。在气候变化立法方面，德国建立了以各项能源法为主体、其他相关法律为补充的体系。德国的气候变化与能源转型立法可以分为初始、全面发展和成熟优化三个阶段。

一　初始阶段

这一阶段的时间是1978—1997年。早在1935年，德国就颁布了第一部能源法——《能源工业法》，这标志着德国在能源立法方面已经走在世界前列，但该法并不涉及能源转型问题，因为在20世纪30年代气候和能源问题还没有显现出来。70年代石油危机之后，德国开始重视能源问题，1978年制定了《石油及石油制品储备法》，规定了德国石油储备的数量、品种、管理机构、资金来源等，以此保障德国的石油安全。德国真正开始气候变化和能源立法是1991年颁布的《可再生能源向电网供电法》（简称《电力输送法》），该法规定公共电网的运营商有义务溢价购买可再生能源电力，溢价额由电力供应商和消费者共同承担，该法的强制入网和溢价购买的原则，成为此后相关法律制定的基础。《电力输送法》颁布之后，德国的风力发电迅猛增长，达到4400兆瓦，超越美国成为世界第一风电大国。但是总体来说，该法激励的力度还是比较小，而且对电网运营商的利益有较大影响，因而被后来的《可再生能源法》所取代。

二　全面发展阶段

1997年《京都议定书》签署，德国对这一协议态度十分积极，开始全面系统制定气候变化和能源转型的法律，进入全面发展阶段。这一阶段时间从1997年到2011年，德国一方面把欧盟的气候法律法规内化为国内法律法规，同时还根据本国实际情况来制定相关法律法规，形成了能源基本法、可再生能源法、提高能源利用效率法和温室气体排放法共四个系列的法律。

（一）能源基本法

该法就是对1935年《能源工业法》的多次修改而产生的新的《能源工业法》。1998年德国颁布新的《能源工业法》，共19条。新法的主要内容是政府放松管控，通过引入竞争机制来提高电力和天然气市场的自由化程度，从而使其在欧洲市场更有竞争力。该法的重要改进之一就是放开了电网经营体制，打破原有的地域经营框架，允许任何符合条件获得政府许可的公司经营电力供应，消费者也可以自由选择供电商；新法还确定了国家对于电力和燃气供应的监管地位，相关运营商必须获得国家许可方能从事经营活动。2005年德国对《能源经济法》再次进行修改，提高了政府的权限，由原来的事后监管改为事前激励性管制，确定了由德国联邦网络局负责对电力、天然气等的运营管理，该法还对能源企业的拆分、网络运营的标准、对消费者权益的保障、推动热电联产等做了明确的规定。

（二）可再生能源法

《可再生能源法》，是德国于2000年颁布的能源基本法，于2004年和2009年进行了修订。2000年的《可再生能源法》共12条，其主要内容在第4—8条，分别规定了风能、太阳能等可再生能源发电的补偿价格，第9条则规定了对各种可再生能源发电设备的补偿期限以及发电量的计算规则。《可再生能源法》还规定，可再生能源的试行推广、市场监管和技术开发由联邦环境部负责，联邦农业部和联邦经济与能源部协助。该法对可再生能源发电的电价给予精确定价，国家对海洋风能发电给予每兆瓦100欧元的保障性收购价格，远远高于法国的每兆瓦45欧元，同时规定可再生能源电站的电价20年不变；《可再生能源法》还确立了费用分摊的制度，规定电力设施运营企业和电网系统运营企业共同承担可再生能源的相关费用，其中电力设施企业负责从电厂到电网的接网费用，电网运营企业负责电网的优化和扩建费用以及并入电网的可再生能源电量的总体平衡。这一法律的制定，对推动风力发电、太阳能发电等的发展产生了重要作用。2004年新修订的《可再生能源法》内容增加到21条，对电网运营商做了更为具体的规定，对可再生能源电力做了更为精细的定价，尤其是对2000年法案根据电站装机容量定价做了更为细致的划分。根据该法的规定，到2010年德国可再生能源将占整个能源结构的4.2%，可再生能源发电占整个电力供应的12.5%。2009年再次修订的《可再生能源法》有了很大变化，内容多达8章66条5个附录，对可再生能源电网的运营、优惠政策、补贴额度、管理机构、规章程序、透明度等都做了详细的规定，如对可再生能源电价按照装机容量、装机时间和发电量来确定。该法还设定了未来的目标，即到2020年可再生能源在整个电力供应网络中占30%的比例。[①] 除此之外，德国还在2002年制定了《热电联产法》，就政府与企业在热电联产中各自的责任以及热电联产的规则作出规定；2008年制定了《可再生能源供暖法》，就在供暖网络中使用可再生能源的各种事项作出明确规定，规定建筑物有使用可再生能源供热的义务，如果不使用，就必须在减少建筑物温室气体排放方面做出更多改进，等等。德国还制定颁布了可再生能源其他方面的法律法规，如2001年的《生物质能条例》并于2005年修订，2006年制定了《生物燃料配额法》，2008年制定关于燃气管网的一系列规定并对此前的生态税、能源税进行改革，等等。

---

① Erneuerbare Energien Gesetz. https://refubium.fu-berlin.de/bitstream/handle/fub188/20003/rep_00-06.pdf?sequence=1&isAllowed=y.

（三）提高能源利用效率法

《提高能源利用效率法》又称为《节能法》，是主要针对建筑物节能、提高能效问题而制定的法律法规。德国的冬季比较寒冷，因此建筑供暖的能量消耗很大，也是温室气体排放的主要来源之一。早在 1976 年德国就已经颁布《建筑物节能法》，共 11 章，对建筑物的节能保温、暖气通风系统安装运行、费用分摊、监督机制、惩罚条例等都做了规定。[①]1977 年制定《建筑物保温条例》对德国各种建筑物的供暖温度、热传导、热损失等作出明确规定，要求建筑物每平方米每年耗能不超过 250 千瓦时，[②] 此后这一标准不断下调，1995 年已经下调至 100 千瓦时。签署《京都议定书》之后，德国更加重视节能和能效利用，于 2001 年对 1976 年的《建筑物节能法》作出全校修订，于 11 月 16 日出台《建筑节能法规》。新法共 6 章 20 款，对建筑物供暖、热水、能耗、改造等作出十分具体的规定，采用一般能源取暖保温的建筑物年平方米耗能标准为 66—130 千瓦时，用电加热热水的住宅为 88—152 千瓦时，而采用热电联产或可再生能源保温的则不受这一标准限制，单从系数来看（也就是费用乘以的系数），煤、天然气、液化气和燃料油等传统能源都是 1.1，热电联产的化石燃料是 0.7，可再生能源是 0；也就是说，使用可再生能源供暖超过 70% 比重的建筑在总能耗计算方面不受限制，供暖使用来自热电联产电厂的电能超过 70% 的建筑同样不受限制，而采取各种节能措施减少建筑能耗的单位或家庭也会节省很多供暖开支。[③]

2005 年 9 月 1 日德国再次出台新的《建筑节能法》，共 11 章，包括建筑物节能保温、节能系统、系统运行、费用分摊、能效证书、监管机制等内容。在这一法律基础上，德国于 2006 年 11 月 6 日制定《建筑节能法规》，内容十分详细，共 7 章 31 款，具体包括一般性规定、新建建筑、既有建筑物和附属设施、供暖制冷室内通风和热水供应系统、能源证书和能效改进建议、一般性规定和违规行为以及最终规定，外加 11 个附录。该

---

① 德国技术合作公司编写：《德国建筑节能法律法规汇编》，2010 年 8 月，第 7—9 页。

② 德国技术合作公司编写：《德国建筑节能法律法规汇编》，2010 年 8 月，第 19—28 页。

③ 德国技术合作公司编写：《德国建筑节能法律法规汇编》，2010 年 8 月，第 72、78、97 页。

法单独开辟了新建建筑一章，对新建建筑的节能提出明确规定，要求新建建筑必须取得能源证书，而且要对节能进行综合设计；超过1000平方米以上的建筑开工前必须综合考虑可再生能源、热电联产等能源要素，合乎标准后才能开始建设；[①]除此之外，该法还对已有建筑（居住和非居住）的供暖、制冷、通风、热水供应、节能改造等方面做出具体规定，尤其强调对锅炉和空调系统进行定期检查以确保其低能耗运行，如对空调的要求是在使用超过10年但不到12年的，在该法生效后的6年内要进行检查，使用超过12年的要在4年内进行检查，超过20年的必须在2年内进行检查，等等。[②]新的《建筑节能法规》还对能源证书作出细致规定，包括原则、发放依据、期限、改进建议等，明确规定能源证书有效期10年，过期作废，还明确了对建筑物能源证书、能效改造等方面的过渡性规定，例如1965年以前的建筑应从2008年1月1日起出具能源证书，1965年以后的建筑自2008年7月1日起出具能源证书；能效改造的规定如要求1978年10月1日之前建筑内安装的供暖锅炉，应在2006年12月31日之前拆除，等等。[③]2009年4月29日，德国又出台了新的修订法规，共7章34条，新增的内容包括对建筑能效改造的标准、锅炉空调系统检查人员的资质、电蓄能采暖系统停止运行的步骤、提出能效改进建议的方式、地区烟囱清扫等都作出了新的规定，对建筑物能效界定、各种供暖制冷设备的规格等都作出了更加细致明确的规定，使这一法律更具有可操作性。[④]

除了建筑物节能法律法规之外，德国还通过了一系列征税法案以推动节能减排。1999年德国政府颁布《生态税改革法》，根据这一法律，从1999年到2003年，德国五次对汽油和柴油加征生态税，每升累计加征15欧分的税；五次对传统能源发电加征共每度2欧分的生态税；两次对天然气加征生态税，累计每升2.5欧分。[⑤]之后还颁布了《联邦电税法》

---

① 德国技术合作公司编写：《德国建筑节能法律法规汇编》，2010年8月，第145—146页。

② 德国技术合作公司编写：《德国建筑节能法律法规汇编》，2010年8月，第148页。

③ 德国技术合作公司编写：《德国建筑节能法律法规汇编》，2010年8月，第150—155页

④ 德国技术合作公司编写：《德国建筑节能法律法规汇编》，2010年8月，第190—205页。

⑤ 陈海嵩：《德国能源法律制度及其对我国的启示》，《河南科技大学学报》（社会科学版）2009年第3期。

（1999）、《联邦能源税法》（2006）等，均体现出对传统能源使用的限制和对使用可再生能源的积极鼓励，例如，根据《联邦电税法》规定，国内用户每1000度电的税费为20.5欧元，但使用可再生能源提供的电则免税，交通工具用电也有优惠，火车用1000度电只收11.42欧元的税，等等。

（四）温室气体排放的相关法律

德国签署《京都议定书》之后，严格按照附件一的要求进行减排，因而制定出台了一系列减少温室气体排放的法律法规，主要包括《温室气体排放交易法》，2004年7月颁布，共26条，是德国温室气体交易的基本法；同年8月，德国出台了《国家（温室气体排放）分配计划2007》，此后德国又制定了《温室气体减排项目机制法》。这三个法律法规基本上确定了德国温室气体排放的各个方面的具体要求。例如，根据法案规定，2005—2007年间德国每年二氧化碳排放总量为8.59亿吨，其中4.95亿吨纳入排放交易免费分配给各排放部门，其余的就是交易额度；2008—2012年德国每年二氧化碳排放总量为9.736亿吨，其中4.42亿吨免费分配。

三　成熟优化阶段

这一阶段时间跨度是2011年至今，其能源立法在此前基础上得到进一步的提高和完善，其原因除了默克尔政府一贯积极的能源政策之外，还有就是日本福岛核电站事故的影响。2011年3月，日本福岛核电站因为地震而引发严重事故，四号反应堆发生爆炸，其他反应堆安全外壳也破裂，大量辐射物飘散到空气中，同时含有放射性物质的冷却水也发生泄漏并污染海水，3月29日测定其1—4号机组排水口附近放射性碘-131浓度为法定限制的3355倍，放射性物质泄漏影响到中国、俄罗斯等周边国家，造成难以估计的恶劣后果。对此，德国政府反应积极，于2011年5月30日宣布全面放弃使用核能，更广泛地使用清洁安全的可再生能源，这对其气候变化治理产生很大影响。同年9月，德国联邦环境部、经济与能源部和科技部联合制订了第六国家能源计划，将未来能源立法和政策重点放在可再生能源利用、提高能效、电网改造等方面，重点是更大幅度地推动可再生能源的使用，力争到2020年可再生能源在整个能源结构中占18%，2030年达到30%，2050年达到60%。同时，环境部、经济与能源部和农业部会同能源署、统计局等部门成立可再生能源统计工作组，协同推进能源转型和能效提高。但是，在政府政策和立法的不断推动下，德国一度出现可再生能源发展过快、国家补贴过多、自身竞争能力缺失等问题。未来可再生能源将成为德国主要能源，而这种发展过快、缺乏市场竞争力的问题会产生很大的负面影响。例如，2014年德国可再生能源附加费已经增长至每千瓦时6.24欧分，而2000年仅为每千瓦时0.2欧分，2013年德国向可再生能源领域提供了200亿欧元的补贴，民用电价也因此增加，由2000年的每千瓦时0.14欧元上涨至2013年的每千瓦时0.29欧元，这使国家和民众都感觉难以承担，必须要进行改变才能促进可再生能源的健康发展。2011年，德国修订了《可再生能源法》，减少了政府补贴，推动可再生能源的市场化。2014年，德国在原有法律的基础上，制定新的《可再生能源法》，以此推动能源转型的成熟优化发展。

2014年，欧盟出台《2014环境保护与能源国家资助指南》，要求其成员国逐步调整可再生能源政策，减少国家补贴，提高其自身市场竞争力。在此基础上，德国制定了新的《可再生能源法》并于8月1日正式生效，共7章104条，加4个附件。新法调低了可再生能源的发展目标，使可再生能源的发展速度更为合理，具体是将海上风力发电目标减少到2020年前6.5吉瓦（原来目标为10吉瓦），2030年前达到15吉瓦（原来目标为25吉瓦）；陆上风力发电和太阳能发电年增长2500兆瓦净功率（考虑关闭发电厂的容量），生物质能年增长100兆瓦。[①] 新法降低了可再生能源的电价，原本国家确定可再生能源的电价往往高于一般电价，以此来吸引更多的企业和资金进入这一领域，但这对非可再生能源发电行业是不公平的，而且造成国家对于可再生能源发电的过多投入。因此，新法对可再生能源的装机容量和电价都进行了调整，在2014—2016年间（这也是该法

① German Renewable Energy Sources Act 2014. https://www.goerg.de/en/insights/publications/08-08-2014/german-renewable-energy-sources-act-2014.

的适用时间范围）降低可再生能源电价，陆上风力发电电价年度递减率为1.5%，而且与新增装机容量挂钩，新增装机容量越大，电价下降得越多，如新增陆上风力发电机组功率超过340万千瓦每季度电价递减1.2%，320万千瓦—340万千瓦的递减1%，300万千瓦—320万千瓦的递减0.8%，以此类推，功率低于200万千瓦的不用递减，小于180万千瓦的可以提高电价。[①]2017年开始，风力电厂就要通过招标来确定电价递减率和装机年度增长容量。整个调整期最多20年，即发电量与参考电量比值小于80%；最少6年，即发电量与参考电量比值大于130%。到期后，陆上风力发电统一执行基本电价——每千瓦时4.95欧分。太阳能光伏发电的改革措施与陆上风力发电一样，也是2014—2016年逐年递减，2017年之后招标竞拍确定，同样是装机容量与递减率挂钩，容量越大递减率越高，容量越小递减率越低，到期后执行基本电价为每千瓦时9.23欧分。海上风力发电则分为基本模式和加速模式，基本模式从2017年开始算起，期限12年，初始电价每千瓦时15.4欧分，2018年为14.9欧分，2021年后每年递减0.5欧分；加速模式期限8年，初始电价每千瓦时19.4欧分，2018年18.4欧分，2021年后每年递减0.5欧分。到期之后，一律执行基本电价每千瓦时3.9欧分。[②]除此之外，2014年德国《可再生能源法》还包括一些其他新内容，如直接营销义务，即要求可再生能源厂商要逐渐自行销售其电力，不再由国家完全负责；2017年开始通过竞拍来决定国家对可再生能源的财政支持力度，实施用电密集型企业分摊税减免政策，以及对消费者自产自用可再生能源加收附加费等。

总体来说，新法最主要的内容就是通过提高电价和降低装机容量的方式来降低国家对可再生能源的补贴，抑制其过快发展，确保能源转型的正常、成熟、健康、持久发展。同时，在减少国家补贴的情况下，尤其是电

---

① 张斌:《德国〈可再生能源法〉2014年最新改革解析及其启示》,《中外能源》2014年第9期。

② German Renewable Energy Sources Act 2014. https://www.goerg.de/en/insights/publications/08-08-2014/german-renewable-energy-sources-act-2014. 转引自张斌《德国〈可再生能源法〉2014年最新改革解析及其启示》,《中外能源》2014年第9期。

价降低的情况下，可再生能源企业仍然有一定的利润空间，仍可以继续投入人力物力来发展，但不会像以前那样过快过热发展。国家对于可再生能源领域的小型企业仍然给予政策支持，对于能源利用效率更高（相对于德国来说）的海上风力发电和太阳能光伏发电仍然给予优惠政策，对于负担过重的能源密集型企业和传统能源企业在一定程度上减少其负担。所有这些法律措施，主要目的就是一个——提高可再生能源的市场竞争能力，促使其健康持久发展，逐渐成为德国能源结构的主体。

第三节　德国气候变化治理的政策和立法对中国的启示与借鉴

德国在气候变化治理的政策和法律层面可以称得上与时俱进，卓有成效，值得我们学习和借鉴。从立法层面来看，德国的气候变化治理方面的法律主要是与能源相关的法律，尤其是其多次修订的《可再生能源法》。德国人以精细、谨慎、讲求条理而著称，其能源方面的立法也是这样，不仅基础扎实，覆盖面广，而且法条细致，可操作性强。我国于 2005 年 2 月 28 日通过了《中华人民共和国可再生能源法》，2006 年正式施行，共 8 章 33 条，基本上是原则性规定，缺乏实际操作的细则。2009 年又根据实践情况对其进行修订，将第 14 条修改为“国家实行可再生能源发电全额保障性收购制度”，将第五章修改为“价格管理与费用补偿”，同时还明确了从中央到地方对可再生能源的具体管理措施，等等。除此之外，近些年我国还先后陆续出台了《中华人民共和国节约能源法》（2007 年 4 月 1 日）、《中华人民共和国循环经济促进法》（2009 年 1 月 1 日）以及《中华人民共和国电力法》《中华人民共和国大气污染防治法》《中华人民共和国固体废物污染环境防治法》等相关法律法规。尽管气候变化治理的法律法规不断健全，但仍存在很多问题，需要学习德国气候变化的政策立法的有益经验，借他山之石以攻玉。

一　立法方面的学习与借鉴

（一）不断细化相关法律内容，提高法律的可执行力与可操作性

我国已经出台的可再生能源法基本上属于原则性、框架性和指导性的内容，很少作出具体实施细则方面的规定，在具体执行中需要相关的政府部门进一步作出明确的规定，而中国幅员辽阔，各地区的具体情况各不相同，其政府的政策措施也有很大不同，这给可再生能源法的实施增加了很多不确定性。2009年修订后的《可再生能源法》虽然进一步明确了可再生能源的范围、相关负责的机构、可再生能源发电的电网接入与收购操作并细化了可再生能源发展基金的相关内容，但仍然比较笼统，缺乏实际操作性，现实中的执行力度也不够。与之相比，德国的能源立法体系十分健全，包括《能源基本法》《可再生能源法》《建筑物节能法》和《温室气体排放法》，其中比较重要的是《可再生能源法》和《建筑物节能法》，从节能法来看，自1976年问世以来历经多次重大修改，尤其是2006年的修改，内容十分详细，对建筑物供暖、制冷、通风、热水供应、节能改造等各个方面都作了详细规定，对新建建筑作出单独规定，要求必须取得能源证书，而且要进行综合节能设计，等等。德国的《可再生能源法》自2000年颁布之后，历经5次重大修改，其内容之完备、可操作性之强堪称世界典范。2000年的《可再生能源法》共12条，对风能、太阳能、生物能、地热能等可再生能源发电的补偿价格、补偿期限、费用分摊等作出明确规定；2004年修订的《可再生能源法》内容增加到21条，对可再生能源发电、电网运营等作出更为具体的规定；2009年修订的《可再生能源法》内容大幅度增加，共8章66条，外加5个附录，对可再生能源电网的运营规则、优惠政策、补贴额度、管理机构等都作了详细的规定；2012年的修订开始引入市场竞争机制，而2014年修订幅度非常大，几乎就是一部新法，对可再生能源的发展规模和目标作了重新确定，通过一系列完备细致的具体操作规则来减少政府补贴，加大市场化运作的程度，从而使可再生能源发展更为成熟，2017年的修订则完全引入了竞拍等新机制。由此，我们不难看出，德国的能源立法一直在与时俱进，不断根据实

际情况来进行修正和完善，法条的数量不断增加，具体操作规则不断细化，使德国可再生能源法具有较强的可操作性。我们应该学习德国能源立法，根据具体情况的变化对已有法律不断进行修改，不断进行细化，使之更为全面、完善，与时俱进，以推动我国能源转型的发展。

（二）进一步完善对可再生能源的定价、补贴和优惠，推动可再生能源发展

目前我国现有的相关法律中，还缺少对可再生能源补贴额度、优惠政策的税法，对于不同类型的可再生能源也缺乏具体规定。而德国2000年的《可再生能源法》就已经明确规定了风力发电、太阳能发电、生物质能发电、水电等不同的可再生能源电力的固定价格、分摊费用等操作细则，给予的优惠力度较大，如该法规定国家对海上风力发电保障性收购价格为每兆瓦100欧元，高于法国45欧元的定价；该法还规定可再生能源发电从电厂到电网的接网费用由电力设施运营商承担，减少可再生能源发电的总体费用；德国先后颁布了《生态税改革法》《联邦电税法》《联邦能源税法》等，对传统能源发电征收更高的税，但可再生能源发电免税，使用可再生能源发电的企业和家庭还能够享受其他优惠政策，这都确保了可再生能源的不断推广。2014年的新法开始抑制可再生能源的过快发展，但也是有所区别并兼顾利益的，例如其明确规定了不同形式的可再生能源入网价格退坡方式，对陆上风能和太阳能优惠较大，同时确保在国家补贴不断减少的情况下，可再生能源运营商仍然能够有一定的利润空间。这样虽然在法律条文上显得复杂烦琐，但实际操作中却十分方便。我国的能源立法要学习德国的精细、科学和可操作性，应该使法律条文更为细致，尽量涵盖已有可再生能源的各个领域、各项措施和各种情况，尤其是可再生能源发电电价、入网操作、补贴额度、优惠政策等，同时要在考虑各地具体情况的基础上，对陆地风力、海上风力、太阳能光伏、水力、生物质能、地热能等各种不同的可再生能源发电的具体情况进行明确规定，尤其是要确定上网电价、电网建设、补贴政策等核心问题。可再生能源对技术要求高，初期建设成本较大，对自然条件也有一定的依赖性，电力输出也不够稳定，因而与传统能源发电相比，投资风险较高，产出效能较小。

我国的《可再生能源法》中对可再生能源发电的相关具体问题缺乏明确规定，电力定价简单、粗犷、笼统，导致各地可再生能源发电发展不平衡，近些年一些地区弃水弃风弃光，也就是放弃可再生能源发电的情况愈演愈烈。如根据统计，2015 年弃风损失电量 339 亿千瓦时，平均弃风率 15%；2016 年全国弃风损失电量达到 497 亿千瓦时，同比增加 46.6%，平均弃风率 19%。[①] 从地域来看，西北的情况尤为严重，2016 年上半年西北五省区（陕、甘、宁、青、新疆）弃风率为 38.9%，光伏发电 611 小时，弃光率 19.7%。[②] 导致可再生能源发电遭到放弃的原因很多，但主要因素之一就是立法没有能够与时俱进，没有能够根据实际情况的变化而进行调整。随着近些年风力发电、太阳能发电的不断发展，原来法律所规定的固定标杆价格、全额上网收购等已经难以适应新形势的要求，导致可再生能源补贴缺口不断加大，2015 年缺口为 400 亿元，2016 年缺口为 600 亿元，2020 年有可能达到 3000 亿元。[③] 不难看出，中国现在面临的情况与德国 2014 年新能源法颁布之前很相似。前文已经指出，德国 2014 年制定颁布可再生能源法十分详细明确，并不是简单地确定一个具体的上网电价，而是根据各类不同的可再生能源的具体情况，专门制定一整套全面、清楚、完善的定价机制，包括基本电价、初始电价、基本模式、加速模式、价格退坡机制等，并与可再生能源的新增功率相联系，考虑周全细致，法条明确严谨，值得我们学习和借鉴。

（三）不断完善相关法律法规，明确相关主体法律责任和监管机制

前文已经指出，德国的气候治理与能源转型法律是成系列的，基本法是《能源工业法》，主体法律是《可再生能源法》和《建筑节能法》，正好对应德国气候治理中的能源转型和提高能效两个主题。这两个法律之间是有联系的，建筑节能中就会应用可再生能源，可再生能源发电又会提升

---

① 王伟光、刘雅鸣主编：《气候变化绿皮书：应对气候变化报告（2017）》，社会科学文献出版社 2017 年版，第 185 页。

② 王伟光、郑国光主编：《气候变化绿皮书：应对气候变化报告（2016）》，社会科学文献出版社 2016 年版，第 135 页。

③ 王伟光、刘雅鸣主编：《气候变化绿皮书：应对气候变化报告（2017）》，社会科学文献出版社 2017 年版，第 186 页。

建筑能效利用，二者之间相辅相成，成为一个共同的体系。我国目前的相关法律只有2006年的《可再生能源法》及其2009年修改版以及此后政府发布的一些相关政策，没有建筑节能的相关法律，只是在2008年颁布了《民用建筑节能条例》，并不是专门法律。此前颁布的一些相关法律如《煤炭法》（1996）、《电力法》（1996）等已经陈旧，不能适应新形势的要求，《应对气候变化法》迟迟不能制定出台，关于碳排放的法律法规也处于缺位状态。因此，应该学习德国的经验，不断进行法律建设，形成配套法律，制定《石油天然气法》《核能法》《建筑节能法》等，从而形成一个相对完备的法律体系。同时，不断对《可再生能源法》进行修订，尤其是要明确相关主体的法律责任。各级电网公司就在相关主体之一，可再生能源法推行强制入网原则，也就是要求各级电网企业全额保障性收购可再生能源发电，但是在实际操作中各级电网公司对于收购可再生能源发电并不积极，甚至不能完成收购指标。这主要是因为可再生能源尤其是目前大力推广的风力发电普遍造价很高，如“十二五”期间我国风电平均造价（概算）为每千瓦8500元，单位千瓦造价（决算）数据为7700元左右，其中77%为风力发电机组设备和安装工程造价，[①]加之国家对可再生能源补贴缺口不断加大，对可再生能源补贴到位迟缓，因而造成可再生能源电价偏高，各级电力公司收购明显缺乏主动性。因此，必须在相关法律中明确相关主体的法律责任以及经济损失额度，通过法律、行政法规以及其他扶持政策来约束各级电网企业的行为，以保护可再生能源企业的合法权利，提高其投资发展可再生能源的积极性。同时，要加强法律监管，对违背法律造成可再生能源企业经济损失的企业进行处罚。目前我国的可再生能源法对于监管机制的规定比较笼统模糊，涉及国家能源局、国家发改委以及国务院其他相关职能部门，监督管理职权分散，部门监督职能不明确。因此，必须学习德国的法律制度，在相关法律中对责任主体、监管部门等予以明确规定，明确各级职责和奖惩制度，以此推动可再生能源不断成熟发展。

① 王伟光、刘雅鸣主编：《气候变化绿皮书：应对气候变化报告（2017）》，社会科学文献出版社2017年版，第186页。

二　政府与政策方面的学习与借鉴

（一）建立职能明确的政府机构，开展协同合作共同应对气候变化

德国负责气候变化治理的政府机构主要是环境部和环境署，环境部下辖的气候变化局主要负责气候治理政策的制定和执行，环境署负责环境监测和碳排放交易监管；除此之外，经济与能源部、交通部、农业部和教研部也与气候变化治理有关，其中，经济与能源部主要负责能源转型与提高能源利用效率事务，其投入资金的力度最大，除了对可再生能源的拨款之外，还建立了气候与能源变化专项基金；交通部负责电动汽车的研发与推广，同时制定各项政策减少汽车尾气排放；农业部负责农业生产中的节能减排和清洁能源推广，同时大力开展植树造林和森林保护以增加国家碳汇资源；教研部负责协调推动政府、企业与学术界在气候变化治理方面的合作。政府机构还与银行金融界合作共同建立能源署，负责投放资金推动能源转型和提高能效的项目发展，自成立以来已经资助了650个项目，遍布世界各地，多数是与可再生能源推广和提高能源利用效率有关。德国气候变化治理的政府机构以环境部和经济能源部为主，其他部门为辅，各自职能明确，各司其职，各有重点，资金充足，成效卓著。这些政府机构还经常进行合作，共同应对气候变化，如交通部、环境部、经济能源部和教研部协同开展“国家电动汽车计划”，以期在2020年使德国电动汽车保有量达到100万辆；在德国放弃核能、着重发展可再生能源目标确定后，环境部、经济能源部、农业部和环境署、统计局等机构组成可再生能源统计工作组，作为推动新能源和可再生能源开发使用的主要机构；2013年德国联邦环境部、交通部、经济部和各地方政府联合发起了“未来城市”平台，以城市能源转型、能效提高和提高气候适应度为工作重心。我国目前的气候变化治理机构主要是生态环境部气候变化司和国家能源局（隶属于发改委），力量较为薄弱，政府机关资金的横向联合也亟待开展。应该提升能源管理部门的级别，德国就将能源管理确定为部级单位，由此可见其对能源转型的重视。

针对这一问题，早在1990年中国就成立了国家气候变化协调小组，

1998年更名为国家气候变化对策协调小组，这一机构隶属于国家发改委，主要职能是制定和协调气候变化的政策，积极参与国际谈判。为了进一步强化职能，2007年国务院成立应对气候变化与节能减排领导小组，温家宝任组长，成员包括国土资源部、交通部、水利部、商务部、卫生部、质检总局、铁道部、民航总局、外交部等各部委领导，其职责是研究制定国家应对气候变化的重大战略、方针和对策，统一部署应对气候变化工作，研究审议国际合作和谈判方案，协调解决应对气候变化工作中的重大问题；组织贯彻落实国务院有关节能减排工作的方针政策，统一部署节能减排工作，研究审议重大政策建议，协调解决工作中的重大问题，等等。[①]2013年和2018年对该机构进行了调整，最近一次调整后组长由李克强担任，韩正和王毅担任副组长，成员增加了环境部、能源局等气候变化相关机构的负责人，共30位成员。[②]领导小组的成立，无疑是有利于政府机构间的协同合作，各部委领导参与其中也是有利于气候变化应对政策的制定和有效执行。但是，领导小组并非常设机构，其所有成员均为兼职，只是在召开会议、审议议题的时候视情况而参加，这就在一定程度上弱化了其职能，应该成立专门的机构来进行气候变化治理的计划和政策。

（二）制定明确计划和配套政策，并将实施与执行落到实处

德国政府制定政策严谨细致，计划明确可行，值得我们借鉴。德国政府的气候变化管理计划和政策可以分为中长期和阶段性两种，也可以称为宏观和微观。中长期计划政策不仅是国家未来一段时间的总体气候政策，而且往往是一揽子计划和政策，其主要的就是《气候保护国家方案》，最早于2000年10月出台，共包括64项具体减排措施，涉及工业、能源、交通、建筑、农业等7个部门和领域；2005年德国政府又对这一计划和政策加以修改，将住房、交通、建筑的节能减排纳入政策范围，强调采用多种

---

① 《国务院关于成立国家应对气候变化及节能减排工作领导小组的通知》，《中华人民共和国国务院公报》2007年第21期。

② 《国务院办公厅关于调整国家应对气候变化与节能减排领导小组组成人员的通知》，中央政府网站，http://www.gov.cn/zhengce/content/2018-08/02/content_5311304.htm，2019年2月1日。

方式来推动气候变化治理的发展；2016 年 11 月 14 日，德国政府制定了《气候保护规划 2050》，明确了 2030 年的气候变化治理目标，描绘 2050 年的远景规划，具体包括未来 15 年的 7 个方面的战略部署。除此之外，德国的中长期气候治理计划还包括能源方面：2007 年 12 月德国政府制定了《能源与气候保护综合方案》，具体包括 14 项政策和法案，涉及提高能效、交通运输、节能减排、新型能源等领域；2011 年德国政府又对这一战略进行补充，增加了 11 个方面的内容，确定将发展风力能源作为重点。在中长期计划和政策指导下，德国政府制定一系列更为具体的短期计划，如 10 万太阳能屋顶计划、生物质能行动计划、有机太阳能光伏电池研发计划、国家电动汽车发展计划、国家氢燃料电池计划、未来城市平台计划等。

我国目前也制定了若干气候变化治理和能源转型计划与政策。总体目标如国家“十三五”规划《纲要》要求“十三五”全国单位 GDP 能耗下降 15%，能源消费总量控制在 50 亿吨标准煤以内；中长期规划如 2007 年的《中国应对气候变化国家方案》制定了 2007—2010 年的气候变化应对目标，2013 年的大气污染防控行动计划确定了 2013—2017 年的防污染目标；2007 年 9 月《可再生能源中长期发展规划》确定了到 2020 年中国各种可再生能源的发展目标，2017 年国家发改委发布《北方地区冬季清洁取暖规划（2017—2021 年）》，提出到 2019 年北方地区清洁取暖率达到 50%，2021 年达到 70%，在京津冀等大气污染严重地区逐步采用天然气、电供暖替代烧煤取暖。[①] 具体的计划和政策有 2015 年 3 月国家能源局制定的《关于改善电力运行调节促进清洁能源多发满发的指导意见》、2016 年 6 月国家能源局发布的《关于做好风电、光伏发电全额保障性收购管理工作的通知》、2016 年国家发改委出台的《可再生能源发电全额保障性收购管理办法》，还有一系列推动能源转型、化解过剩产能的政策文件等，如《风力发电场并网运行管理规定》《太阳能光电建筑应用财政补助资金管理暂行办法》《国家发展改革委关于完善太阳能光伏发电上网电价政策的通

① 《中国应对气候变化的政策与行动：2018 年度报告》，生态环境部，2018 年 11 月，第 6—9 页。http://qhs.mee.gov.cn/zcfg/201811/P020181129539211385741.pdf, 2019 年 1 月 3 日。

知》《海洋可再生能源专项资金管理暂行办法》等。但是，目前的这些计划和政策均存在一些问题，如措施不够全面系统，精细度和可操作性也有待于进一步提升，各种配套政策也不够健全等，应该借鉴德国的经验，将计划和政策分为中长期和短期，中长期计划应该包括一揽子政策，短期政策则是在其指导下的更为具体化的措施。

（三）通过政策措施和各种活动，积极引导社会各界广泛参与气候变化治理

德国政府不但注重机构间的合作，也十分重视与社会各界的沟通与合作。气候变化涉及全社会，需要社会各界共同应对，而政府是联系社会各界的主要渠道。德国政府十分重视与社会各界，尤其是企业界和学术界的合作，德国能源署就是政府与银行、保险公司合作的产物，是德国政府与政府背景的复兴信贷银行以及安联保险集团、德意志银行和德国联邦银行共同出资组建，其职能是利用政府拨款和金融机构的资金来设立和推动一系列能源转型和提高能效的项目和试点，成立以来已经实施600多个相关项目，不仅遍布德国各地，还在法国、中国、白俄罗斯、乌克兰等国进行节能减排工作。德国政府积极扶持可再生能源企业发展，为其提供低息贷款、税收减免、优惠政策等，同时也没有完全忽视传统企业的发展，例如政府从2013年开始向煤炭企业提供资金以确保其转型升级期间的职工工资和福利，从2014年起开始向能源密集型企业提供补贴，以弥补其因为能源转型而造成的损失。这些措施都确保政府与企业界有良好的合作关系。德国政府和学术界也保持密切联系，尤其是弗朗霍夫协会和赫尔姆霍兹研究联合体这样的大型学术联合机构，每年都投入大量资金扶持相关科研项目，确保在气候变化应对的技术方面保持领先优势。德国政府还十分注意面向大众进行信息沟通和传播，吸引公众广泛参与气候变化治理，使其成为全社会的共同使命。

我国近些年越来越重视政府与社会各界的合作以及相互之间的信息沟通，如在2018年中央各部委纷纷开展以气候变化治理为主题的活动，生态环境部会同有关单位开展以“提升气候变化意识，强化低碳行动力度”为题的全国低碳日主题宣传活动，教育部举办第十一届全国大学生节能减

排社会实践与科技竞赛和“节能校园，你我共建”主题宣传活动，科技部开展节能减排低碳科技创新成果的宣传和推广活动，工业和信息化部组织开展“节能服务进企业”活动，住房城乡建设部开展“绿色建筑进社区、进家庭”系列活动，利用宣传栏以及微博、微信等宣传建筑节能知识，交通运输部组织开展绿色出行宣传月活动，商务部发布《关于推动绿色餐饮发展的若干意见》以推动绿色餐饮发展，国家信息中心、国家气候战略中心、中国民促会绿色出行基金联合举办“2018年低碳中国行”活动宣传各地优秀低碳案例以加强社会各界对低碳发展的认识，中国气象局公共气象服务中心会同国家信息中心等机构开展“应对气候变化·记录中国——走进伊犁”科学考察与公众科普活动，中国绿色碳汇基金会举办第八届“绿化祖国·低碳行动”植树节公益活动等。[①] 中国政府和各团体组织在面向社会各界进行信息传播沟通、吸引公众广泛参与方面是卓有成效的，但在政府与企业合作方面还需要进一步改进，应该学习借鉴德国，更大力度推动可再生能源企业的发展，对其实行政策、税收、贷款等方面的倾斜和照顾，同时也要兼顾传统企业，尤其要不断改善传统能源企业的生存环境，促使其更有效地完成能源产业升级转型。

---

① 《中国应对气候变化的政策与行动：2018年度报告》，生态环境部，2018年11月，第31—33页。http://qhs.mee.gov.cn/zcfg/201811/P020181129539211385741.pdf, 2019年1月2日。

第九章 美国的碳排放交易及其启示与借鉴

上一章从政策法律的视角介绍了德国在气候变化治理方面的有益经验，而欧美国家的气候变化治理，除了政策措施和法律体系之外，经济手段也是必不可少的，也就是通过市场经济、交易机制来推动气候变化治理，以此调动企业和金融机构的积极性，促使企业为了经济利益主动进行节能减排，同时也可以在金融市场为气候灾害应对和气候变化治理募集资金，可谓一举两得。西方国家气候变化治理的经济手段多种多样，其中主要的就是碳排放交易，在这方面美国可以说是走在世界前列，其有益经验与合理的措施值得我们学习。

第一节 美国的区域性碳排放市场

碳排放权，也就是温室气体排放权，即由自然或法律赋予的向大气排放温室气体的权利。[①]针对碳排放权进行的市场交易、期货、投资以及其他金融产品等，都是碳排放权交易。企业是大气污染的主要源头，想要促使企业有效进行节能减排，仅仅靠开罚单是不够的，还要用经济利益来吸引企业主动减少大气污染排放，碳排放权交易就是一种很有效的措施。一般来说，碳排放权交易参与者主要是企业和金融机构，交易对象是温室气体，按照《京都议定书》的规定主要有6种：二氧化碳（CO_2）、

① 唐颖侠:《国际气候变化治理：制度与路径》，南开大学出版社2015年版，第96页。

甲烷（CH_4）、氧化亚氮（N_2O）、氢氟碳化合物（HFCs）、全氟碳化合物（PFCs）、六氟化硫（SF_6），有的地区还包括二氧化硫、氮氧化物等。1997年《京都议定书》签订之后，发达国家面临减少温室气体排放的切实任务，除了通过政策立法层面减少排放之外，纷纷通过碳排放交易的方式进行减排，因而碳排放交易市场开始走上正轨并不断发展。根据2018年统计，世界范围内已经有21个碳排放市场体系，其中1个为超国家级交易市场体系，即欧盟碳排放交易体系，还有其他地区的5个国家级交易市场，即中国、韩国、瑞士、新西兰和哈萨克斯坦，其余的15个市场均为地区级的，如美国的加州区域清洁空气鼓励市场（Regional Clean Air Incentive Market，RECLAIM，简称加州空气市场）、区域温室气体减排行动（Regional Greenhouse Gas Initiative，RGGI）等，加拿大的安大略交易市场、魁北克交易市场，日本的东京交易市场、琦玉交易市场等。[①]中国于2017年年底启动国家级碳排放交易体系，处于方兴未艾时期。而在这些市场中，美国的碳交易市场历史较为悠久，方式灵活多样，堪称典范。

前文已经述及，美国在国际层面的气候变化治理合作并不积极，先后退出了《京都议定书》和《巴黎协定》，不需要承担减排任务，因而没有统一的国家级碳排放交易市场。但是，美国各州却对气候变化治理和节能减排十分重视，有的州自己建立起碳交易市场体制，如加利福尼亚州，有的州和其他州郡联合发起建立碳排放市场，如RGGI。美国的碳排放交易比较独特，分为自愿性交易和强制性交易两种，前者主要是芝加哥气候交易所（Chicago Climate Exchange，CCX）和绿色交易所（Green Exchange，GE），后者则包括区域温室气体减排行动、加州空气市场、西部气候倡议（Western Climate Initiative，WCI）、中西部温室气体减量协定（Midwestern Greenhouse Gas Accord，MGGA）、气候储备行动（Climate Action Reserve，CAR）等。无论哪种交易方式，都是以二氧化碳配额为交易单位，其他温室气体也都统一折算成二氧化碳进行交易。

---

① ICAP (2018), Emissions Trading Worldwide: Status Report 2018, Berlin: ICAP, pp.24-25.

配额的分配一般分为历史分配法（又称“祖父法”）和基准分配法，历史分配法是以企业历史上的排放为基准，按照现有的份额进行分配，企业历史排放越少，现在分配的份额就越少，反之亦然，这种分配方式的优点是可以根据企业历史上的排放情况来分配份额，对企业的发展较为有利，弊端就是对那些历史上减排工作做得好、环保措施得力的企业不公平，因为其分得的配额少，而那些高污染的企业分配的份额反而更多；基准线分配法是根据一系列标准，如历史排放值、排放增加值、排放强度值，或者产品性质、能源结构等，经过复杂运算而确定一个行业基准值，然后对照各企业与基准值的差距来确定排放份额的分配。从美国和欧盟的经验来看，往往都是最开始是采用历史分配法，然后逐渐过渡到基准分配法。除此之外，无论是欧盟还是美国，一般来说都会有一个免费发放排放额度的时期，根据具体情况其时间长度有所不同，在这一时期，政府或者交易机构基本上免费发放排放份额，但时间一过，就要过渡到拍卖机制，也就是真正开始进行交易的阶段，减排措施有效的企业往往碳排放较少，手中留存的之前的份额就可以留给之后的年份使用，或者拿到碳交易市场上出售；而排放较多的企业就要购买份额，或者购买其他企业留存的份额，或者购买政府拍卖的排放额度。

现在欧美发达国家的碳交易市场已经都基本上过渡到拍卖阶段，而各大碳排放交易市场的拍卖价格不一样，欧盟为每吨二氧化碳 6.54 美元，新西兰碳排放交易市场为 12.64 美元，美国的区域温室气体行动交易市场为 3.76 美元，美国的西部气候倡议交易市场 14.27 美元，韩国碳排放交易市场价格最高，为 18.0 美元。[①] 根据统计，欧盟的碳排放交易系统 2012—2016 年拍卖排放份额所得为 196 亿美元，美国加州空气市场为 44 亿美元，2008—2016 年美国区域温室气体行动拍卖所得为 26 亿美元等。[②] 这些拍卖款项主要用于支持气候变化治理、资助受到气候变化治理影响的弱势群体以及用于各种公共事业等。总体来说，美国进行碳排放权交易的历史最久，

---

① ICAP (2018), Emissions Trading Worldwide: Status Report 2018, Berlin: ICAP, p, 31.

② ICAP (2017), Emissions Trading Worldwide: Status Report 2017, Berlin: ICAP, p, 23.

至今已有30多年的发展历史；美国是世界上碳交易最为发达的国家之一，其交易方式也较为灵活多样，因而其有益经验和教训都值得我们学习和借鉴。为了叙述方便起见，笔者根据发展特点，将美国碳排放交易的发展历程分为三个阶段，即初始阶段（1994—2003年）、共同发展阶段（2003—2010年）和强制性交易主体阶段（2010年至今）。在初始阶段，美国开始围绕酸雨问题进行大气污染排放权交易，加州建立了空气市场，这一阶段主要介绍加州空气市场；共同发展阶段，美国的自愿性碳排放交易和强制性碳排放交易共同发展，重点介绍芝加哥气候交易所；强制性交易主体阶段，2010年芝加哥空气交易所被收购后逐渐退出历史舞台，美国的碳排放市场以强制性交易为主，直至今天，这一阶段重点介绍区域温室减排气体行动。

一　初始阶段（1994—2003）

这一阶段美国的碳排放交易只是出于防控大气污染和酸雨等问题而开展的，并非真正意义上的气候变化治理措施，但也与此相关，而且这一时期交易的原则、方式及其成效都对此后美国的碳交易市场产生了深远影响。

1990年美国出台了新修订的《清洁空气法》，其中第4条规定了削减二氧化硫排放以防控酸雨，这是美国首次通过排污权交易来促使各企业减少向大气中排放二氧化硫。该项目分为两个阶段实施，1995—1999年为第一阶段，排污权交易主要在110家火力发电厂之间进行，2000年以后进入第二阶段，排污权交易范围扩展到规模在2.5万千瓦以上的2000家电厂。排污额度由政府相关部门确定和发放，属于强制性温室气体排放交易，采取的是基准线分配法。政府首先通过科学测算确定该地区污染物排放总量，为各个企业制定相应的排放标准，然后通过发放交易许可证的方式授予该企业交易权，随后企业可以通过技术改进、节能减排、合理规划排放量等措施，将二氧化硫排放控制在额度之内，而剩余的额度可以在政府提供的交易系统中像普通商品一样进行交易，获得相应的经济收益。[①]

---

① 支海宇：《排污权交易及其在中国的应用研究》，博士学位论文，大连理工大学，2008年，第15—16页。

该项目中的二氧化硫排放额度由国家环保局统一发放，第一阶段共发放3090万吨二氧化硫排放配额，每吨交易价为1500美元。美国各相关企业对这一交易表现出很大兴趣，1997年交易数量为1430次，2001年达到17800次。[①] 经济利益促使各大企业积极主动采取措施减少二氧化硫排放，据统计，1995—1999年间美国全国二氧化硫排放量减少了380万吨，为政府节约开支126亿—180亿美元。[②]

这一时期影响更大、措施更为得力、收效更为显著的是加州空气市场。前文已经述及，美国加州对于气候变化和大气污染治理一直走在美国甚至世界的前列，曾经采取各种措施有效治理了洛杉矶雾霾。为了进一步改善这一地区的空气质量，减少温室气体排放，加州南海岸空气质量管理区于1994年实施区域性温室气体排放权交易项目——加州空气市场。该市场是区域性碳排放交易系统，其覆盖范围包括洛杉矶地区、索顿湖区和莫哈维沙漠地区，总面积10743平方英里。加州空气市场主要进行氮氧化物（NOx）、硫氧化物（SOx，主要是二氧化硫）和氢氧化物的排放权交易，市场交易的主要参与者为1990年以来年排放氮氧化物和硫氧化物超过4吨的企业，主要是发电厂和炼油厂。加州空气市场的阶段性目标是：第一阶段1994—2003年所在地区的氮氧化物年度配额总量降低75%，硫氧化物降低60%；第二阶段2004—2012年氮氧化物配额总量降低20%；第三阶段2013—2019年所在地区硫氧化物年度配额总量降低51%。[③]

加州空气市场采取免费发放配额、有价拍卖的强制性交易方式，其交易物简称RTC（Reclaim Trading Credits），即一年中氮氧化物和硫氧化物的排放量。首先政府将固定排放份额发放给各大企业，如1994年共向394家企业分配氮氧化物交易物共40187吨，硫氧化物交易物共10559

① 吴健:《排污权交易》，中国人民大学出版社2005年版，第50页。

② 叶林:《空气污染治理国际比较研究》，中央编译出版社2014年版，第128页。

③ 1994-reclaim-report,pp.20-25. https://www.aqmd.gov/docs/default-source/reclaim/reclaim-annual-report/1994-reclaim-report.pdf?sfvrsn=6.

吨，这些企业主要是高污染排放的发电厂和炼油厂等，[①]如位于洛杉矶郡索格斯的埃克森炼油厂就分得氮氧化物交易物共55358磅，约等于25吨，也就是说企业一年的排放额度为25吨，超过25吨要到市场购买额度，少于25吨可以出售。按照1994年价格，1吨氮氧化物的价格为15623美元，积极进行减少污染排放的企业可以出卖多余的份额赚取利润。[②]加州空气市场没有统一固定的市场，各企业之间可以进行点对点的分散交易，但需要在管理区进行登记，以便使政府了解交易价格；不仅仅企业之间可以进行交易，经纪人、各种基金和国内外投资者也可以参与交易。近些年加州空气市场的投资者日趋活跃，2009年已经参与氮氧化物68%的交易和硫氧化物全部交易，他们的投资活动以及其他因素也引起排污权交易价格的不断波动。氮氧化物1994年价格为每吨15623美元，随后不断走高，2001年因为加州电力危机而涨到82013美元，此后逐渐回落，2004年为22481美元，2008年暴涨至202402美元，此后逐渐回落，2016年又暴涨至380057美元，2018年回落至13223美元，这里明显有认为炒作的因素，这也是投资者参与其中的弊端。[③]

加州空气市场创办25年以来，为空气质量改善、防控雾霾发挥了积极作用，1994年市场发布全年氮氧化物配额40187吨，各企业实际使用25420吨，剩余的14767吨被用来交易；此后每年的配额不断下降，而各企业的实际使用量逐年下降，2001年配额降至15617吨，实际使用14779吨，2005年配额降至12484吨，实际使用9642吨，2017年配额为8978吨，实际使用为7246吨。硫氧化物的变化趋势也是如此。[④]污染物排放明显减少。由此可见，加州空气市场的碳排放交易对于减少大气污染和气候变化治理发挥了十分重要的作用。

---

① 2017-reclaim-report,pp.54-56.https://www.aqmd.gov/docs/default-source/reclaim/reclaim-annual-report/2017-reclaim-report.pdf?sfvrsn=6.

② 1994-reclaim-report,p.89. https://www.aqmd.gov/docs/default-source/reclaim/reclaim-annual-report/1994-reclaim-report.pdf?sfvrsn=6.

③ 2017-reclaim-report,p.45.https://www.aqmd.gov/docs/default-source/reclaim/reclaim-annual-report/2017-reclaim-report.pdf?sfvrsn=6.

④ 2017-reclaim-report,p.54.https://www.aqmd.gov/docs/default-source/reclaim/reclaim-annual-report/2017-reclaim-report.pdf?sfvrsn=6.

二 共同发展阶段（2003—2010）

这一阶段美国的碳排放交易市场发展走上正轨，自愿性碳交易和强制性碳交易并存，共同发展。2003年，芝加哥气候交易所成立；2005年，区域温室气体减排行动交易平台建立，共有7个州加入，后增至10个州；2007年，西部气候倡议交易市场投入运行，共有加利福尼亚、新墨西哥、亚利桑那、华盛顿、蒙大拿等7个州和加拿大的安大略、魁北克、马尼托巴和不列颠哥伦比亚4个省加入；当年11月，中西部温室气体减量协定由美国伊利诺伊、爱荷华、威斯康星、明尼苏达等9个州和加拿大马尼托巴省共同发起建立；同一年，绿色交易所也在纽约投入运行。至此，美国的自愿性和强制性的区域性碳交易市场基本上都建立起来，并且形成沟通网络，共同发展。而2010年芝加哥气候交易所被收购后交易量暴跌，基本上是名存实亡，也宣告这一共同发展的阶段基本结束。这一时期比较有特色的代表是芝加哥气候交易所，这是世界上第一个自愿组合而形成的碳排放交易机构，其运行原则、交易方式以及盛衰过程都值得我们学习和借鉴。

2003年6月，芝加哥气候交易所正式成立，这是美国第一个也是世界上第一个正式的温室气体排放交易市场，《京都议定书》所确定的6种温室气体都可以在这里交易。2006年，根据3年运营的经验，芝加哥气候交易所制定了《芝加哥协议》，规定了该机构的创建目标、经营内容、交易方式、会员登记、气体监测程序等，使其交易更为正规，更具可操作性。芝加哥气候交易所最主要的特点就是自愿性，各企业、公司、金融机构自愿申请加入，但加入之后就要遵守交易规则，实现减排目标。交易所包括3个子系统：

注册系统。参与交易方需要在这里注册成为会员，会员种类分为4种：基本会员、协作会员、参与会员和专项交易参与商，该系统同时还储存了会员的经营、贸易、合同履行等各方面信息。交易所的会员来自航空、汽车、电力、环境、交通等几十个行业，其中不乏像美国电力公司、福特汽车集团、摩托罗拉通讯、杜邦公司等跨国大企业。

交易平台。会员通过网络平台进行交易，主要分为限额交易和补偿交易，以限额交易为主。芝加哥气候交易所采取基准线方式，以会员

1998—2001年间的碳排放为基准，要求会员2003—2006年的第一个承诺期实现每年减排0.1%、宏观上达到基准4%的目标；2007—2010年为第二个承诺期，第一承诺期期间加入的会员每年减排0.25%，第二承诺期加入的会员每年减排1.5%，宏观控制在基准6%的目标。在这一目标下，各会员可以自己制定年度减排任务，超额完成减排任务的会员可以出售其多余的额度，未能达到减排额度的注册会员则需要购买其他会员出售的减排额。为了避免有的会员一直购买碳排放额度而不进行减排，交易所规定会员购买的碳交易额度不得超过其减排目标的一半。补偿交易就是通过政府福利补贴、农业碳汇以及其他生态环保措施来抵消其碳排放额度。

清算结算平台。该平台对每天和每月的碳排放交易情况进行统计，及时发送给会员，以方便后者了解自己的和整个平台的交易情况，同时也供会员中的专项交易商做交易参考。

芝加哥气候交易所自愿、灵活同时又有一定规制的交易方式获得了很大的成功，根据统计，交易所2003—2010年间，其成员共减排4.5亿吨二氧化碳，其中第一承诺期减排5340万吨；成交额也不断增长，2007年突破7000万美元，此后更是一路走高，呈现出良好前景；[①]交易所规模也不断扩大，先后设立了欧洲气候交易所（2004）、蒙特利尔交易所（2005）、天津排放权交易所（2008）等分支机构。但是，由于缺乏法律和制度的支持，还有金融危机、自愿性交易的弊端等因素影响，2010年芝加哥气候交易所的母公司——气候交易公众公司被亚特兰大交易所收购，收购后其交易状况一落千丈，基本上已经没有碳排放交易，交易价格也从历史最高位的7.4美元跌至10美分，已经是名存实亡了。

芝加哥气候交易所由盛转衰的主要原因是美国国家层面对气候变化治理不够重视，没有制定出台系统完备的碳排放交易法律法规和政策，甚至没有一个统一的国家级碳排放市场，这就导致碳排放交易市场不完善、供求关系不平衡、价格波动较大等问题；其次，交易所自愿性交易的原则有

---

① 唐颖侠:《国际气候变化治理：制度与路径》，南开大学出版社2015年版，第144—145页。

利有弊，其弊端就在于缺乏强制性手段确保交易的良性发展，仅仅靠自由市场手段进行调节，最终导致交易状况失衡。但总体来说，芝加哥气候交易所秉持的自愿性碳排放交易有很多亮点和可取之处，如果能够辅之以政府层面的宏观调控就会取得更好的成效。

三 强制性交易主体阶段（2010 年至今）

2010 年芝加哥气候交易所被收购之后，美国的自愿性碳交易市场一蹶不振，此后区域碳交易一直由强制性交易占据主体地位。前文已经述及，美国的区域强制性碳交易市场主要有 4 个，其中区域性温室气体减排行动（以下简称 RGGI）是最早成立的，也是运行发展最为成熟的，其成效也很大。

区域性温室气体减排行动是美国第一个以市场机制为基础的强制性碳交易市场体系，成立于 2005 年 12 月，成员包括纽约州、康涅狄格州、新泽西州、缅因州、佛蒙特州、特拉华州、新汉普郡、马萨诸塞州、马里兰州和罗得岛州 10 个州郡，后来新泽西州退出，目前剩下 9 个州郡。RGGI 将发电厂的二氧化碳排放作为交易对象，主要是各成员州辖区内 2005 年后所有装机容量超过 25 兆瓦且化石燃料使用超过 50% 的发电企业。RGGI 首先设定一个区域内 2009 年的排放上限，然后确定减排目标是到 2018 年时发电企业二氧化碳排放量比 2009 年减少 10%。为了让各发电企业有一个缓冲时间，RGGI 规定各企业 2014 年之前各州排放的上限不变，但从 2015 年开始就要每年减少排放 2.5%，达不到的就要到交易市场购买拍卖的排放份额。RGGI 采取公开拍卖和自由交易两种方式，也可以称为一级市场和二级市场。一级市场就是公开拍卖市场，RGGI 采用单轮竞价、统一价格、密封投标的方式，对二氧化碳排放份额进行拍卖，每个季度进行一次，每个配额为 1 短吨（0.907 吨）二氧化碳，起拍底价为每吨 1.86 美元。从 2008 年 9 月 25 日第 1 次拍卖开始，至今已经进行了 44 次现货拍卖和 12 次期货拍卖，表 9-1 中笔者选取前 10 次、中间 5 次和最近 10 次拍卖交易的具体情况（不包括期货）：①

---

① 数据来自 RGGI 官网，https://www.rggi.org/Auctions/Auction-Results/Prices-Volumes.

表 9-1 美国区域性温室气体减排行动（RGGI）拍卖情况

	日 期	拍卖配额总量	卖出配额数量	拍卖价格（美元 / 吨）	总拍卖金额（美元）
1	2008.9.25	12565387	12565387	3.07	38575738
2	2008.12.17	31505898	31505898	3.38	106489935
3	2009.3.8	31513765	31513765	3.51	117248630
4	2009.6.17	30887620	30887620	3.23	104242445
5	2009.9.9	28408945	28408945	2.19	66278239
6	2009.12.2	28591698	28591698	2.05	61587121
7	2010.3.10	40612408	40612408	2.07	87956945
8	2010.6.9	40685585	40685585	1.88	80465567
9	2010.9.8	45595968	34407000	1.86	66437340
10	2010.12.1	43173648	24755000	1.86	48224220
18	2012.12.5	37563083	19774000	1.83	38163820
21	2013.9.4	38409043	38409043	2.67	102552145
24	2014.6.4	18062384	18062384	5.02	90673168
28	2015.6.3	15507571	15507571	5.50	85291641
33	2016.9.7	14911315	14911315	4.54	67697370
35	2017.3.8	14371300	14371300	3.00	43113900
36	2017.6.7	14597470	14597470	2.53	36931599
37	2017.9.6	14371585	14371585	4.35	62516395
38	2017.12.6	14687989	14687989	3.80	55814358
39	2018.3.14	13553767	13553767	3.79	51386777
40	2018.6.13	13771025	13771025	4.02	55359521
41	2018.9.5	13590107	13590107	4.50	61155482
42	2018.12.5	13360649	13360649	5.35	71479472
43	2019.3.13	12883436	12883436	5.27	67895708
44	2019.6.5	13221453	13221453	5.62	74304566

从表 9-1 可以看出，在拍卖的初期阶段，也就是缓冲阶段，每年拍卖的份额数量较多，这也是为了各发电企业缓冲的需要，有的拍卖还没有全部卖出，单位价格也不高，有几次已经达到 1.86 美元的底价。而从 2014 年开始，拍卖的份额骤减并呈现逐年减少的趋势，以期达到减排的目的，

市场投放份额的减少导致拍卖价格的逐渐升高，这不但能激励各大发电企业加大投入进行节能减排，也吸引了越来越多的投资机构涉入 RGGI 的二级市场。二级市场就是提供一个平台，以供各大发电企业进行碳排放份额交易，节能减排工作做得较好的企业就可以将剩余的排放份额在二级市场出售，配额用尽但还没有达到目标的则需要在二级市场购买份额，因为最终没有达到减排目标的企业会受到惩罚。除此之外，各投资机构也可以在二级市场进行围绕碳排放份额的期货、期权和其他金融衍生品的交易。

RGGI 成立以来的 44 次拍卖总共得到收益 32.174 亿美元，其中康涅狄格州 2.136 亿美元，特拉华州 1.266 亿美元，马恩州 1.06 亿美元，马里兰州 6.56 亿美元，马萨诸塞州 5.359 亿美元，纽约州 12.231 亿美元，佛蒙特州 2452.2 万美元，罗得岛州 6899.8 万美元，新汉普郡 1.493 亿美元；新泽西州于 2012 年退出，只进行了 14 次拍卖，得款项 1.13 亿美元。[①] 拍卖所得款项均用于推动气候治理、节能减排事业发展以及其他生态环保事业和资助气候变化受到损害的弱势群体。这种公开拍卖的碳交易方式，既促进了发电企业节能减排，又获得了推动生态环保事业发展的资金，可谓一举两得。

RGGI 投入运行已经 14 年，取得了斐然的成效。根据统计，2011—2013 年间，非 RGGI 成员的其他州郡发电企业，相对于 2006—2008 年基准，年平均二氧化碳排放降低 0.5 个百分点，为 23.55 万短吨，发电每千瓦时二氧化碳排放相对于 2006—2008 年基准降低了 8.5 个百分点，为 35.7 磅；而 RGGI 成员州郡同一时间段，相对于 2006—2008 年基准，年平均减排 4500 万短吨二氧化碳，减排率 32.5%，发电每千瓦时二氧化碳排放降低了 32.5 个百分点，为 310 磅。[②] 2014—2016 年间，非 RGGI 范围内的其他州郡发电企业二氧化碳排放相对于 2006—2008 年平均降低

---

① 数据来自 RGGI 官网，https://www.rggi.org/auctions/auction-results.

② RGGI:CO_2 Emissions from Electricity Generation and Imports in the Regional Greenhouse Gas Initiative: 2013 Monitoring Report, pp.5-6. https://www.rggi.org/sites/default/files/Uploads/Electricity-Monitoring-Reports/2013_Elec_Monitoring_Report.pdf.

了 3.7%，即 170 万短吨，发电每千瓦时二氧化碳排放降低了 45.4 磅，32.5%；而 RGGI 成员州郡同一时间发电企业二氧化碳排放相对于 2006—2008 年基准平均降低了 40%，即 5540 万短吨二氧化碳，发电每千瓦时二氧化碳排放降低了 415.4 磅，相对于 2006—2008 年标准降低了 32.5%。[①] 由此可见，RGGI 成员州郡的发电企业减排效率远高于其他州郡，也可以看出这一区域碳排放交易市场所产生的不可忽视的重要作用。

第二节　美国碳排放交易对中国的启示与借鉴

随着中国经济的不断发展，温室气体排放也不断增加，因而政府对气候变化和节能减排也越来越重视，积极进行碳排放交易的探索与试验。2007 年，浙江嘉兴成立全国首个排污权交易所，交易对象为二氧化硫和化学需氧量，至 2009 年 10 月累计交易 320 笔，交易金额 1.12 亿元。2008 年，北京、上海、天津相继成立了环境交易所，2011 年 10 月，国家发改委批准在湖北省、广东省两省和北京、天津、上海、重庆、深圳 5 个城市进行碳排放权交易试点。2013 年起，深圳、北京、广东、上海、天津、湖北、重庆七大碳排放交易所先后正式挂牌交易。2017 年年底，中国发布了《全国碳排放权交易市场建设方案（发电行业）》（以下简称《方案》），标志着中国正式启动国家级碳排放交易市场。《方案》规定，中国的碳交易市场以年度排放达到 2.6 万吨二氧化碳当量（综合能源消费量约 1 万吨标准煤）及以上的企业或者其他经济组织为主要交易方，由国务院发展改革部门会同能源部门向相关企业发放排放配额，各企业应积极进行节能减排，剩余配额可在市场出售，不足部分需通过市场购买。《方案》还明确了中国碳市场要分三阶段进行发展完善：基础建设期为一年时间，需要完成全国统一的数据报送系统、注册登记系统和交易系统建设；模拟运行期为一年左右时间，开展发电行业配额模拟交易；深化完善期，在发

---

① RGGI:CO_2 Emissions from Electricity Generation and Imports in the Regional Greenhouse Gas Initiative: 2016 Monitoring Report, pp.5-6. https://www.rggi.org/sites/default/files/Uploads/Electricity-Monitoring-Reports/2016_Elec_Monitoring_Report.pdf.

电企业配额现货交易不断完善的前提下，逐步将国家核证自愿减排量纳入全国碳市场。[①] 自正式启动全国碳市场以来，碳交易量出现猛增的势头，截至 2019 年 5 月底，全国碳市场试点配额累计成交 3.1 亿吨二氧化碳，累计成交额约 69 亿元。具体情况见表 9-2。[②]

表 9-2　中国碳排放交易情况

试点地区	气体	总成交量（万吨）（截至 2109.5）	成交额总金额（万元）（截至 2019.5）	碳价（元 / 吨）（截至 2019.6.20）
深圳	二氧化碳	3911	113482	22.70
上海	二氧化碳	3560	70601	38.37
北京	二氧化碳	3064	112312	87.56
广东	二氧化碳	12228	239995	23.27
天津	二氧化碳	591	7720	13.98
湖北	二氧化碳	6715	128452	41.09
重庆	6 种温室气体	847	2850	9.50
福建	二氧化碳	726	16224	19.74
总计		31642	691636	

从表 9-2 中我们可以看出，广东和湖北是国内碳排放交易最为活跃、成果最为显著的交易平台，北京、上海和深圳次之，而重庆、福建和天津的交易较少，市场发展缺乏动力。虽然取得一定成效，但中国的碳排放交易目前仍处于试运行阶段，存在诸多问题，如相关法律体系不健全、配额分配较为笼统、信息不够透明、交易市场不够完善、碳价差别较大等，需要借鉴学习美国等发达国家的经验。

一　完善现有排放份额分配制度，尝试多种分配方式并用

排放份额是碳交易中的基础环节，政府或交易机构根据一定标准向各企业免费发放排放份额，这些份额既是碳市场的主要交易物，也是企业节

---

① 《全国碳排放权交易市场建设方案（发电行业）》，中国发展和改革委员会官网，http://www.ndrc.gov.cn/zcfb/gfxwj/201712/t20171220_871127.html, 2019 年 1 月 4 日。

② 数据来自中国碳排放交易网，http://www.tanjiaoyi.com/article-27316-1.html.

能减排的重要依据。从美国的发展历程来看，一般都经历从免费发放过渡到有偿拍卖的过程。免费发放排放份额的方法有两种，即历史排放法和行业基准法。历史排放法就是以相关企业历史上的排放数量为主要依据来进行分配，排放数量多的分配的份额多，排放数量少的分配份额就少。这种方法的优点是相对比较简单易行，可以照顾到企业的利益；缺点是不够公平，污染严重的企业能够分到较多的份额，节能减排做得好的企业反而分到的份额少，这就是所谓的“鞭打快牛”，越是重视低碳环保的企业在碳交易市场中越不利。行业基准法就是根据企业的历史排放量、增加值、温室气体排放强度以及其他相关因素来制定出的基准值，然后用基准值乘以企业的产量或者设计产能等来确定企业获得的免费排放配额数；也有的碳市场是以排放总量控制作为基准值，行业基准法的优点是较为公平、精确、科学，符合市场竞争的原则，缺点是计算较为复杂烦琐，个别行业并不适用。还有一种较为折中的方法，称为历史强度法，又称为历史强度下降法，就是把各企业的历史碳排放强度乘以其产量和减排系数，以得出分配份额数量。目前我国的碳排放交易市场的排放份额由政府统一分配，主要是采取历史排放法，这种方法一般只是适用于碳市场的初级阶段，在实践中也出现了一些问题，比如有的省份份额发放过多，导致碳价低迷，影响碳排放市场真正发挥节能减排的作用。美国的各大碳市场免费份额分配各不相同，但基本没有完全使用历史法的。加州空气市场综合使用历史法和基准法，对于电力和天然气行业使用历史法，对于基础工业设施使用基准法，其基准确定有两种方法：一种是根据工业产品，另一种是根据能源结构。芝加哥气候交易所采取基准线方式分配免费份额，就是以各会员1998—2001年间的碳排放为依据确定减排基准，然后以此来确定各个年度的排放基准线。而美国的区域性温室气体减排行动交易平台则是直接用拍卖的方式分配排放份额，没有免费发放。我国的碳交易市场已经运行了8年，国家级碳市场启动也已经一年多，应该逐步过渡到基准法，或者多种方式并用。目前，我国的广东和湖南已经借鉴了美国加州的经验，开始针对不同行业施行多种方法，例如广东省颁布的《2018年碳排放份额分配实施方案》，采用基准线、历史排放和历史强度三种方法分配排放份额，对电力（燃煤燃气发电机组）、水泥（熟料生产和粉磨）、普通造纸、航空（全面服务）和钢铁的长流程企业等采取基准线法，配额等于产量（设计产能）乘以基准值；对特殊燃料电力发电机组、特殊造纸行业和其他航空企业采用历史强度下降法，对于石化企业、水泥行业的矿山开采、钢铁行业的短流程企业等采取历史排放法。[①]湖北也采取了类似的方法。这无疑是比较科学的，这也是广东和湖北两省碳排放交易市场远远领先国内其他碳排放试点市场的主要原因之一，值得推广。

二　建立健全相关法律法规，促进市场健康发展

前文已经述及，美国与空气质量和碳排放相关的法律法规十分健全，早在1955年美国就制定了《空气污染控制法》，1963年出台了《清洁空气法》并于1970年、1977年和1990年多次修正而逐步完善，1967年颁布《空气质量控制法》，等等。进入21世纪，美国又相继制定出台了一系列与碳排放交易相关的法律法规，主要是2007年的《低碳经济法案》《气候责任和创新法案》《联邦气候安全法案》等，其中《低碳经济法案》明确规定美国未来的减排目标，即以21世纪初温室气体排放量为基准，到21世纪中叶排放额度削减60%左右，法案内容还包括碳排放配额机制、市场交易机制、激励机制、监测主体与监测标准等。美国地方的相关法律也很健全，加利福尼亚州在温室气体减排和碳排放交易方面一直走在美国各州的前列，不但有州内的加州空气市场，还是区域碳交易市场——西部气候倡议的主要成员。2006年，加州州长施瓦辛格签署了《全球变暖解决法案》（又称为《32—AB法案》），规定未来加州碳减排的目标是每年平均减少25%，从而使2020年温室气体排放量与1990年齐平，2050年温室气体排放量减少到1990年排放水平的80%以下。该法案还对碳减排和碳交易的运作机制、监督管理等方面作出规定，赋予加州空气资源委员会很大的权力来推动碳排放交易机制的落实。2010年，在《32—AB法

① 《广东省2018年碳排放份额分配实施方案》，广州碳排放交易所，http://www.cnemission.com/article/zcfg/201812/20181200001573.shtml.

案》的基础上，加州空气资源委员会通过了《10—42决议》，进一步确定了加州的碳排放交易市场的相关规则。经过不断的健全、细化、完善，加州的碳交易市场规则日益精确、完备，使该州的碳排放交易始终在美国各州中名列前茅，甚至有了国际影响力。我国目前还没有一部系统完备的碳排放交易法规，2014年12月10日，国家发改委发布了《碳排放权交易管理暂行办法》，共7章48条，对碳排放交易的对象、配额分配、市场运行、配额核查与清缴、市场监督管理、违规的法律责任等都作出了规定。2019年4月3日，生态环境部制定发布了《碳排放权交易管理暂行办法（征求意见稿）》，共27条，内容较2014年的版本大为精简，其重点是对违规企业的惩罚作出了更为明确细化的规定，如规定重点排放单位不按照规定进行温室气体排放情况监测、不按时提交温室气体排放报告、核查报告，或者提交虚假的温室气体排放报告、核查报告的，逾期拒不改正的，处5万元以上20万元以下罚款；重点排放单位未能按期提交排放配额的，给予碳排放市场配额均价2倍以上5倍以下罚款；核查单位有泄露商业秘密、参与排放权交易、弄虚作假、收取贿赂等行为的，没收非法所得并给予2万元以上10万元以下罚款，同时取消其核查资格等。[①] 上述都只是暂行办法，距离法律法规还有一定距离，因此，尽快制定一部科学完备的碳交易市场法规是很有必要的。美国的正反两方面经验都说明了这一点，相关法律法规较为完备的加利福尼亚州碳交易市场十分活跃，领跑全国；而一度兴旺的芝加哥气候交易所因为缺少相关法律法规的支持，最终走向衰落。

三 由点到面，实施碳排放交易区域化

美国国家层面的气候变化治理并不积极，尤其是特朗普执政时期，退出《巴黎协定》产生了很大的负面效应。但是，美国的生态环境和节能减排事业却走在世界前列，这里很重要的一点就是美国地方尤其是各州对

① 《碳排放权交易管理暂行办法（征求意见稿）》，中国碳排放交易网，http://www.tanjiaoyi.com/article-26505-1.html, 2019年1月5日。

于气候治理的态度较为积极，在碳排放交易方面更是从无到有，由点到面，形成了区域性碳交易市场。前文已经提及，美国跨州的区域性碳交易市场主要有3个，其中区域性温室气体减排行动有纽约州、康涅狄格州等9个州郡，西部气候倡议交易市场成员包括加利福尼亚州、新墨西哥州等7个州和加拿大4个省，中西部温室气体减量协定包括美国伊利诺伊、爱荷华、威斯康星、明尼苏达等9个州和加拿大的1个省，这3个市场的成员州加在一起差不多是美国所有州的一半，其影响不可小觑。气候治理并非一城一区的问题，本来就需要区域性联合治理，因而美国区域性碳交易可以发挥规模效应，使气候治理和节能减排的成效得到提高；区域碳排放市场的各成员州之间建立信息链接，互通有无，发挥网络效应，推动温室气体减排的发展；各成员州发挥各自的优势，取长补短，先进带动后进共同发展，实现“1+1>2”的协同效应。中国是一个大国，各地区的经济发展和产业结构并不平衡，减排能力也不尽相同，以各省、各地区为单位进行碳交易会带来很多问题，而建立区域碳市场是一个很好的解决办法。目前我国的碳排放交易市场还处于试运行阶段，共有8个试点省市，经过一年多的运行，积累了一定的实践经验。在下一阶段，应该以这些试点省市为中心，打造碳交易区域联合市场，可以以地域作为划分标准，打造沿海地区交易市场、西部交易市场、东三省交易市场等；也可以以经济带作为划分标准，如长三角交易市场、珠三角交易市场、京津冀交易市场等。在组合的时候，应该考虑各成员的经济发展水平、产业结构、节能减排状况等，力争实现强弱搭配、优势互补、协同发展。

四　自愿性与强制性相结合，综合性与专门性相结合，打造多元化碳市场

美国的碳市场很有特色，与众不同，建立了世界其他国家和地区基本上没有的自愿性碳交易市场，而且一度活跃兴旺，这说明这种模式是有其优点的，例如更为自由灵活，更有利于激发参与者的积极性，更具有市场的特点，更为合理公平，等等。芝加哥气候交易所虽然以被收购告终，但是其存在的7年为自愿性碳市场提供了正反两方面的经验，而另一家自愿

性碳市场绿色交易所至今仍在运行，继续探索这种模式的发展道路。我国目前是强制性碳交易市场，政府在其中扮演着重要的角色，发挥着不可替代的作用，这在碳市场的初级阶段是必不可少的。但是碳市场毕竟也是一种市场，不能够始终由政府事必躬亲，政府应逐渐放手，转为宏观调控，使碳市场真正成为市场。因此，可以尝试性开发自愿性碳市场，让排放企业自愿加入并按照市场经济规则开展交易，政府应给予政策和法律的支持，避免重蹈芝加哥交易所的覆辙，从而打造一个强制交易为主、自愿交易为辅的多元化碳市场。美国碳市场还有一个特色就是综合性与专门性市场并存，前文述及的加州空气市场、芝加哥气候交易所和西部气候协议等都是综合性交易市场，其参与者为各种排放企业和公司，而区域温室气体减排行动交易平台就是专门市场，只是针对发电企业的碳排放进行交易，这种模式操作更为简单，行业基准也易于制定，更容易开展合作和协同，也更易于监管，缺点是过于单一，减排效果受影响，但仍不失为一种很好的发展路径。我国的碳交易市场目前还处于初级阶段，各交易试点都是综合市场，制定行业基准、发放配额、及时沟通信息、排放监管等各种事项十分庞杂，而且处于由模拟运行阶段到深化完善阶段的转型时期，要将国家核证自愿减排这一新要素纳入碳市场，这无形中增加了碳市场的多元性和复杂性。在这种情况下，尝试建立专门性碳市场不失为一个很好的选择，其操作简便易行的优点很切合中国目前初级阶段的状态，其行业针对性强的优点有利于在高排放行业之间进行专门交易，有利于减排成果的扩大化。

五　加强监管，推动碳市场健康有序发展

美国没有国家级的统一碳市场，因而也就没有国家层面的监管部门，其各大区域碳市场有自己的监管机构，主要分为两种：一种是州政府的监管部门，例如加州空气市场就是由加州空气资源委员会管理，加州空气资源委员会由 16 名成员组成，其中 12 人由州长任命，州参议院确认。这 12 名成员中，5 人为加州环境部门的公务员，4 人为空气质量和气候变化领域的专家，2 名普通民众代表和 1 名主席。这 12 人均为全职人员。其余 4 名成员包括 2 名环保团体代表和 2 名无投票权的监督员，均为兼

职。加州空气资源委员会现任主席玛丽·尼克尔斯，副主席为桑德拉·博格。[①]加州的《32—AB法案》赋予委员会很大的权力，使其能够对加州空气市场充分行使监管权。区域性碳市场由多个州组成，其监管部门是特别成立的。例如，区域温室气体减排行动成立了一个非营利的公司——RGGI.Inc，其职能具体包括二氧化碳配额拍卖平台及其对相关市场进行监管，跟踪监测二氧化碳配额的使用情况，审查各成员州郡的排放补偿项目，及时通报相关信息，等等。公司董事会共20人，由每个成员州选派2名能源和环境监管机构的负责人组成。2020年公司董事会主席为马萨诸塞州环境部部长马丁·苏伯格（Martin Suuberg），副主席为马里兰环境部部长本·格鲁布尔斯（Ben Grumbles），财务主管为罗得岛公用事业委员会委员马利昂·高德（Marion Gold），秘书是纽约环境保护局副局长贾拉得·辛德尔（Jared Snyder）。[②]这些监管机构职能明确、架构合理、执行力强，可以有效确保美国的区域碳市场的有效运作。我国的碳市场最初由发改委主管，2018年生态环境部成立后，转由其下属的应对气候变化司主管，各省市的碳市场则由省生态环境厅相关部门主管。部门职能是比较明确的，但仍应该学习借鉴国外的先进经验，尤其是监管的严格性和科学性，RGGI的监管十分严格，专门建立了电子网络跟踪系统，在三年的履约期内对每个交易的二氧化碳配额进行跟踪监测，履约期满根据跟踪监测的数据来对发电企业排放进行核查，对超额排放的企业予以处罚。区域温室气体减排行动监管部门的人力资源结构也可圈可点，由政府部门领导、相关领域专家、社会民众代表和监督员组成，这种“四结合”的人员构成方式更有利于监管职能的有效发挥，同样值得我们学习借鉴。

六 推进信息网络建设，增强碳市场的透明度，吸引社会公众参与

美国的区域碳交易市场均有官方网站，信息完备，界面友好，资料齐

---

① 见加州空气质量资源委员会官网，https://ww2.arb.ca.gov/about.

② Board of Directors，见RGGI官网，https://www.rggi.org/rggi-inc/board-of-directors, 2020年6月10日。

全，查找下载方便。例如，RGGI 的官网上除了一般性介绍、新闻、注册和交易流程等必备内容之外，还有其成立之后 44 次拍卖的各种数据和详细记录、碳交易二级市场的详细情况以及 2009—2018 年碳市场的年度总结报告，这无论对于交易者、研究人员，还是普通社会民众都是很有价值的。加州空气市场的官方网站也就是加州南海岸空气质量管理区的官网，更新迅速及时，笔者 2019 年 6 月 28 日登录该网站，其新闻更新到 6 月 27 日，空气质量、大气污染防控等方面的年度报告更新到 2018 年，还保存着 1994—2017 年的碳市场交易年度报告和其他大量历史交易资料，完全免费下载。我国目前的 8 个碳交易试点基本上都有网站，有的是独立的，比如广东、湖北、重庆等，有的是非独立的，如北京的碳交易市场是挂靠在北京环境交易所。总体来看，广东的碳交易网站情况较好，更新较为及时，笔者 6 月 28 日登录网站，其交易所动态更新到 6 月 24 日，地方动态更新到 6 月 11 日，网站界面友好，功能完备，还保存了一批历史文件，如 2014—2018 年的年度碳排放配额分配方案等，透明度较高。其他试点的网站均存在不同程度的问题，如更新不及时、缺少历史资料、界面不友好等，需要借鉴学习国外交易市场的网站建设经验，加强信息建设，增强透明度。这不仅方便交易者，而且有利于吸引社会各界公众参与其中。美国的各大碳市场都很公开透明，欢迎各界参与，芝加哥交易所是自愿参加，开放度很高；RGGI 的一级市场面向发电企业，而其二级市场则是社会各界都可以参与的，尤其是投资机构、金融衍生产品、期货期权交易商等，普通民众也可以进行投资理财。我国的碳市场也应该提高开放度，吸引社会团体、投资机构和普通民众参与交易，这样不仅可以活跃市场，吸引资金，还可以让公众更加深入地参与到气候变化治理和节能减排的事业之中，提高全民节能环保意识。

结　语

历时5年，笔者主持的国家社科基金一般项目“国外治理气候灾害的经验与启示研究”的最终成果终于完成，本书的主要研究内容分为两部分，即“上篇　气候灾害治理”和“下篇　气候变化应对”，二者的关系是“标”和“本”的关系。由于气候变化导致全球气候灾害频发，因此在治理气候灾害的同时，我们必须要面对如何应对气候变化这一世界性难题。尽管国际学术界、政党和利益集团对于全球变暖的主张还存在着严重分歧，“主流派”与“怀疑派”的论争还在持续，[①]但气温不断升高的事实最终使气候变暖“主流派”的声音逐渐占据舆论制高点。

本书研究的内容，上篇主要从国外治理气候灾害的个案研究入手，以时间线贯穿来介绍发达国家应对气候灾害的经验措施，结合中国气候灾害的实际情况，提出可供借鉴的经验与启示。其中包括美国应对沙尘暴、英国伦敦和美国洛杉矶治理城市雾霾、新加坡等国应对城市内涝以及英、美和新西兰等国应对台风等气候灾害的经验和启示，这样安排一方面可以纵览20世纪西方发达国家应对气候灾害的理论和实践的发展历程，以期借鉴其正反两方面的经验和教训；另一方面可以了解国外应对气候灾害的最新理念和措施，如城市雨洪管理、巨灾债券、巨灾保险等，以推动我国气候灾害治理理念的发展与完善。下篇则从国际合作和国家治理两个层面介绍了国外气候变化治理的新动态和新举措，国际合作层面主要包括国际气候治理中联合国主导的历次气候大会情况，《京都议定书》和《巴黎协定》的影响以及各个国家、各个

① 关于“主流派”与“怀疑派”的论争，参见王学东《气候变化问题的国际博弈与各国政策研究》，时事出版社2014年版，第19—27页。

利益集团之间的博弈，国家治理层面主要论述德国、美国等发达国家在气候变化治理和节能减排方面的有益经验：德国方面主要是能源立法的发展演变及其节能减排的新举措，美国方面主要是介绍其碳排放市场的发展情况。通过介绍和分析发达国家在气候灾害应对和气候变化治理方面的有益经验，了解其最新法律、政策和发展动态，来推动中国生态文明建设的不断发展。

在借鉴国外发达国家治理气候灾害应对气候变化的经验的同时，我国在防灾救灾理论与实践中已经积累了宝贵的成功经验，以科学救灾、以人为本、健全法律制度保障、开展救灾外交等为标志，我国的防灾救灾能力在很多领域已经达到国际水平，如第一时间公布灾情，专业队伍快速救援，在挽救生命的同时加强心理健康辅导，在救灾领域开展国际合作，中国的救援队伍已给世界上很多国家的灾民留下了深刻美好的形象，如参与新西兰克赖斯特彻奇市地震灾害救援工作的中国国际救援队员[①]等。随着改革开放的伟大实践和国家实力的日益强大，我国对于气候灾害治理也开展多学科研究，研发经费充足，应对气候灾害的水平不断与国际接轨。在中国特色社会主义进入新时代的今天，中国国际地位不断攀升，中国已经走到了世界舞台的中央，走进了以负责任的东方文明的社会主义大国形象不断为人类做出更大贡献的时代。在应对气候变化和国际气候治理中发挥的作用越来越大，参加并积极推动历次联合国气候变化大会的议程，对于《联合国气候变化框架公约》《京都议定书》和《巴黎协定》这三个具有里程碑意义的协定的签署做出了重要的贡献。与美国退出《巴黎协定》的不负责任举动相反，在《巴黎协定》框架下的中国自主减排方案中，我国作出 2030 年单位国内生产总值二氧化碳排放量比 2005 年下降 60%—65%，非化石能源占一次能源消费比重达到 20% 左右，森林蓄积量比 2005 年增加 45 亿立方米左右[②]的承诺，由此可见中国减排之决心和力度之大，中国在国际事务中发挥的作用不可小觑，并且为解决世界问题贡献了中国经验、中国智慧和中国方案。

---

① 习近平：《共同描绘中新关系更加美好的未来》，《新西兰先驱报》2014 年 11 月 19 日。

② 《强化应对气候变化行动——中国国家自主贡献》，中央政府门户网站，http://www.gov.cn/xinwen/2015-06/30/content_2887330.htm, 2019 年 10 月 3 日。

参考文献

一 中文著作

白志刚:《外国城市环境与保护研究》,世界知识出版社 2005 年版。

白志鹏等:《空气颗粒物测量技术》,化学工业出版社 2014 年版。

陈丽鸿、孙大勇主编:《中国生态文明教育理论与实践》,中央编译出版社 2009 年版。

程向阳、王凯等:《气象灾害调查研究与实践》,气象出版社 2018 年版。

崔建霞:《公民环境教育新论》,山东大学出版社 2009 年版。

董亮:《全球气候治理中的科学与政治互动》,世界知识出版社 2018 年版。

高佩义:《中外城市化比较研究》,南开大学出版社 1992 年版。

国家防汛抗旱总指挥部、中华人民共和国水利部:《中国水旱灾害公报 2012》,中国水利水电出版社 2013 年版。

国家防汛抗旱总指挥部、中华人民共和国水利部:《中国水旱灾害公报 2017》,中国地图出版社 2018 年版。

国家环保总局空气和废气监测分析方法编委会:《空气和废气监测分析方法》(第 4 版),中国环境出版社 2003 年版。

郭培章:《中外流域综合治理开发案例分析》,中国计划出版社 2001 年版。

侯雪松:《全球空气污染控制的立法与实践》,中国环境出版社 1992 年版。

胡若隐:《从地方分治到参与共治——中国流域水污染治理研究》,北京大学出版社 2012 年版。

何强、井文涌、王翊亭编著:《环境学导论》,清华大学出版社 2004 年版。

何顺果:《美国边疆史：西部开发模式探究》，北京大学出版社 2005 年版。

江伟钰、陈方林:《资源环境法词典》，中国法制出版社 2005 年版。

李宁等:《气象灾害防御能力评估理论与实证研究》，科学出版社 2017 年版。

李娟:《中国特色社会主义生态文明建设研究》，经济科学出版社 2013 年版。

刘培桐、薛纪渝、王华东:《环境学概论》，高等教育出版社 1995 年版。

马宗晋:《中国重大自然灾害及减灾对策（总论）》，科学出版社 1994 年版。

梅雪芹:《环境史学与环境问题》，人民出版社 2004 年版。

秦大河:《中国极端天气气候事件和灾害风险管理与适应国家评估报告》，科学出版社 2015 年版。

唐颖侠:《国际气候变化治理：制度与路径》，南开大学出版社 2015 年版。

田青等:《我国环境教育与可持续发展教育文件汇编》，中国环境科学出版社 2011 年版。

文伯屏:《西方国家环境法》，法律出版社 1988 年版。

王伟光、刘雅鸣:《应对气候变化报告（2017）》，社会科学文献出版社 2017 年版。

王伟光、郑国光:《应对气候变化报告（2016）》，社会科学文献出版社 2016 年版。

王祥荣:《生态建设论——中外城市生态建设比较分析》，东南大学出版社 2004 年版。

王学东:《气候变化问题的国际博弈与各国政策研究》，时事出版社 2014 年版。

吴健:《排污权交易》，中国人民大学出版社 2005 年版。

习近平:《摆脱贫困》，福建人民出版社 1992 年版。

习近平:《干在实处，走在前列：推进浙江新发展的思考与实践》，中共中央党校出版社 2006 年版。

习近平:《之江新语》，浙江人民出版社 2007 年版。

习近平:《习近平谈治国理政》，外文出版社 2014 年版。

习近平:《习近平总书记系列重要讲话读本》，学习出版社、人民出版社 2016 年版。

习近平:《决胜全面建成小康社会 夺取新时代中国特色社会主义伟大胜利——在中国共产党第十九次全国代表大会上的报告》，人民出版社 2017 年版。

徐东耀、于妍、竹涛编著:《大气颗粒物控制》，化学工业出版社 2013 年版。

徐强:《英国城市研究》，上海交通大学出版社 1995 年版。

叶林:《空气污染治理国际比较研究》，中央编译出版社 2014 年版。

余达忠:《生态文化与生态批评》(第一辑)，民族出版社 2010 年版。

袁惊柱、谭秋成:《城市应对气候变化管理体系与减排机制》，科学技术文献出版社 2015 年版。

张龙江、张永春:《公众参与社会环境影响评价和流域水污染控制——理论与实践》，中国环境科学出版社 2013 年版。

周钢:《畜牧王国的兴衰》，人民出版社 2006 年版。

二 中文译著

[英] 阿萨 · 伯里格斯:《英国社会史》，陈叔平译，中国人民大学出版社 1991 年版。

[美] 布卢姆:《美国的历程》(下卷) 第一分册，杨国标、张儒林译，商务印书馆 1995 年版。

[英] 布雷恩 · 威廉 · 克拉普:《工业革命以来的英国环境史》，王黎译，中国环境科学出版社 2011 年版。

[美] 菲利普 · 克莱顿、贾斯廷 · 海因泽克:《有机马克思主义——生态灾难与资本主义的替代选择》，孟献丽、于桂凤、张丽霞译，人民出版社 2015 年版。

[美] J. T. 施莱贝克尔:《美国农业史(1607—1972)》，高田、松平、朱人合译，农业出版社 1981 年版。

[美]奇普·雅各布斯、威廉·凯莉:《洛杉矶雾霾启示录》,曹军骥译,上海科学技术出版社2014年版。
[美]马克·乔克:《莱茵河:一部生态传记1815—2000》,于君译,中国环境科学出版社2011年版。
[法]帕斯卡尔·阿科特:《气候的历史:从宇宙大爆炸到气候灾难》,李孝琴译,学林出版社2011年版。
[美]唐纳德·沃斯特:《尘暴:1930年代美国南部大平原》,侯文蕙译,生活·读书·新知三联书店2003年版。

三 中文论文

陈海嵩:《德国能源法律制度及其对我国的启示》,《河南科技大学学报》(社会科学版)2009年第3期。
陈洪滨、刁丽军:《2003年的极端天气和气候事件及其他相关事件》,《气候与环境研究》2004年第1期。
初晓波:《日本的低碳城市建设——以东京都为中心的研究》,《科学中国人》2011年第12期。
崔艳红:《欧美国家治理大气污染的经验以及对我国生态文明建设的启示》,《国际论坛》2015年第5期。
崔艳红:《美国洛杉矶治理雾霾的经验与启示》,《广东外语外贸大学学报》2016年第1期。
崔艳红:《国外治理城市水灾的经验及其启示》,《城市与减灾》2016年第1期。
崔艳红:《20世纪30年代美国治理沙尘暴的经验与启示》,《广州公共管理评论》第5辑,社会科学文献出版社2017年版。
崔艳红:《英国治理伦敦大气污染的政策措施与经验启示》,《区域与全球发展》2017年第2期。
崔艳红:《习近平的"生命共同体"思想与国际环境合作》,《中国社会科学报》2018年7月23日第8版。
崔艳红:《有机马克思主义对我国社会主义生态文明的启示》,《长春工程学院学报》2018年第4期。
崔艳红:《第二次工业革命时期非政府组织在英国大气污染治理中的作用》,《战略决策研究》2015年第3期。
E.莫斯特:《国际合作治理莱茵河水质的历程与经验》,《水利水电快报》2012年第4期。
方炎明等:《美国高校环境教育现状分析与思考》,《中国林业教育》2004年第2期。
高国荣:《20世纪30年代美国南部大平原沙尘暴起因初探》,《世界历史》2004年第1期。
顾向荣:《伦敦综合治理城市大气污染的举措》,《北京规划建设》2000年第2期。
顾为东:《中国雾霾特殊形成机理研究》,《宏观经济研究》2014年第6期。
赖文波、蒋璐、彭坤焘:《培育城市的海绵细胞——以日本城市"雨庭"为例》,《中国园林》2017年第1期。
李慧明:《全球气候治理制度碎片化时代的国际领导及中国的战略选择》,《当代亚太》2015年第4期。
李萍:《浅析德国低碳经济转型对中国绿色发展的启示》,《学术论坛》2016年第10期。
李仁真、戴悦:《海洋巨灾保险制度的模式比较与选择》,《边界与海洋研究》2018年第5期。
林炫辰、李彦、李长胜:《美国加州应对气候变化的主要经验与借鉴》,《宏观经济管理》2017年第4期。
刘鹏:《习近平生态文明思想研究》,《南京工业大学学报》(哲学社会科学版)2015年第3期。
刘晔:《ABC全民共享水计划 海绵城市在新加坡》,《城乡建设》2017年第5期。
廖建凯:《德国减缓气候变化的能源政策与法律措施探析》,《德国研究》2010年第2期。
刘嘉、秦虎:《美国环保产业政策分析及经验借鉴》,《环境工程技术学报》

2011 年第 1 期。

满莉、毛伊娜:《中国海绵城市建设商业模式研究——基于美、德两国的经验借鉴》,《地方财政研究》2016 年第 7 期。

孟浩、陈颖健:《日本能源与 CO_2 排放现状、应对气候变化的对策及其启示》,《中国软科学》2012 年第 9 期。

孟浩、陈颖健:《德国二氧化碳排放现状、应对气候变化的对策及启示》,《世界科技研究与发展》2013 年第 1 期。

邱华盛:《日本国家第二期(2001—2005 年)科学技术基本计划》,《国际科技合作》2002 年第 2 期。

单宝:《欧洲、美国、日本推进低碳经济的新动向及其启示》,《国际经贸探索》2011 年第 1 期。

史至诚:《1952 年英国伦敦毒雾事件》,载美国西北大学《毒理学史研究文集》2006 年第 6 集。

王慧、张宁宁:《美国加州碳排放交易机制及其启示》,《环境与可持续发展》2015 年第 6 期。

王炜、方宗义:《沙尘暴天气及其研究进展综述》,《应用气象学报》2004 年第 3 期。

王海宁、薛惠峰:《我国水安全问题的系统治理思路与实施建议》,《中国水利》2014 年第 21 期。

王民、王元楣:《美国国家环境教育法的发展历程与动向》,《环境教育》2009 年第 5 期。

习近平:《携手构建合作共赢新伙伴 同心打造人类命运共同体——在第七十届联合国大会一般性辩论时的讲话》,《人民日报》2015 年 9 月 29 日第 1 版。

习近平:《携手构建合作共赢、公平合理的气候变化治理机制——在气候变化巴黎大会开幕式上的讲话》,《人民日报》2015 年 12 月 1 日第 1 版。

熊佳蕙、闫峰:《沙尘暴成因及人文思考》,《灾害学》2004 年第 1 期。

徐艳文:《国外治理城市内涝的经验》,《防灾博览》2013 年第 4 期。

肖翠翠、杨姝影:《美国移动源污染排放管理及其对我国的启示》,《环境与可持续发展》2015 年第 1 期。

叶斌等:《城市内涝的成因及其对策》,《水利经济》2010 年第 4 期。

袁东:《美国教育体系中的环境教育》,《深圳大学学报》(人文社会科学版)2014 年第 4 期。

于杰:《排污权交易——理论引进与本土化实践》,《中国地质大学学报》(社会科学版)2014 年第 6 期。

张庆阳:《国外低碳经济及其借鉴》,《气象科技合作动态》2011 年第 1 期。

张准、周密、宗建亮:《美国西进运动对环境的破坏及其对我国西部开发的启示》,《生产力研究》2008 年第 22 期。

张文彬:《日本 NGO 的发展及其对我国的启示》,《外国问题研究》2012 年第 1 期。

张维平:《美国环境教育法(91—516)》,《国外法学》1988 年第 9 期。

翟盘茂、刘静:《气候变暖背景下的极端天气气候事件与防灾减灾》,《中国工程科学》2012 年第 9 期。

四 中文学位论文

李化:《澳大利亚新能源法律与政策研究——以国际气候变化为视角》,博士学位论文,武汉大学,2013 年。

梁睿:《美国清洁空气法研究》,博士学位论文,中国海洋大学,2010 年。

孙悦:《欧盟碳排放权交易体系及其价格机制研究》,博士学位论文,吉林大学,2018 年。

支海宇:《排污权交易及其在中国的应用研究》,博士学位论文,大连理工大学,2008 年。

五 外文著作

Bonnifield, Paul, 1979, *The Dust Bowl: Men, Dirt and Depression*, Albuquerque: University of New Mexico Press.

Brimblecombe, Peter, 1987, *The Big Smoke*, London and New York:

Methuen.

Clapp, B.W., 1994, *An Environmental History of Britain Since the Industrial Revolution*, London: Langman.

Dewey, Scott Hamilton, 2000, *Don't Breath the Air: Air Pollution and U.S. Environmental Policies,1945-1970,* Texas A & M University Press.

Dupuis, E.M. 1992, *Atmospheric Pollution: A Global Problem*, Oxford: Blackwell.

Dupius, E.M., 2004, *Smoke and Mirrors: The Politics and Culture of Air Pollution*, New York University Press.

Edenhofer, O., R. Pichs-Madruga, Y. Sokona, E. Farahani, S. Kadner, K. Seyboth, A. Adler, I. Baum, S. Brunner, P. Eickemeier, B. Kriemann, J. Savolainen, S. Schlömer, C. von Stechow,T. Zwickel and J.C. Minx eds., 2014, *Climate Change 2014: Mitigation of Climate Change, Contribution of Working Group Ⅲ to the Fifth Assessment Report of the Intergovernmental Panel on Climate Change*, Cambridge University Press, Cambridge, United Kingdom and New York.

Flores, Dan, 2001, *The Natural West: Environmental History in the Great Plains and Rocky Mountains*, Norman: University of Oklahoma Press.

Field, C.B., V.R. Barros, D.J. Dokken, K.J. Mach, M.D. Mastrandrea, T.E. Bilir, M. Chatterjee, K.L. Ebi, Y.O. Estrada, R.C. Genova, B. Girma, E.S. Kissel, A.N. Levy, S. MacCracken,P.R. Mastrandrea, and L.L. White eds., 2014, *Climate Change 2014: Impacts, Adaptation, and Vulnerability, Summaries, Frequently Asked Questions, and Cross-Chapter Boxes, A Contribution of Working Group Ⅱ to the Fifth Assessment Report of the Intergovernmental Panel on Climate Change*, World Meteorological Organization, Geneva, Switzerland.

Gao, W. Schmoldt, D. L. and Slusser, J.R., 2010, *UV Radiation in Global Climate Change: Measurements, Modeling and Effects on Ecosystems*, Berlin: Springer-Verlag.

Giddens, A., 2009, *The Politics of Climate Change*, Cambridge : Polity Press.

Howe, G. Melvyn, 1972, *Man, Environment, and Disease in Britain: A Medical Geography of Britain Through the Ages*, New York: Harper and Row; Newton Abbot: David and Charles.

Hurt, R. Douglas, 1981, *The Dust Bowl: Agriculture and Social History,* Chicago: Nelson–Hall Inc.

Jones, Fmrys, 1990, *Metropolis*, Oxford University Press.

Jacobson, Mark Z.,2012, *Air Pollution and Global Warming: History, Science and Solutions,* Cambridge University Press.

Krier James E. and Edmund Ursin, 1977, *Pollution & Policy: A Case Essay On California and Federal Experience With Motor Vehicle Air Pollution, 1940-1975*, University of California Press.

Pachauri, R.K. and L.A. Meyer eds., 2014, *Climate Change 2014: Synthesis Report, Contribution of Working Groups Ⅰ, Ⅱ and Ⅲ to the Fifth Assessment Report of the Intergovernmental Panel on Climate Change* , IPCC, Geneva, Switzerland.

Savitch, H.V., 1991, *Post-Industrial Cities: Politics and Planning in New York, Paris, and London,* Princeton: Princeton University Press.

Stocker, T.F., D. Qin, G.–K. Plattner, M. Tignor, S.K. Allen, J. Boschung, A. Nauels, Y. Xia, V. Bex and P.M. Midgley eds., 2013, *Climate Change 2013: The Physical Science Basis, Contribution of Working Group I to the Fifth Assessment Report of the Intergovernmental Panel on Climate Change*, Cambridge University Press, Cambridge, United Kingdom and New York.

Svobida, Lawrence, 1986, *Faming the Dust Bowl: A First-Hand Account from Kansas*, Lawrence: University Press of Kansas.

Trevor, May, 1987, *An Economic and Social History of Britain 1760-1970,* New York: Longman Inc.

Uekoetter, Frank, 2010, *The Age of Smoke: Environmental Policy in Germany and the United States, 1880-1970*, University of Pittsburgh Press.

六　外文论文

Laxen D. P. H and Thompson M. A., "Sulphur dioxide in Greater London, 1931 - 1985" , *Enviromental Pollution*, Vol.43, Issue 2,1987.

Robert A. McLeman, "What We Learned from the Dust Bowl: Lessons in Science, Policy, and Adaptation " ,*Population and Environment*, Vol. 35, Issue 4, June 2014.

Sarah Raith, "The Rhine Action Program: Restoring Value to the Rhine River" , *Restoration and Reclamation Review,* Vol.4,No.2,1999.

Stradling, D.& Thorsheim, P., "The Smoke of Great Cities, British and American Efforts to Control Air Pollution 1860–1914" , *Environmental History*, Vol.4, No.1,8, 1999.

Van der Kleij, W.,Dekker, R. H., Kersten, H., De Wit, J. A. W, "Water Management of the River Rhine: Past, Present and Future" ,*European Water Pollution Control,* No.1,1991.

Valentina Krysanova, "Practices and Lessons Learned in Coping with Climatic Hazards at the River–Basin Scale: Floods and Droughts " , *Ecology and Society ,* Vol.13,No.2, 2008.

William Van Royen, "Prehistoric Droughts in the Central Great Plains" ,*Geographical Review*, October 27, 1937.

"Smog Sheriff Readies Tough New Crackdown" , *Los Angeles Examiner,* Jan.18, 1956.

"Smog Blanket Densest Here Since End Of War" , *Los Angeles Times,* Sept.14,1946.

"Smog Kills 104 Persons A Year In Los Angeles County, A Professor Of Medicine Testified Today " ,*United Press International*, Nov. 28,1949.

"Poulson Urges Tax Aid In Smog War" , *Los Angeles Times*, April 15, 1954.

"Smog Rivals Frost in Damaging Crops", *Los Angeles Times*, April. 5,1953.

"Smog Damage in Southland Soars" , *Los Angeles Times,* May 29,1963.

"No More Blue Skies: A Non–Progress Report On Air Pollution", *West Magazine*（*Los Angeles Times*）, May 31,1970.

"Fumes From Dumps Endanger Health of 300,000, Mothers' Group Charges", *Los Angeles Times*, Feb.13,1947.

"Mayor Charges Smog Laxity; Supervisor Refutes Statement", *Los Angeles Times*,Sept.9, 1949.

"Expert Says Smog Can Be Eliminated", *Los Angeles Times,*Nov. 28,1944.

"Times Expert Offers Smog Plan", *Los Angeles Times,* Jan. 19,1947.

"Smog Thinning in 18 Months Predicted by Dr. McCabe", *Los Angeles Times,* June 1,1949.

"Air Pollution Problem in Los Angeles", *Engineering & Science*, Dec.1950.

"Haagen–Smit On Smog", *Westways,* Aug. 1972.

"Auto Fumes Control Vital, Says Professor", *Pasadena Star-News*, Feb.17,1954.

"Arie J. Haagen–Smit, The Sin Of Waste", *Engineering & Science*, Feb. 1973.

"L.A. Site Called 'Worst Possible' For Smog", *Los Angeles Times,* March 3,1966.

"Thirteen Civil Suits For Abatement Of Smog Filed By Dist. Atty. Howser", *Los Angeles Times,* Oct. 16,1946.

"Smog Sheriff Readies Tough New Crackdown", *Los Angeles Examiner*, Jan.18,1956.

"In Weighing The Coast Of Clean Air, Don't Omit The Value Of Each Breath, Los Angeles Air Pollution Problem In Los Angeles", *Engineer-*

ing & Science, Dec.1950.

"Life and Talk in London: Political, Society, and Literary Affairs", *New York Times*, February 16, 1880.

"David Stradling and Peter Thorsheim, The Smoke of Great Cities: British and American Efforts to Control Air Pollution, 1860–1914", *Environmental History*, Vol.4,No.1, Jan,1999.

"International exhibition of smoke-preventing appliances", *The British Medical Journal*, Vol. 2,Dec.10, 1881.

"Official Report of the Smoke Abatement Committee 1882", *The British Medical Journal*, Vol. 1,Apr.7, 1883.

"The Smoke Abatement Exhibition", *Nature* 25,January 5,1882.

"Official Report of the Smoke Abatement Committee 1882", *The British Medical Journal*, Vol.1, Apr.7, 1883.

"International Exhibition of Smoke-preventing Appliances", *The British Medical Journal*, Vol. 2, Dec.10, 1881.

"Progress of Smoke Abatement", *The British Medical Journal*, Vol.2,Dec. 2, 1882.

"Smoke Nuisance Abatement Bill", *The British Medical Journal*, Vol.1,Jun .25, 1887.

"Smokeless London", *The British Medical Journal*, Vol. 2, Aug.22, 1896.

"Coal Smoke Abatement", *The British Medical Journal*, Vol. 2, Nov.18, 1899.

"William Blake Richmond, The Black City: London Fog and Smoke Chimneys", *Pall Mall Magazine,* April 1903.

七 网络资料

PUB Singapore. the ABC Waters Design Guidelines(4th edition). 新加坡公共事业局官网：https://www.pub.gov.sg/Documents/ABC_Waters_Design_Guidelines.pdf.

Managing Floodplain Development Through the NFIP. 美国联邦紧急事务管理署官网：https://www.fema.gov/media-library-data/20130726-1535-20490-8858/is_9_complete.pdf.

Revised Statement of Principles: Flood insurance Provision. 英国环境署官网：https://assets.publishing.service.gov.uk/government/uploads/system/uploads/attachment_data/file/183402/sop-insurance-agreement-080709.pdf. 英国保险协会官网：https://www.abi.org.uk/products-and-issues/topics-and-issues/flood-re/flood-re-explained/.

新西兰地震委员会官网：https://www.eqc.govt.nz/about-eqc/people/commissioners.

National Allocation Plan for the Federal Republic of Germany 2005-2007. 德国联邦环境官网：https://www.bmu.de/fileadmin/Daten_BMU/Bilder_Unterseiten/Themen/Klima_Energie/Klimaschutz/Emissionshandel/nap_kabi_en.pdf.2019-03-30.

The Climate Action Plan 2050. 德国联邦环境部官网：https://www.bmu.de/fileadmin/Daten_BMU/Download_PDF/Klimaschutz/klimaschutzplan_2050.pdf.

2014-2017 budget BMWi. 德国联邦财政与能源部官网：https://www.bmwi.de/Redaktion/EN/Artikel/Ministry/budget-2014.html. budget-2015.html. budget-2016.html. budget-2017.html.

Electricmobilityinanutshell. 德国联邦交通部官网：https://www.bmvi.de/EN/Topics/Mobility/Electric-Mobility/Electric-Mobility-In-A-Nutshell/electric-mobility-in-a-nutshell.html.2018-10-20.

Climate Change and Climate Protection. 德国联邦教研部官网：https://www.bmbf.de/en/research-for-climate-protection-and-climate-change-2134.html.

Energy Efficiency Award. 德国能源署官网：https://www.dena.de/en/topics-projects/projects/energy-systems/energy-efficiency-award/.

ErneuerbareEnergienGesetz.

《碳排放权交易管理暂行办法（征求意见稿）》，中国碳排放交易网，http://www.tanjiaoyi.com/article-26505-1.html.

《2017 年中国水资源公报》，中华人民共和国水利部网站，http://www.mwr.gov.cn/sj/tjgb/szygb/201811/t20181116_1055003.html.

《关于推进海绵城市建设的指导意见》，http://www.gov.cn/zhengce/content/2015-10/16/content_10228.htm.

《关于开展中央财政支持海绵城市建设试点工作的通知》，财政部网站，http://www.mof.gov.cn/was5/web/czb/wassearch.jsp.

《美国洪水保险制度》，http://www.sinoins.com/zt/2014-05/08/content_109176.htm.2018-03-30.

《中国再保险（集团）责任有限公司 2018 年社会责任报告》，http://www.chinare.com.cn/zhzjt/resource/cms/2019/04/2019042608572731537.pdf.

《联合国气候变化框架公约》，联合国官方网站，https://www.un.org/zh/documents/treaty/files/A-AC.237-18(PARTII)-ADD.1.shtml.

《强化应对气候变化行动——中国国家自主贡献》，中央政府门户网站，http://www.gov.cn/xinwen/2015-06/30/content_2887330.htm.

《国务院办公厅关于调整国家应对气候变化与节能减排领导小组组成人员的通知》，中央政府网站，http://www.gov.cn/zhengce/content/2018-08/02/content_5311304.htm.

《中国应对气候变化的政策与行动：2018 年度报告》，生态环境部，http://qhs.mee.gov.cn/zcfg/201811/P020181129539211385741.pdf.

《全国碳排放权交易市场建设方案（发电行业）》，中国发展和改革委员会官网，http://www.ndrc.gov.cn/zcfb/gfxwj/201712/t20171220_871127.html.

《广东省 2018 年碳排放份额分配实施方案》，广州碳排放交易所，http://www.cnemission.com/article/zcfg/201812/20181200001573.shtml.